이용인을 위한

이용학 개론

김주섭 · 최은영 공저

구민사
Technology Computer

머리말

사람의 두발을 손질하여 아름답게 디자인 하는 영역에는 이용, 미용 분야가 있다.

미용인으로 대학에서 강의하면서 미용관련 전문서적을 출판한 경험이 있다. 좀 더 넓은 미용의 세계를 공부하면서 이웃 사촌격인 이용에 대하여 알게 되었다. 이용에 대한 관심으로 인해 좀 더 체계적인 이용 이론과 현장에 대한 지식 등을 알고자 수준 높은 이용관련 서적들을 공부하고 읽었다.

공부를 하면서 조금은 아쉽고 나만의 스타일로 해석을 하면 이용관련 책을 읽는 독자가 좀 더 이해하기 쉽고 편하게 볼 수 있을 텐데 하는 아쉬움이 남았다.

이러한 생각 끝에 이용인을 위한 이용학개론이라는 제목하에 한국산업인력공단 이용사, 이용장 필기 출제 기준에 준하는 내용으로 책을 출판하였다.

집필한 이용학개론의 개요는 큰 범위로 이용이론, 공중보건학, 피부학, 소독학, 공중위생법규 순으로 국가자격증 필기시험 순으로 정리하였다.

각 파트별로 미용과 유사하거나, 공통으로 겹치는 부분이 많아 이용인 뿐만 아니라 미용인들도 책을 볼 때 어려움이 없도록 신경을 썼다.

이용인의 첫 발을 내디뎌 자격증에 도전하시는 분, 이·미용분야에 강의를 하시는 분 또는 기존 이용업에 종사하시는 분들께 이용학에 대한 기본적인 이론을 정리한 이 책이 조금이 나마 도움이 되었으면 한다.

이 책이 나오기 까지 바쁘신 가운데 기일을 맞춰주시느라 애쓰신 구민사 조규백사장님과 직원분들께 다시 한번 감사드린다.

2012.4

저자 일동

차 례 Contents

Part 1 이용 이론

Part 3 피부학

Part 5 공중위생법규

PART 1

이용 이론

01 _ 이용총론

1. 이용의 개요

"공중위생영업"이라 함은 다수인을 대상으로 위생관리서비스를 제공하는 영업으로서 숙박업·목욕장업·이용업·미용업·세탁업·위생관리용역업을 말한다.

"이용업"이라 함은 손님의 머리카락 또는 수염을 깎거나 다듬는 등의 방법으로 손님의 용모를 단정하게 하는 영업을 말한다.

이용사의 업무범위는 이발·아이론·면도·머리피부손질·머리카락염색 및 머리감기로 한다.

1) 이용업을 하는 자는 다음 각 호의 사항을 지켜야 한다. 〈개정 2008.2.29, 2008.3.28, 2010.1.18〉

① 이용기구는 소독을 한 기구와 소독을 하지 아니한 기구로 분리하여 보관하고, 면도기는 1회용 면도날만을 손님 1인에 한하여 사용할 것. 이 경우 이용기구의 소독기준 및 방법은 보건복지부령으로 정한다.

② 이용사면허증을 영업소 안에 게시할 것

③ 이용업소 표시 등을 영업소 외부에 설치할 것

2) 이용업의 특수성

사람이라는 대상의 모발을 여러 테크닉으로 시술하여야 함으로 시술에 있어 제한점이 있다.

① 미용전문가라고 하여 시술자 의지대로 스타일을 표현할 수 없다. 고객이 만족하는 스타일을 표현해야 하기 때문이다. 이를 위해서는 서로 대화를 해야 한다.
② 이용은 실제이고 실용이여서 사람의 모발에 시술을 하여야 함으로 과다한 장식을 할 수 없는 소재의 선정 제한이 따른다.
③ 이용은 고객의 종합적인 면을 관찰하고 의사소통을 통해 고객의 요구, 평소 스타일을 파악하여 시술해야 함으로 소재 변화에 제한이 있고, 이용·미용은 토탈코디네이션 개념에서 홀로 독자적으로 표현되어서는 적절하지 않은 이용전문가로의 창작력에 제한을 받는다.
④ 이용 시술에 있어 적정한 시간에 시술을 마무리 하여야 하는 시간적 제제를 받는다. 하루종일 시술을 할 수 없기 때문이다.

2. 이용의 자세

1) 이용사의 사명

① 이용사는 고객의 헤어스타일을 표현하는 직업으로 고객과의 충분한 의사소통 과정에 의해 고객이 원하는 스타일과 전문가로서의 이용사 조언을 통해 고객이 만족하는 스타일을 표현해야 한다.
② 이용사 직업은 사람의 모발, 두피를 관리, 접촉하는 직업으로 각종 전염병 및 위생적인 측면에서 주의를 기울여야 한다.
③ 이용사는 이용전문가로 고객에게 서비스를 하는 직업으로 사회, 문화적으로 건전성을 가지고 고객에게 서비스 하여야 한다.
④ 이용사는 스타일리스트로 시대적 요구사항, 트렌드에 발맞추어 나갈 수 있도록 꾸준한 자기 개발을 하여야 한다.
⑤ 이용기술에 대한 과학적, 미적 기술을 습득할 자세가 되어 있어야 하며, 꾸준한 연습으로 전문지식을 습득해야 한다.

2) 이용사의 자세

① 항상 개인위생에 신경 쓰고 청결해야 한다.
② 성실한 자세로 이용도구 등 소독을 실시한다.
③ 법적으로 틀 안에서 영업을 하여야 한다.
④ 필요한 기구와 법적으로 비치해야할 기구들을 비치한다.
⑤ 고객과의 대화시 서비스업이므로 친절하게 대한다.

3. 이용시술을 위한 인체 각부의 명칭

1) 두상 포인트(Point, 점)

헤어디자인에 있어 두상의 포인트(점)는 커트시술을 정확하게 할 수 있게 하는 가장 기본적인 요소로서, 두상의 포인트 위치를 정확하게 알아야 커트이론을 이해 할 수 있고, 각 스타일 마다 체계적인 커트 진행 또는 도해도(전개도) 등을 보면서, 스타일을 해석하면서 커트를 진행 할 수 있다.

두상에 있어 포인트는 대개 정중선, 측중선, 햄라인을 따라 15가지 포인트가 있다.

① E · P (Ear · Point)
② C · P (Center · Point)
③ T · P (Top · Point)
④ G · P (Golden · Point)
⑤ B · P (Back · Point)
⑥ N · P (Nape · Point)
⑦ F · S · P (Front side Point)
⑧ S · P (Side Point)
⑨ S · C · P (Side corner Point)
⑩ E · B · P (Ear back Point)
⑪ N · S · P(Nape side Point)
⑫ C · T · M · P (Center top medium Point)
⑬ T · G · M · P (Top Golden Medium Point)
⑭ G · B · M · P (Golden Back Medium Point)
⑮ B · N · M · P (Back Nape Medium Point)

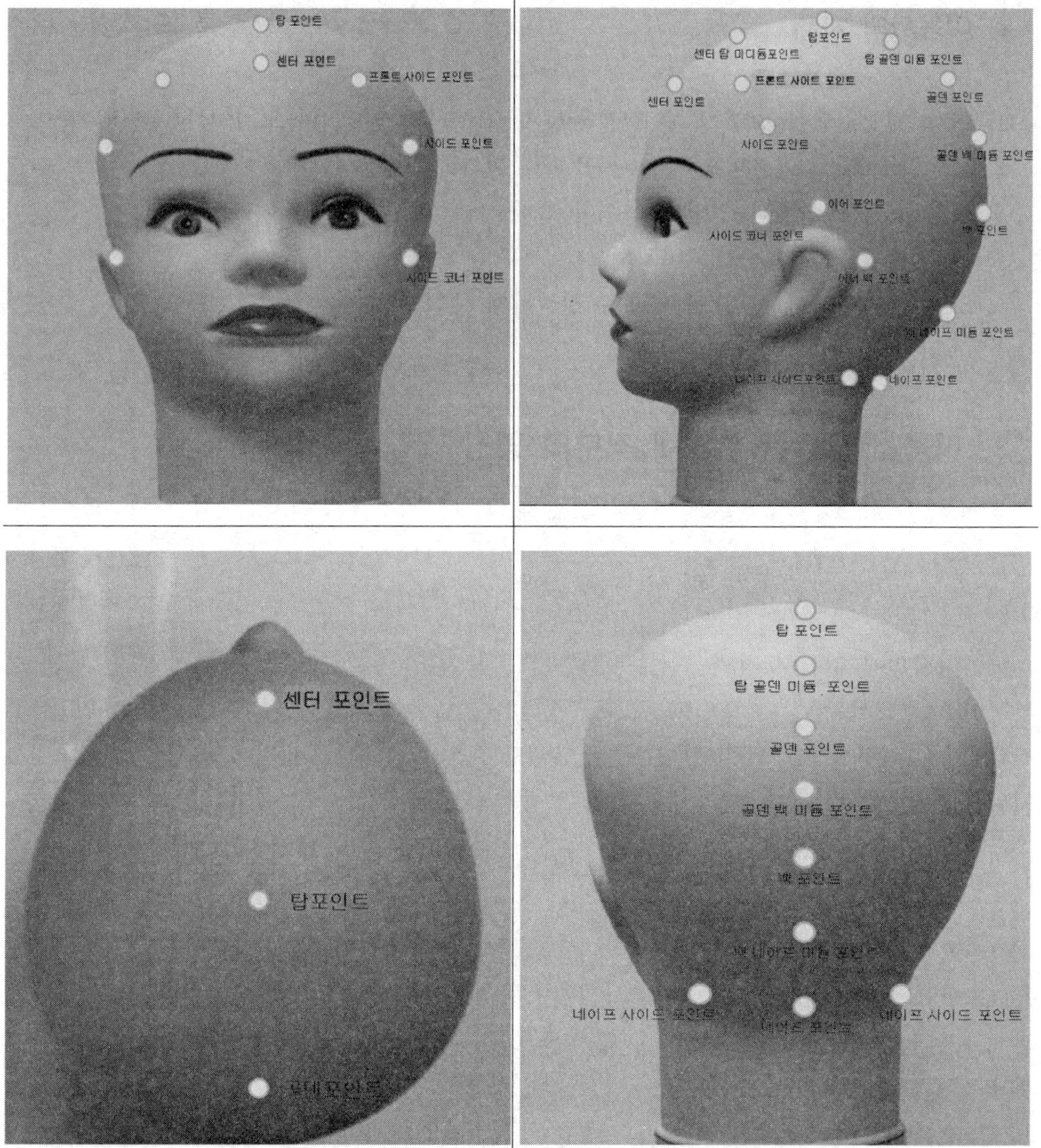

그림 1-1 ‖ 두상 포인트

2) 라인(line, 선)

헤어스타일에 있어 두상의 포인트와 포인트의 연결이 선이다. 두상의 위치에 따라 곡선, 직선이 생긴다. 이러한 선에 따라 커트, 염색, 퍼머 등의 시술을 하기 위해 파팅을 쉽게 나될 수 있다.

두상에서 선은 머리가 나기시작한 부분과 얼굴과의 경계인 햄라인과 그 구역을 세분화한 라인이 있고, 두상의 포인트와 포인트를 연결한 라인이 있다.

(1) 헴 라인(Hem line)

헴(Hem)은 "가장자리", "경계" 라는 의미이다. 모발이 나기 시작한 부분과 나지 않은 부분의 경계선이다.

① 페이스 라인

얼굴을 정면으로 보았을 때 보이는 라인으로 센터포인트에서 양쪽 사이드 코너 포인트까지의 연결선을 말한다. 페이스라인 모발은 얼굴의 이미지에 영향을 준다.

② 이어라인

얼굴을 측면에서 보았을 때 사이드코너 포인트에서 이어 백 포인트까지의 연결될 선이다. 이어라인의 주변은 측중선을 기준으로 앞쪽머리와 뒤쪽머리를 연결하는 역할을 한다.

③ 네이프라인

두상을 뒤에서 보았을 때 이어백 포인트에서 반대편 이어백 포인트까지 연결된 선이다. 네이프라인 주변 모발은 모발의 기장과 후두부 헤어라인을 표현한다.

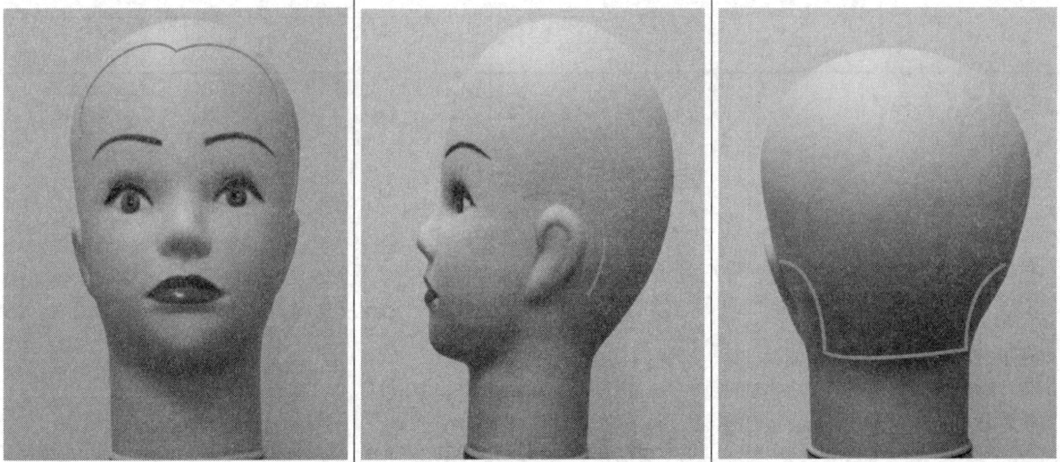

페이스 라인	이어라인	네이프라인

그림 1-2 ▌햄라인

(2) 정중선

코를 중심으로 두상을 좌·우로 수직 2등분 한 선을 말한다. 이 파팅을 센타파팅(center parting)이라 한다.

(3) 측중선

두상에서 탑포인트를 지나는 선으로 탑포인트와 양쪽 이어 포인트를 연결한 선이다. 이 파팅을 이어투 이어 파팅(ear to ear parting)이라 한다.

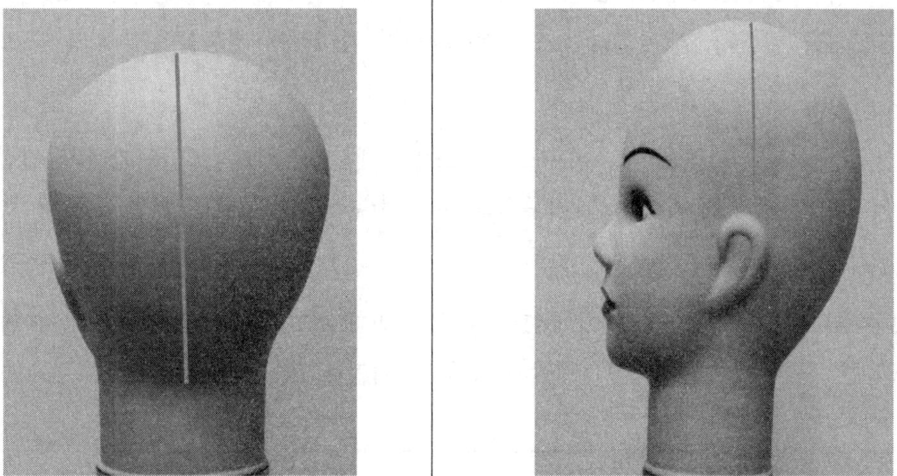

정 중 선	측 중 선

그림 1-3 ▌측중선

(4) 수평선

E.P의 높이에서 상하로 나누는 선이다.

(5) 측두선

F.S.P에서 측중선까지 연결한 선이다.

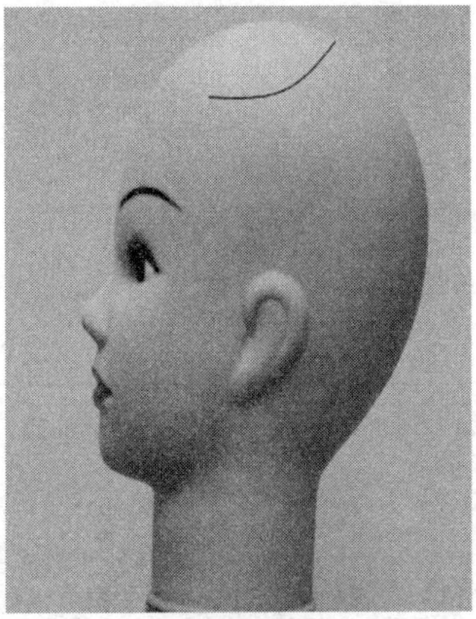	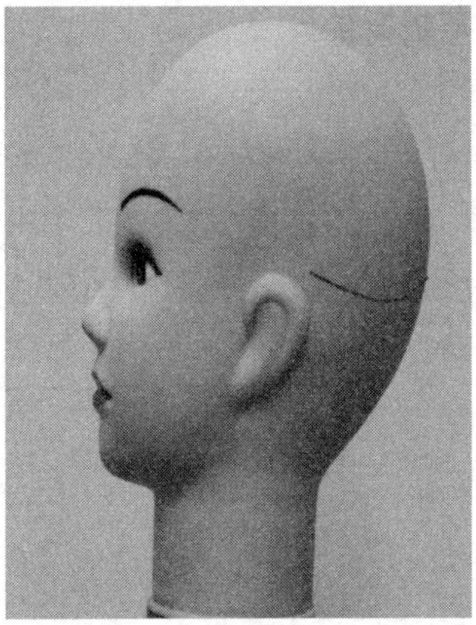
측 두 선	수 평 선

그림 1-3 ▌측두선

3) 두상 면의 명칭

두상의 위치에 따라 면의 명칭이 다르다.

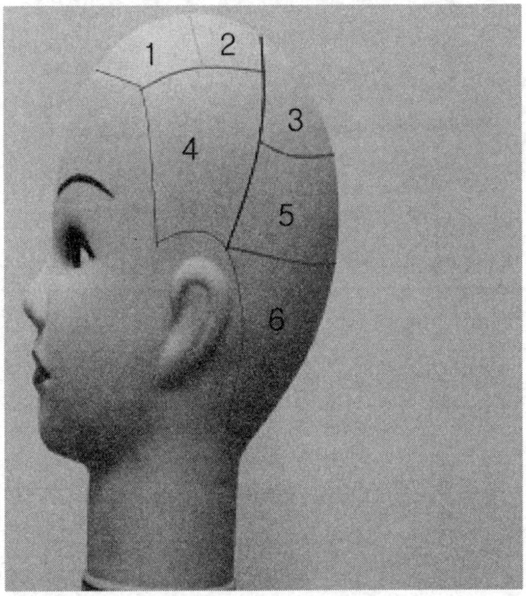

① 센터(center)	전 두 부
② 탑(top)	
③ 크라운(crown)	두 정 부
④ 사이드(side)	측 두 부
⑤ 백(back)	후 두 부
⑥ 네이프(nape)	

그림 1-4 ▌두상 면의 명칭

4) 두피각도

두피의 각 위치에서의 각도를 말한다.
아래 그림과 같이 두상의 각 위치마다 각도의 방향이 달라진다.
레이어드커트와 같은 층이 많이 나는 스타일에 적용한다.

* 두상의 한 점(위치)에서 두피 각도 (45°, 90°, 135°, 180°)	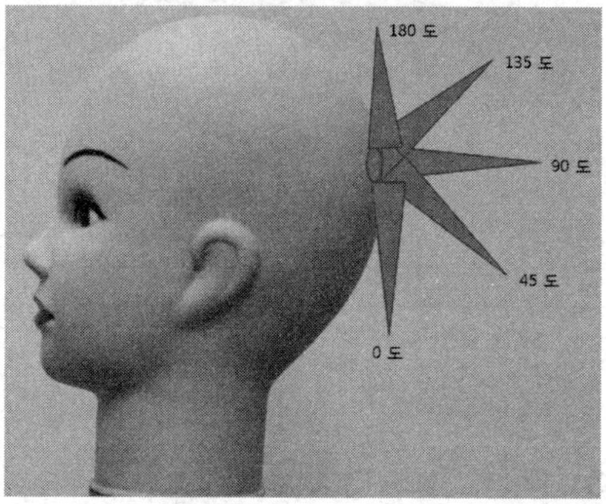
* 두상의 여러 점(위치)에서 90° 방향	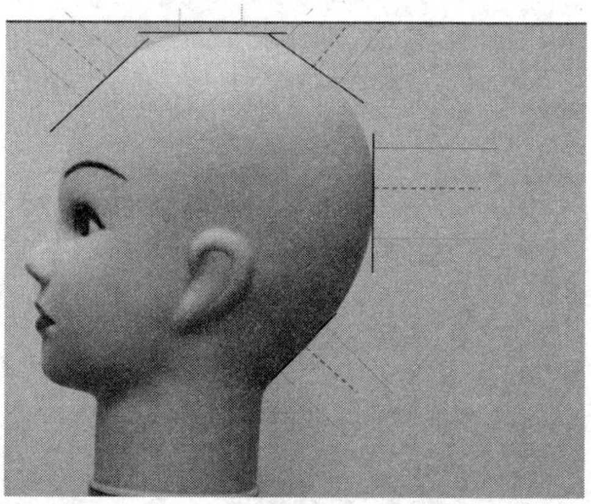

그림 1-5 ▌두피각도 빗질방향

02 _ 이용의 역사

1. 한국의 이용

1) 고대 이용 역사

(1) 상고시대(B.C 10세기경)

단군원년부터 머리카락을 땋고 늘였던 머리를 한데 뭉쳐 머리꼭데기에다 둥글게 묶는 상투와 유사한 형태로 발전하였다. 상투의 수발법은 대전에서 출토된 청동기에서 볼 수 있으며 남자는 상투를 하고, 미혼 남자는 피발(머리카락을 풀어 헤치는 것)한 모습이다. 제2세 단군부루는 계묘3년에 조서를 내려 백성들로 하여금 머리카락을 땋아서 목을 덮도록 하고 푸른 옷을 입게하였다.

(2) 삼국시대

① 고구려(B.C 37～A.D 668)

고분벽화를 통해 살펴보면 우리고유 양식과 외래 양식으로 구별되며 아주 다양한 양상을 보여준다. '북사'에서는 그 사람들은 깨끗한 것을 좋아하고 수발도 당연히 행하였을 거고, '구당서'와 '삼국사기'에 추계(상투)에 대한 내용이 있다. 남자의 상투는 외상투가 보편적이었고, 집안에서는 쌍상투를 한 문지기 장수를 볼 수 있다.

② **백제**(B.C 18～A.D 660)

일찍이 남조문화를 수입하여 고유문화 속에 찬란한 문화를 형성하였다. 이렇게 독특한 문화양상을 띤 백제사회에서는 머리모양에 의해 기혼, 미혼의 구별을 하였다.

③ **신라**(B.C 57～A.D 668)

남자의 두발형태는 소인은 결발(쪽을 지거나 상투를 틈), 대인은 상투계형이었다. 또한 관모로서는 금관, 비관을 신라 법흥왕 때 관리들이 공사에 참여할 때 쓰는 관이다. '신당서'에는 '남자는 머리를 잘라서 팔고 흑건을 썼다'라는 것을 알 수 있다.

(3) 통일신라시대(A.D 669 ~ 935)

중국 복식의 영향은 통일신라시대에 들어와서 결정적인 것이 되어 남성의 머리형은 신라시대와 같은 것으로 보이나 복두와 같은 새로운 과모를 쓰게 되었고 화려한 왕의 금관도 보인다. 흥덕왕 9년에 내린 의관제도의 금제 중세는 복두가 모든 계급 남자들의 쓰개로 규정되어 있다.

(4) 고려시대(918 ~ 1392년)

충렬왕 이후 근 100여년 간 몽고의 영향으로 머리 모양이 바뀌게 되었는데 대표적인 것은 남자의 개체 변발로써 머리가운데 윗부분의 머리카락만 남겨 놓고 땋고, 나머지는 다 깎아 버리는 머리 형태이다. 그러나 개체 변발을 한 사람은 궁에 사는 왕족과 신하들, 백성의 일부였고, 그 후 본래의 고유한 수발양식인 상투와 얹은머리로 돌아왔다.

2) 근 · 현대 이용 역사

우리나라는 댕기머리, 상투머리를 유지하다가 대한제국 황제 1895년 11월 15일(고종 32년) 때 머리를 짧게 자르도록 한 단발령(斷髮令)이 시초였다. 단발령을 내려 상투를 트는 풍습을 없애려고 정부에서 체두관(剃頭官)을 방방곡곡으로 보내어 강제적으로 머리 상투를 잘랐다. 일본은 을미사변을 일으켰고 이 사건을 처리한 김홍집 내각은 명성황후 시해사건이 있은 지 3개월 뒤 단발령을 공포하였다. 국왕의 상투는 정병하, 왕세자의 상투는 유길준이 잘랐다. 단발령을 계기로 이용사가 시작되었고 새로 생겨난 직업이 "개화당제조소"라는 하이칼라 장사였다. 지금의 이발소를 말한다. 최초의 이용사인 안종호는 당하관 벼슬인 군수였으나 황제의 전속 이발사로 발탁 되면서 정상품 당상관으로 승진하면서 광화문 근처에

태성이발소를 개업했다.

한국인이 운영하는 최초 이발소는 1901년 인사동 조선 극장터에 유양호가 개업한 '동호 이발소'였다.

전국이용사총연합회와 대한미용협회가 1946년과 1957년에 창립되면서 이·미용업이 더욱 활성화 되었다. 본격적인 이용 교육은 6.25사변 이후 사회가 급격하게 변하면서 사설 학원과 기술학교가 생겨나면서 시작되었다.

1960년 10월 15일에 보건사회부의 지시에 따라 경찰국의 위생반과 단속반이 담당했던 위생사무 일체를 서울시 사회국 위생과로 이관하였다.

1961년 5월에는 내무부·시청위생과·구청사회과·경찰서보안과에서 담당했던 미용관장 업무를 보사부에서 관장하기 시작하였고, 12월5일에는 이·미용사법이 공포되었다.

1962년에는 이발소 22곳이 영업정지 처분을 받았다.

1966년 7월에는 서울 시내 전체 이발소와 미용실에 대한 안전도 검사가 실시되었다.

1967년 말의 이발 요금은 130원이였고, 1968년 협정요금 위반 업소로 이발관 1곳이 영업정지 처분을 받았다.

1960년대에는 여성들도 이발소에서 커트를 하였고, 가랑머리와 짧은 일자 단발머리가 유행이었다.

1970년대는 히피문화의 영향을 받아 장발, 미니스커트, 진, 통기타 등이 유행이었다. '장발'이란 남자의 옆머리가 귀를 덮는 정도의 길이를 의미한다.

1972년에는 장발족의 유흥업소 출입을 자체정화라는 이유로 금지시켰다.

1970년대에는 여성들이 다양한 스타일을 연출하고 유행에 민감한 미용실을 선호하게 되었다.

1970년대 말에는 이발소가 25,103개로 14,114개였던 미용실보다 많았으나, 1985년에는 미용실수가 42,081개로 28,298개인 이발소보다 많았다.

1986년에는 이·미용사법이 폐지되고 공중위생법이 제정·공포되었다. 업무를 9개로 확정하였다.

1990년에는 미용실 개설시 신고제를 허가제로 변경하였다.

1990년대는 이용업계의 재도약을 위해 신기술을 개발하고 시설 보완 등, 남성전용미용실이 등장하였다.

3) 년도 별 남성헤어스타일

(1) 도입기

19세기 말부터 1929년까지는 근대화 정책이 추진되어 이에 따라 활동이 편한 복장과 짧은 헤어스타일이 등장하여 점차로 발전하였다. 전통적인 스타일과 새로운 스타일이 병행된 과도기로서 새로운 헤어스타일인 하이칼라머리와 삭발머리가 증가하였다.

19세기말~1900년대 헤어스타일은 단발령이후에 상투 자르기를 강요당했지만, 땋은 댕기머리와 상투를 트는 사람도 있고, 하이칼라머리는 정부 관료들과 개화파 인사들이 하였다.

* **댕기머리**는 관례이전의 미혼남성의 머리스타일로 세 가닥을 땋아서 한가닥으로 합쳐서 길게 한 스타일이다. 댕기의 고유어는 당기이며, 모양이나 용도에 따라 쪽댕기, 큰댕기, 앞댕기, 도투락댕기, 말뚝댕기, 제비부리댕기 등이 있다.

* 상투머리

'상투'는 영어의 세인트(saint), 독일어의 장크트(sankt) 라틴어계의 산타(santa) 와 같은 의미에서 비롯되었다. 상투는 높은 지위를 나타내고 지배계급의 성인 남자와 무사의 상징이였다. 시대에 따라 모발의 꼬임정도나 크기에 따라 조금 변했지만 상투를 일반적인 남성의 머리형으로 인식하였다.

1910년대 헤어스타일은 하이칼라스타일과 삭발스타일이 대중화가 시작되는 시기이고, 신교육을 받은 학생들은 깎은 머리였고, 여전히 상투머리나 댕기머리를 볼 수 있었다.

* 하이칼라

어원은 'high class'의 의미도 있지만 high collar로 당시 일본 상류층이 입었던 서양의식이 목깃이 높은 형을 의미한다는 주장이 크다.

하이칼라머리는 고도의 기술을 갖춘 이용사가 가위로 양옆과 뒤를 치켜 깎고 윗머리가 10~15cm정도가 되도록 자른 스타일이다.

* 삭발머리(박박머리)

전체 머리카락을 아주 짧게 자르는 스타일이다.

1920년대 헤어스타일은 하이칼라스타일과 삭발스타일을 하는 사람들이 점점 증가하여 상투머리스타일과 댕기머리스타일을 하는 사람보다 많았다. 이 같이 새로운 스타일이 증가하게 된 이유는 과저 친일 고위간부와 총독부 관리가 하이칼라스타일을 하였을 때, 민중들은 반감을 품고 저항하였으나, 신지식인과 임시정부요인들이 하이칼라스타일을 하게 되자

민중들도 하이칼라스타일을 선호하게 되었다. 아이들의 경우에는 짧게 깎는 삭발스타일이 많았고, 새로운 헤어스타일이 증가하게 되었다.

(2) 정립기

1930년 1969년까지로 2차 대전, 6.25사변의 영향으로 경기 침체기였으나 경제개발의 영향으로 생활환경이 나아지고 있는 시기이다. 이 시기의 스타일은 삭발스타일이 여전히 유행이었다.

1930년 헤어스타일은 전통적인 헤어스타일은 점점 사라지고, 하이칼라스타일과 삭발스타일이 대중화 되었다. 이에 상고머리, 오부삼부머리, 올빽머리, 장발머리. 웨이브머리등이 유행하기 시작하였다.

1940년대 헤어스타일은 2차 세계대전의 격동과 일제의 군국주의 시대로 남자는 모두 삭발 스타일을 강용 당했다. 해방 이후 다시 하이칼라스타일과 상고스타일이 인기를 얻게 되었고, 정발제인 포마드의 수요가 증가 되었다.

1950년 헤어스타일은 6.25전쟁의 영향으로 일제시대 잔제인 삭발과 외국 군인들의 긴 스포츠 스타일이 유행하였고, 하이칼라와 상고머리에 포마드를 발라 단정하게 넘기는 헤어스타일이 인기 있었다. 상고스타일은 가위로 탑부분에 지간깎기를 하고 네이프부분은 클리퍼로 짧게 커트하는 스타일이다.

(3) 발전기

1970년부터 현대까지 경제가 급속도로 성장하면서 모든 분야의 다양화와 전문화가 이루어진 시기이다.

1970년대 헤어스타일은 영국의 비달사순스타일, 웨이브, 장발스타일등 스타일이 다양화한 시기이다. 장발스타일은 팝아티스트, 히피족들의 영향을 받는 시기였다.

기성시대는 단정하게 커트하고 포마드로 정발하는 스타일이었다. 여성의 사회진출이 많아져 헤어와 패션에서 유니섹스화가 되어가면서 이발소에서 머리를 커트하던 여성들이 유행을 선도하는 미용실을 찾게 되었다. 이 시기는 남성들도 미용실에서 머리들 다듬는 경우가 늘어나는 시기였다.

1980년대 헤어스타일은 두발자유화 등으로 다양한 층에서 유행을 선도하기 시작하였다. 모발화장품 역시 발전하여 헤어스타일의 연출을 다양하게 하였다. 토탈룩의 개념아래 유행이 이루어졌다.

1990년대 헤어산업의 발전으로 이·미용기기의 다양화와 전문화, 모발화장품의 다양화,

커트기술의 전문화, 다양화로 인해 새로운 스타일을 많이 창조하였다.

염색시장, 퍼머넌트시장이 발달하였다.

2000년대 이후는 1990년대와 마찬가지로 개성을 중시한 다양한 스타일이 연출되었고, 연예인 등이 새로운 스타일을 많이 선보이는 시기이다. 염색, 퍼머넌트웨이브 역시 남성헤어스타일에 많이 적용되고 있다. 헤어스타일에 있어 남성, 여성 구별이 가지 않는 스타일, 커트선이 연결되지 않는 스타일, 짧은 헤어스타일 등 헤어스타일의 다양화 시대이다. 기성세대들의 일부는 미용실에서 커트를 하고, 또 일부는 이용원에서 커트를 하고 있다. 그러나 젊은 층은 대부분 미용실에서 커트를 하고 있는 실정이다.

2. 외국의 이용

1) 고대 이용 역사

이발사는 라틴어 barba, "수염" 그의 직업 머리카락의 모든 종류를 잘라하고, 하는 사람은 면도하거나 잘라 수염 남자를. The place of work of a barber is generally called a barbershop or a barber's. 이발사의 작품의 장소는 일반적으로 이발소 또는 이발사의라고한다.

사람은 고대부터 생명을 이어가기 위한 방법으로 짐승을 잡고, 노동을 해왔다. 이러한 일을 하는 동안 머리 등에 상처나, 일을 함에 있어 방해가 되어 머리카락(두발)을 잘랐다. 이것이 이용의 시초라 할 수 있다.

서양의 이용은 B. C 1900년경 헤브라이(Hebrai)족이 죄인의 죄를 물을 때 두발을 자른 것이 이용의 시초라 하며 전쟁이 일어나면서 치료의 목적과 두발 자르기, 수염 다듬기 등으로 외과의에서 분리되어 하나의 의학분야로 발전하여 현재에 이르렀다. 중세와 근대 사이(14~16세기)에 서유럽 문명사에 나타난 역사 시기와 그 시대에 일어난 문화운동 인 르네상스시대에는 고대의 그리스·로마 문화를 이상으로 하여 이들을 부흥시킴으로써 새 문화를 창출해 내려는 운동으로, 그 범위는 사상·문학·미술·건축 등 다방면에 걸친 것이었다. 5세기 로마 제국의 몰락과 함께 중세가 시작되었다고 보고 그때부터 르네상스에 이르기까지의 시기를 야만시대, 인간성이 말살된 시대로 파악하고 고대의 부흥을 통하여 이 야만시대를 극복하려는 것을 특징으로 한다. 각자 자신의 가치에 대한 인식은 미적 개념에 많은 영향을 미쳤다. 중세시대 이발사는 현재 생각하고 있는 미용 즉 패션의 영역 이외에도 중요한 역할을 하고 있었다. 이 시기에는 외과는 의학의 범주에 속하지 않았으며 외과의는 의사로도 쳐주지 않았다. "베르살리우스"의 책에 나오는 '이발사'라는 직업은 사실상 외과의의 역할을 맡고 있었다. 이발, 세안뿐만 아니라 해부학에 있어 중요한 역할을 하며 절개 수술과 헤르니아 교정에서 발치, 매독 치료에 이르기까지 광범히하게 담당했다. 의사들이 이런 외과의나 이발사를 멸시하던 이유는 수작업이라는 점 외에도 "교회는 피를 싫어 한다"는 그리스도교 사회의 독특한 사정이 있었기 때문이다. 결국 이런 의학을 배운 의사들은 점점 현실 세계에 유리되게 되고 이발외과의들이 실질적 임상의로서 부상하게 된다.

15C 이발사들은 massage도 병행하게 되었다. 외과의사가 면도나 머리카락을 자르며, 샴푸와 고객의 목욕까지 영역을 넓혀 시술했다. 고객의 머리를 손질하거나 수술을 하게 될 때는 항상 젖은 의자 위에서 머리를 자른 후엔 목욕을 반드시 시켰다. 이발사들에게도 가발 만드는 일과 사소한 수술은 하도록 허락했지만 일을 하기 전에 견습공이 목욕을 하지 않고 일을 한다면 이발사들은 머리를 하게끔 허용하지 않아 청결을 중시했다. 또한 자신들이 격식을 차리고 외과의사들 보다 존경받기 위하여 노력했다. 이때부터 공중목욕탕에서 이발인과 견습공은 머리카락을 손질해 주었으며 이후에도 머리카락과 턱수염을 손질하는 것은 목욕탕에서의 중요한 임무가 되었다. 기술을 개선하기 위해 세인트 코스마스 협회에 의해 1250년 이발사를 위한 학교가 설립되었다. 규칙에 따라 이발사는 4년간의 수련과정을 거쳤다. 이발사에게 반드시 필요한 작업도구는 면도칼, 숫돌(가위를 연마시키기 위한), 가위, 세면통이었고 직업의 표시로서 현재와 같은 사인볼을 이용원 밖에 걸어두었다. 한 도시에서 이발에 종사하는 총인원은 무척 많았다. 예를 들면 프랑스 파리에서만 해도 1292년에 151명의 이발사가 있었다. 이발사 길드(조합)의 후원자는 세인트코스마스를 비롯해서 세인트 데미안, 영국의 침례교도 세인트 죤 까지도 포함되었다. 길드에서는 노동금지령을 정하여 일요일과 축제일에는 이발사들도 휴식을 시행하였다.

(1) 고대이집트(B.C 3200년)

고대 이집트에서는 불에 달군 쇠막대기에 모발을 감아서 구부린 다음, 그 위에 밀랍을 발랐다. 당나귀 이빨을 갈아 만든 반죽을 머리카락에 발라 딱딱하게 만든 후, 뻗치지 않도록 야자열매와 개의 앞발, 그리고 당나귀의 위장 등으로 만든 혼합물을 덕지덕지 발라 매만진 머리뿐만 아니라 이집트인들은 악어와 뱀, 사자에서 나온 기름으로 발모제를 만들어 사용하기도 했다. 고대 이집트 이발사들은 종종 길

그림 2-1 ▌청동기 시대 면도칼

에서 머리를 깎았다. 손님이 앉을 의자조차도 없어서 이발을 하러 온 사람들이 그냥 길가에 무릎을 꿇고 앉아 있으면 이발사가 와서 머리를 깎아주는 식이었다.

이 시기에 면도칼, 금, 동, 구리 등으로 만들어졌으며 모발을 자르거나 숱을 치는데 사용된 것으로 추측된다. 면도칼은 이집트에서 발굴에서, 청동기 시대의 날카로운 돌이 발견되었다.

(2) 그리스(B.C 3000년 ~ B.C 400년)

그리스에서 이발사와 미용사들의 업무는 확실하게 알려지지 않았다. 남자의 헤어스타일은 곱슬거리는 머리카락을 앞이마로 내려오게 하는 형이고 얼굴의 뒤쪽으로 머리를 빗어 넘기는 형, 앞이마는 단발로 가지런히 자르고 머리 뒤쪽에 머리다발을 늘어뜨리는 형, 귀높이로 둥글게 자라는 형이 등이 있다. 미용사뿐만 아니라 이발사들은 손님을 시술의자에 앉혀놓고 커트 시술을 위해 손님의 목에 천으로 두르고 두 손가락으로 큰 가위를 쥐고 머리카락에 층이 나도록 잘랐다. 특히 아테네 사람들이 시칠리아섬의 원정에 실패했을 때도 이발사들이 퍼뜨린 소문에 의했다. 이는 왕이 면도를 하던 중 이발사에게 스스럼없이 얘기를 하다가 그 비밀이 누설되었던 것이다. 또 이발사들은 모발을 자르는 것뿐만 아니라 발톱 손톱을 깎아주고 수염을 다듬고 가발이나 헤어피스의 제작 활동뿐만 아니라 부역으로서 곡물을 나르기도 했다. 그들이 사용하는 핀셋이나, 거울, 연고, 천, 집게 등을 그들 스스로가 제작하였으며 그리스의 작업장에서 최초로 고안된 것으로 알려진 거울은 2C부터 조상 대대로 전해 내려오고 있다.

그림 2-2 | Barber Meryma'at (1332 ~ 1279 BC)

(3) 로마시대(B.C 8세기 ~ 3세기)

남자머리 스타일은 그리스와 거의 비슷하나 조금 더 복잡하다. 대부분 곱슬거리는 짧은 머리의 단순한 형태를 좋아했다. 그들은 머리 숱이 적은 것을 수치스럽게 여겨 가발을 주로 이용하기고 하였다. 로마시대의 이발사는 B.C 30년 로마시대부터 이발사의 흔적을 찾아볼 수 있는데 이발소는 최신의 정보나 친구를 만나고 사무를 처리하는 장소로 이용되어지며, 이발사들은 최신의 정보를 단골고객들에게 제공함으로써 고객들의 흥미거리나 가십거리를 제공해 주기도 했다.

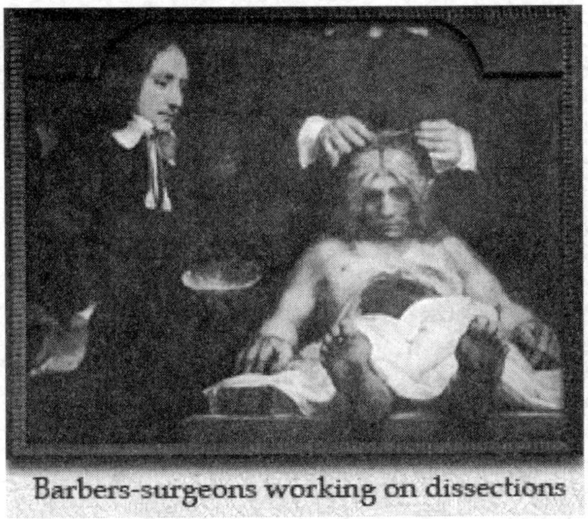

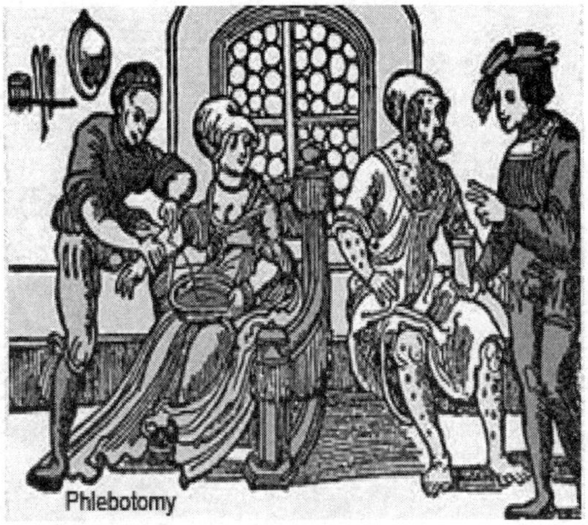

그림 2-3 ▌로마시대 이용 장면

(4) 중세시대

① 비잔틴시대(4～10세기)

비잔틴시대 남자의 머리스타일은 목덜미까지 내려오는 스타일이였으나, 점차 짧아져서 이마에 가지런히 내려오도록 깎은 앞머리와 단발모양의 단순한 형태가 되었다. 고위층 기독교인, 주교수도 원장은 일반적으로 법률에 의해 주로 짧은 머리 스타일(short style)을 하였고, 교회의 통치에 복종하는 의미로서 삭발이 시행되었다.

머리 속의 이를 없애기 위해서도 한몫을 한 빗은 화장대의 여러 도구 중 매우 중요했으며 헤어브러시 또한 이때 만들어졌으며 재질로서는 주로 멧돼지 털이나 고슴도치 털로 만들어 졌다. 브러쉬는 중년후반의 여성들에게 처음으로 사용되어졌다. 중세시대의 외과의사(이 시대엔 이발사가 수술도 가능)와 이발사는 두 개의 길드 조합에 속해 있었고 요금 이외에도 계속적인 경쟁에 의해 서로의 영업영역을 침범하곤 했다. 시간의 흐름에 따라 외과의사와 이발사는 불성실한 직업을 가진 교수형 집행자나 배우, 세금징수원 등과 같이 간주되었다.

② 로마네스크(11세기～13세기)

남자들의 헤어스타일은 여전히 짧은 단발이 주를 이루었으나 어깨까지 늘어지는 형도 있었다. 귀족이나 특수층을 제외하고는 거의 모자를 쓰지 않는 대신 후드와 케이프가 붙은 모양의 얼굴만 내놓는 스타일이 유행했다.

이발소 / 벽화

헨리 8세는 한스 이발사에 의해 이발

그림 2-4 ▎

2) 근세

(1) 르네상스(16세기)

여성취향의 우세는 남성에게 영향을 주었다. 남자의 의상이나 몸짓이 여자의 모습과 비슷해져서, 근엄한 수염이 사라지고 머리카락은 부드럽게 어깨까지 놓이게 되었다. 1630년경 남자들의 머리는 여성들처럼 귀밑에 curl을 하고 프랑스권의 나라에선 앞머리를 부풀리는 것이 유행했다. 남자의 머리모양과 장식은 여자의 것에 비하여 극히 간단하고 특별한 것이 없다. 머리는 짧아서 강한 남자의 인상을 느끼게 한다. 1637년 12월 이발사와 가발

제조자의 길드(협동조합)가 파리에서 결성되었으며 가발의 수요가 지속적으로 증가(짐승 가죽에 인모인 머리카락을 사용하여 바느질했으나 그 후에 부드러운 아마포를 사용)했다. 루이 13세가 가발을 사용하고부터는 가발 자체가 장식품이 아닌 왕조의 권위를 갖춘 헤어스타일 자체로서 일반인과 차별화 시킬 수 있는 고귀한 사치품이 되었다.

① 프랑스

1804년 장 바버(Jeang Barber)가 외과와 이용원을 완전 분리시킴으로서 현재도 이용원은 그의 이름을 붙여 바버숍(Barber shop)으로 사용되고 있다.

1871년 가구 제작소인 바리캉마르(Bariqunn Mar) 회사가 바리캉(Bariquant)을 발명해 모발커트를 위한 수동식 도구로서 사용되었으며 발전을 거듭하여 현재는 전자식 바리캉인 클리퍼(Clipper)가 개발되어 사용되고 있다.

청 · 홍 · 백색의 샤인 보드(sing board)는 이 당시 병원을 표시하였던 상징적 간판으로서 정맥과 동맥 그리고 흰 붕대의 의미로서 이용문화는 점차 발달되어 전 세계에 보급되었다. 샤인보드의 청색은 정맥, 적색은 동맥, 백색은 붕대를 의미한다.

② 영국

1872년 독일에서 태어난 칼 루위그 네슬러(Karl Ludwig Nessler)에 의해 최초의 전기히터(electrical heater) 퍼머넌트를 창안시켰다. 네슬러(Nessler)는 처음에는 그의 지방 마을에서 한 이발사의 도제(徒弟)로 있었다. 그러다가 스위스로 옮겨온 후에 이발업을 시작했고, 그의 이름을 영국식 이름인 Charles Nestle로 바꾼 후, 퍼머넌트웨이브(permanent wave)를 만들기 위한 방법을 연구하였으며 다양한 기구를 가지고 모발에 대한 시험을 시작했다.

(2) 바로크(17세기)

남자의 헤어스타일은 가장 여성스럽고 풍성한 모양으로 나타났다. 초기의 모양은 높이에 많은 영향을 받고, 당시의 신사들은 머리를 짧게 다듬고, 모자는 별로 착용하지 않았다. 남자의 짧은 머리는 이마에서 뒤로 머리카락을 빗어 넘긴 형과 앞 이마가 덮이는 형으로 곱슬거리게 하였다.

(3) 로코코(18세기)

남성패션의 중요한 변화는 가발에 있었다. 바로크시대에는 가발을 사용한데 반해 로코코시대에는 경쾌하고 우아한 모습으로 헤어스타일링 했다.

18세기 초 중국을 통해 유럽에 유행된 단정하고 편리하게 땋은 머리가 보편화 되었다.

그림 2-5 ▌ 18세기 이발소

3) 근대(19세기)

엠파이어시대에는 남자의 헤어스타일은 짧은 머리형이 유행이었고, 앞머리를 짧게 자른 뱅(bang)스타일은 나폴레옹의 헤어스타일에서 나타난다. 모자는 관이 높은 검정색이나 회색 모자를 많이 썼는데 정장에는 비버햇이나 바이콘을 섰다.

크리놀린시대 남자들은 머리카락이 뒷목에 닿지 않을 정도로 짧게하고 콧수염과 볼수염을 길렀다. 아래 입술 밑에 수염을 조금 기른 나폴레옹 3세의 수염은 그의 전속 이발사에 의해 소개 되었다.

버슬시대의 헤어스타일은 남자들의 머리카락 길이는 더욱 짧아지고 콧수염과 턱수염을 기르는 것이 일반적인 경향이었다. 카이젤(kaiser)이라는 이름이 붙은 양끝이 위로 말아 올라간 콧수염은 염색을 하거나 왁스를 바르는 등 손질하였다.

그림 2-6 ▌19세기 이발소

4) 근 · 현대 이용 역사

마셰웨이브(Marcel wave)의 등장으로 헤어스타일에 웨이브를 줄 수 있고, 웨이브로 의한 모발의 방향변화, 다양한 스타일, 볼륨감 등을 표현 할 수 있었다. 현재에는 전기 아이론과, 퍼머제의 개발로 인해 짧은 모발에 영구적인 퍼머넌트를 표현한다. 우리나라뿐만 아니라 외국에서도 남자 헤어스타일은 길이의 다양화, 모발색의 다양화, 퍼머넌트 웨이브 시 웨이브의 다양화로 표현되고 있다.

그림 2-7 ▌현대 이발소

5) 이발소와 외과의사 역사

- 역사적으로, 이발소도 치과 의사와 외과, 치아 추출 및 enemas의 다양한 공연자, 방혈과 상처 수술을 했다.
- 루앙의 대주교는 수염의 착용을 금지하면 이러한 이발사-외과의는 올해 1096년에 프랑스에서 처음으로 공식적인 조직을 형성했다.
- 약을 더 자체 필드로 정의된 대로 나중에, 노력이 이발사-외과의 학문 외과를 구분되었다.
- 파리에서, 1210에 대해 광고하고, "짧은 가운 외과"로 이발사-외과의 학문 "긴가운 외과 등 외과"의 식별이 설립되었다.
- 1308년, 여전히 "이발소의 신앙심이 깊은 회사"로 런던에서 알려진 세계에서 가장 오래된 이발기구가 설립되었다.
- 체계적으로 수술의 이발소를 지시하기위한 노력의 일환으로, 학교는 세인트 코스모스와 세인트 도메인의 Brotherhoods에 의해 13세기 중반에 프랑스에서 설립되었다.
- 프랑스어 이발소와 외과의 길드는 1391년에 설립되어, 1505에 의해, 이발소는 파리의 대학 입학 허용되었다.
- 그는 의학을 포용하고 르네상스 시대의 가장 유명한 외과 의사가 되기 전까지는 현대 외과 수술의 아버지는 Ambroise 정지(1510년에서 1590년까지)는 일반적인 이발사-외과의 자신했다.
- 정지는 프랑스 군대에 군의관이었고, 찰스 IX와 앙리 Ⅲ 모두에게 최고 외과 의사였다.
- 길드는 에드워드 IV에 의해 1462년에 이발소의 회사에 전화로 영국에서는 이발소는 전세되었다.
- 외과는 30년 후 자신의 길드를 설립하였다.
- 이 두 길드가 영국에서 미국 이발사-외과 전문 회사의 이름으로 1540년 헨리 8세(Henry VIII)의 법령에 의해 하나로 통합 되었으나, 그들은 아직도 분리되었다. 이발소는 파란색과 흰색 기둥을 표시하고, 제외하고 수술을 수행하는 것은 금지 되어 있었다. 치아-당기 및 방혈, 외과 의사는 빨간색과 흰색 줄무늬 기둥을 표시하고, 사람을 면도하거나 머리를 잘라 허락되지 않았다.
- 또한, 프랑스의 루이 15세는 이발소 수술 연습을 할 수 없다는 사실을 1743년에 해주겠다고 했다.
- George II는 이발소에서 별도의 외과의로 여러 역할을 통과시켰다.
- 외과의는 "석사, 미국의와 런던에서 외과 전문의 Honourable 학회 서민" 결국 조지 3세의 재위 기간 동안 1800년 해산 외과 전문의 왕립 대학으로 대체되었고 법인을 형성했다.

03 _ 이용 도구

1. 이용 도구

1) 가위(Cutting scissors)

모발을 커트하는데 가장 많이 사용되는 주요 도구이다. 가위 길이가 4인치~7인치까지로 종류는 다양하다. 길이가 짧을수록 섬세한 커트를 할 수 있고 길수록 빠르게 시술할 수 있다. 커트 단면이 직선인 블론트커트, 커트면이 직선이 아닌 포인트 커트, 짧은 머리카락을 커트해가는 싱글링 시 사용한다.

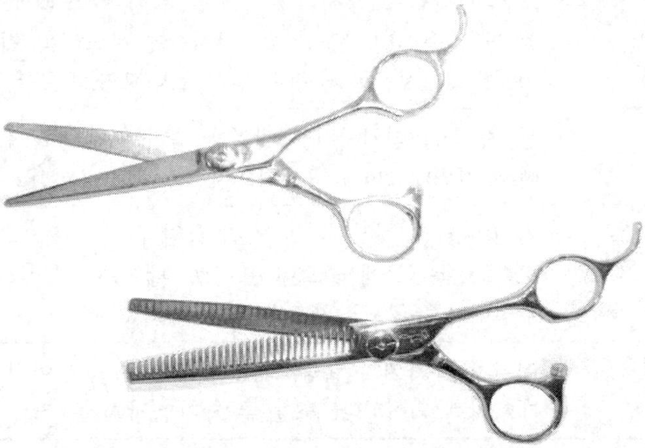

그림 3-1 ▎ 커트가위와 틴닝가위

그림 3-2 ▌커트 장 가위

(1) 미용가위의 종류

① **커트용 가위** : 모발의 길이를 자르고 커트선을 정리하는데 사용한다.
② **틴닝(숱)가위** : 모발의 양을 조절하여 헤어스타일의 질감을 표현한다.
③ **리버스 가위** : 레저날을 끼워 사용하는 가위이다.

표 3-1 ▌가위의 종류

일반 커트 가위 (Cutting Scissors)	• 모발길이를 커트하고 정리하는데 사용한다. • 정날, 동날이 동일하게 매끄럽고 날카롭다.
틴닝 가위 (Thinning Scissors)	• 모발의 숱을 감소시키거나 모발 끝을 부드럽게 질감을 표현하고자 할 때 사용한다. 틴닝커트, 단시간에 부드러운 질감을 표현 하는 슈퍼커트 시 사용한다.(한쪽 날은 톱니모양, 한쪽은 일반 가위날)
미니 가위 (Mini Scissors)	• 4인치~ 5.5인치까지의 길이에 속하는 것으로 정밀한 블런트커트와 빠른 가위테크닉을 표현하고자 할 때 사용한다.
곡선 날 가위 (R-Scissors)	• 가위의 날은 직선이지만 가위 날의 끝이 곡선으로 굽어져 있는 가위로 스트록커트에 좋으며 프런트, 네이프, 사이드 등의 세밀한 부분 수정이나 두발 끝 커트에 효과적이다.
리버스 가위 (Riverse Scissors)	• 레이져와 가위의 이중효과를 목적으로 만들어진 가위로 한쪽 날은 레이져로 되어있다. 모발 끝을 가볍게 하는 커트 시 용이하다.

(2) 생산 방식에 의한 분류

① **주물가위** : 가위 모양의 틀(몰드)에 쇳물을 부어서 만든 가위이다.
② **단조가위** : 대장간 방식으로 쇠를 달구어 해머 등으로 두들겨 만든 가위이다.
③ **포징가위** : 쇠를 젤 상태로 만들어 가위 모양의 틀을 이용한다.
④ **연마가위** : 철판을 연마하여 만든 가위이다.

(3) 재질에 따른 분류

착강가위 전강가위로 나뉜다.
① 착강가위는 가위를 잡는 부분인 협신부(연강)와 커트가 이루어지는 날 부분이 서로 다른 재질로 된 가위이다.
② 전강가위는 전체부위가 같은 특수강으로 이루어진 것을 말한다.

(4) 일반 커트 가위

직선형 가위와 곡선형 가위가 있다. 날의 길이에 따라서 긴 날 가위와 짧은 날 가위로 구분된다. 가위는 커트시술을 하는데 있어 방해가 될 정도로 무게가 무겁거나 길이가 길지 않아야 한다. 가위의 선택은 손의 크기에 맞아야 커트의 정확도와 속도 및 능률을 높이는 데 도움이 된다.

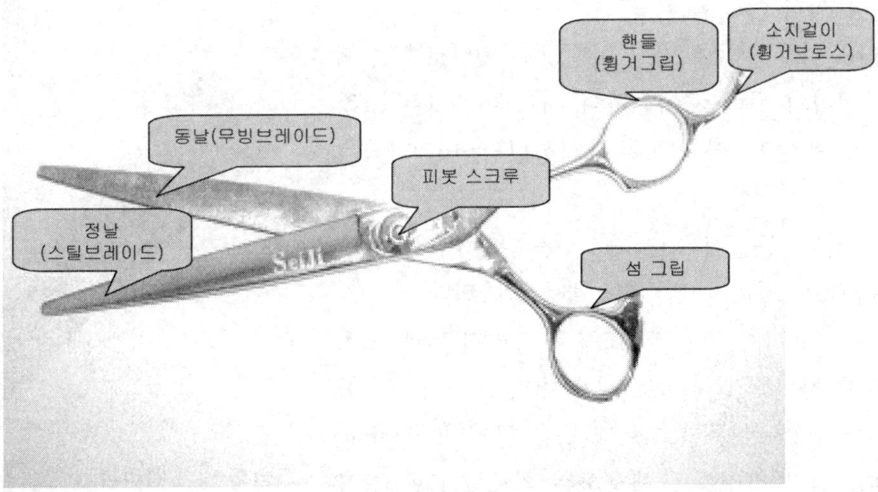

그림 3-3 ▌가위의 구조

(4) 가위 선택 시 고려사항

① 가위가 너무 무거우면 안 된다.
② 가위재질이 단단하여야 한다.
③ 양날이 정교하게 연마가 잘 되어 있어야 한다.
④ 가위선택시 각자의 손의 크기와 주로 사용하는 시술 테크닉을 고려하여 선택하여야 한다.
⑤ 가위질을 편하게 하기 위해 피봇스크루의 조작이 쉬워야 하고, 쉽게 고장이 나지 않는 제품을 선택한다.

2) 바리캉 / 클리퍼(clipper)

가위나 레이저와 마찬가지로 모발을 자르고 정돈하는 데 사용되는 도구이다. 1871년 프랑스 기계제작자 바리깡에 의해 발명되어 일본을 통해 1910년경 우리나라에 전해져 현재까지 사용되고 있다. 초장기는 사람의 손힘으로 쥐었다 폈다 하는 식으로 전기식이 아닌 수동 기계식(핸드 클리퍼)이였고 최근에는 전기를 이용한 전기 클리퍼를 사용하고 있다. 짧은 모발을 커트할 경우, 특히 남성커트 시술 시 주로 많이 사용되며 미세한 부분의 커트 시 적합하다. 과거에는 수동식을 주로 사용하였으나 지금은 전기를 이용한 전동식을 주로 사용한다. 모발뿐만 아니라 눈썹 등을 다듬는 클리퍼 등도 있다. 다른 헤어커트 도구에 비해 마모되기 쉬운 도구 중에 하나이므로 시술 후 물기와 모발을 닦아내고 기름칠을 해서 잘 보관하여야 한다.

작고 날카로운 톱니를 가진 아랫날과 윗날로 구성되어 있고, 전기의 동력을 이용하여 서로 아랫날은 고정되어 있고, 윗날이 좌·우로 교차하면서 머리카락을 자른다.

고정된 날과 동날이 거리가 짧을수록 머리카락을 짧게 잘라지고, 거리가 멀수록 길게 잘라진다.

보조도구로 mm가 셋팅 된 도구를 클리퍼 날에 고정하여 커트를 하면 정한 mm로 전체 머리를 쉽게 커트할 수 있다. 클리퍼를 이용한 커트 시술을 클리핑(clipping)이라 한다. 전기 바리깡을 사용하는 커트를 E.C CUT 라 한다.

그림 3-4 ❙ 클리퍼

3) 레저(Lazor)

레이저는 잡을 수 있도록 한 자루와 커트를 할 날로 구성되어 있다. 날에는 안전을 위해 보호대가 창작되어 있다. 보호대는 요철이 있어서 볼록한 부분은 날이 직접 피부에 닿는 것을 막아 피부가 상처 나지 않도록 하며 오목한 부분은 날이 나와 있어서 커트 시 모발을 자를 수 있도록 되어 있다. 동양인의 모발은 모질이 강하고 모발의 두께가 두껍고 직모에 가까운 모발이다. 한국인의 헤어스타일을 블런트 커트 하게 되면 조금은 무겁고 딱딱한 느낌이 표현된다. 이러한 무겁고 딱딱한 질감을 스타일하여 가벼운 질감으로 표현하기 위해서 레이저를 사용한다. 보다 부드럽고 자연스러운 모발의 단면을 얻을 수 있는 중요한 질감을 낼 수 있는 기술이다.

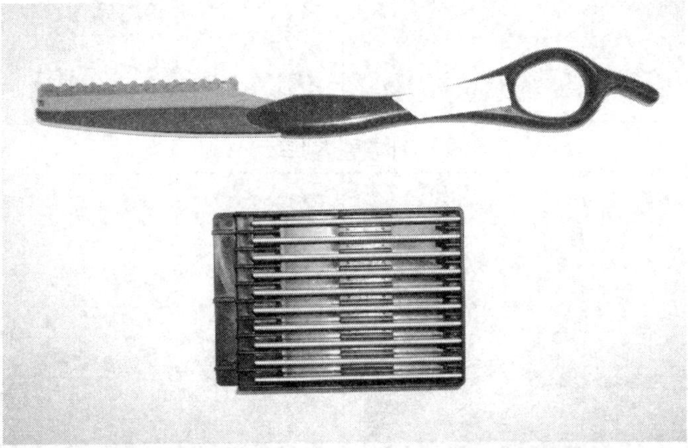

그림 3-5 ▌레이저와 날

(1) 레이저 커트의 특징

① 젖은 모발에 커트 시술하는 것에 따라 모발의 길이, 양, 머리 흐름에 대한 상태 파악, 상세한 기술의 표현이 가능하다.
② 모발의 테이퍼 함에 따라 모발이 겹침에 변화가 생겨 부드럽고 가벼운 질감이 된다.
③ 테이퍼링 효과를 원하는 커트에 사용한다.
④ 모발의 끝의 질감처리로 인해 가벼운 움직임을 자유자재로 낼 수 있다.
⑤ 디자인상 불필요한 모발 양을 제거한다.
⑥ 시술시 커트의 속도가 빨라 능률적일 수 있다.

(2) 레이저를 잡는 방법

① **내츄럴 핸드** : 레이져의 기능을 살려 가장 자연스럽게 잡는 방법이다.

② **스틱핸드** : 현재 많이 사용하고 있는 방법, 안전커버가 있는 스틱타입의 레이저에는 이 방법이 기본으로 되어있다.

③ **펜슬 핸드** : 글자 그대로 연필을 잡을 때와 같은 방법으로 잡는다. 모발 끝에서 약간의 움직임이나 표정을 만들 때 사용하는 방법이다.

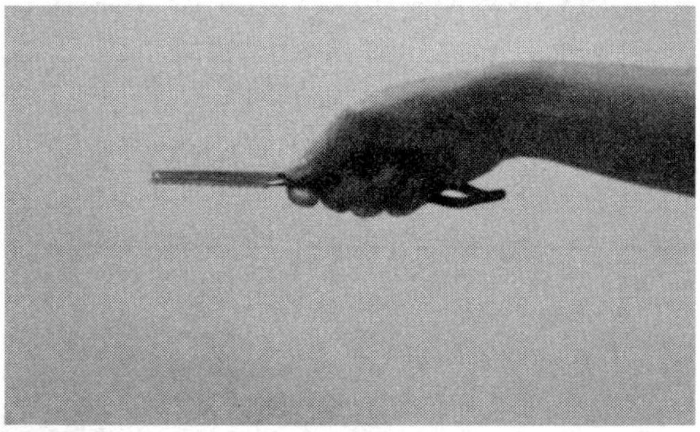

내츄럴 핸드

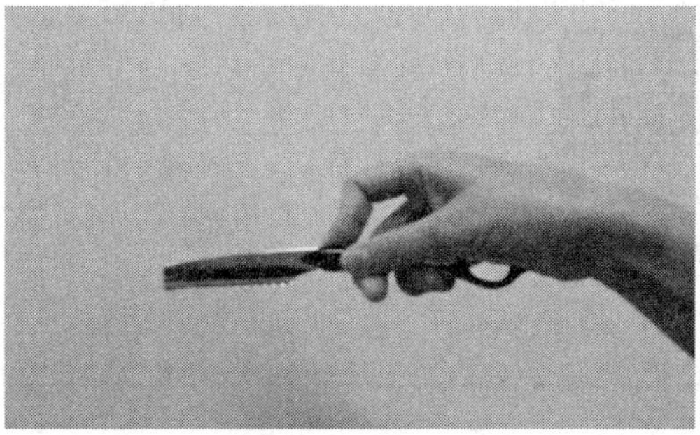

스틱핸드

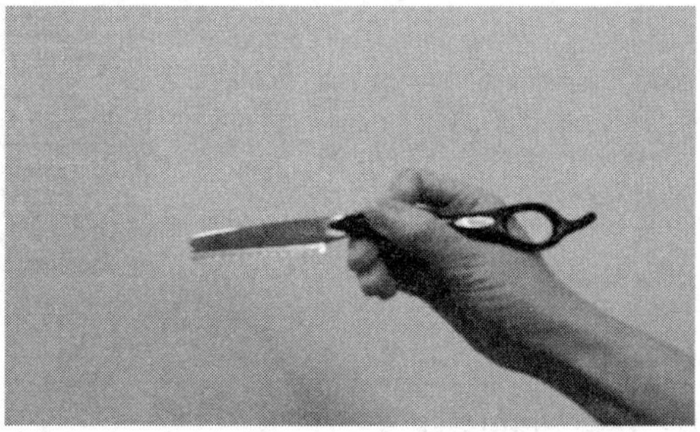

펜슬핸드

그림 3-6 ▌레이저 잡는 방법

4) 빗

(1) 빗의 구조

커트용 빗은 얇고 견고한 소재로 고운살과 얼레살로 되어있다. 고운살은 정교하게 커트할 때 이용하는 것으로 섹션을 빗질할 때 사용하고, 얼레살은 반복 빗질과 모발을 가지런히 정돈하거나, 모량이 많을 때 또는 파팅을 할 때 사용한다. 빗을 선택할 때 전체적으로 빗살이 균등한 것이 좋으며 빗살 끝이 너무 뾰족하거나 무디지 않은 것이 좋다. 재질은 물, 기름, 열에 강한 것으로 빗의 허리 부분이 너무 매끄럽지 않은 것이 좋으며, 잘 부러지지 않아야 한다.

커트 시술시 머리카락을 곱게 빗어 정리하거나, 모발을 세분하게 파팅, 섹션을 나뉘는 역할을 한다. 즉 빗살 끝으로는 두피에 접하여 모발을 나뉘는 역할을 하며, 빗살 간격은 일정한 것이 좋다.

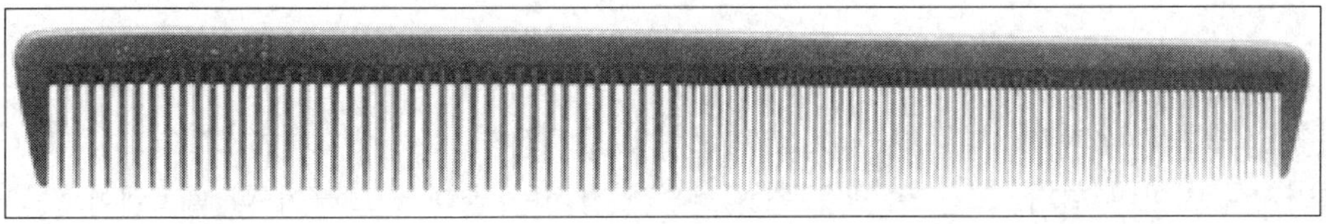

그림 3-7 ▌빗의 구조

표 3-2 ▌커트 빗의 종류와 기능

스타일링 빗	커트 시 가장 일반적으로 사용되며 스타일링 시 사용한다.
클리퍼 빗	클리퍼를 이용하여 네이프 부분 짧은 부분 커트 시 사용한다.
이발용 빗	싱글링처럼 넓은 면적의 모발을 특별한 섹션을 나뉘지 않고, 빗질이나 빗의 각도를 이용하여 커트 시 사용한다.

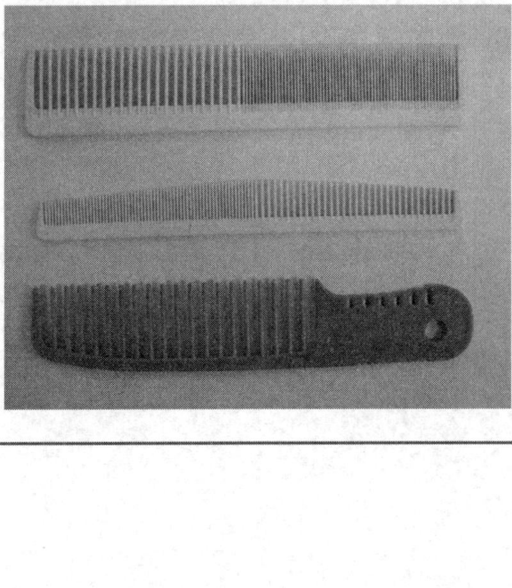

그림 3-8 ▌빗의 종류

(2) 빗 선택 시 주의 사항

① 빗은 잘 부러지지 않아야 한다.
② 빗살간격이 용도에 맞게 잘 제작되어야 한다.
③ 빗살 간격은 동일해야 한다.
④ 빗은 조금의 탄력성이 있어야 한다.
⑤ 두피에 상처를 주지 않도록 빗살 끝이 잘 다듬어져야 한다.

5) 브러쉬

브러쉬는 여성용 롤 브러쉬가 아닌 아치형태의 고무판 또는 플라스틱류의 덴멘스타일 브러쉬를 주로 사용하며, 브러쉬는 빗살이 균일한 간격으로 심어져 있어야 하며, 빗살이 잘 부러지지 않아야 한다. 모근 쪽 볼륨을 줄 때, 일반적인 클래식 드라이 할 때, 웨이브를 줄 때 사용한다.

6) 기타 기구

(1) 클립

파팅이나 섹션을 나뉜 후 머리카락을 고정시키는 역할을 한다.

(2) 분무기

커트 시술시 젖은 모발을 커트할 때 시술 중간 중간 모발에 분무하는 도구이다.

(3) 연습용 가발(위그)

가발은 실제 사람의 머리카락으로 연습을 할 수 없는 경우 대신하여 커트연습, 파마연습, 컬러링 연습 등을 할 수 있게 만든 것이다. 인모가 많이 함유될수록 좋은 가발이다. 가발에는 민두에 덮어 씌우는 덧가발과, 민두에 머리카락이 심어 있는 일명 통가발이라 불리는 가발이 있다.

(4) 커트보

커트 시술시 잘린 모발이 고객의 옷이나, 목 등에 묻지 않도록 하는 도구이다.

(5) 스폰지

잘린 머리카락을 털어내는 역할을 한다.

2. 이용 기기

1) 드라이어

드라이기는 샴푸 후 젖은 모발을 건조시키거나, 모류의 방향과 볼륨감을 주며, 다양한 웨이브 스타일을 연출할 때 사용한다. 블로우드라이(Blow dry) 사전적 의미는 '바람을 불어 건조 시킨다'다는 의미이다. 이때 차가운 바람과, 열을 가한 더운 바람을 사용한다. 블로우드라이의 원리는 모발의 측쇄결합 중 수수결합과 관련이 있는데 물을 모발에 분무하면 모발의 측쇄결합이 절단되고 다시 모발이 건조 되면서 측쇄결합이 결합함을 이용하여 모발의 방향, 볼륨감, 웨이브를 연출한다.

2) 아이롱

(1) 아이롱이란

아이롱(Iron)은 1875년 프랑스의 마셀 그라또우(Marcel gurateau : 1852~1936)가 '마셀 아이롱과 그 사용법'을 발표한데서부터 시작 되었다. 소형 아이롱은 처음 '카이젤 수명을 스타일 낼 때 사용하였다. 1925년 이후 전기 아이론이 발명되어 가열, 단열 온도의 조절이 쉽게 되어 손상모발에 대한 온도 등, 시술자 각자의 시술방법에 따라 온도조절이 가능하게 되었다. 적당한 온도는 보통 120~140℃로 시술자에 따라 조금씩 다를 수 있다. 아이롱의 원리는 열과 아이롱의 형에 따라 컬이나, 웨이브를 연출한다. 이때 열을 이용하므로 화학처리된 모발에 사용하면 심각한 손상을 줄 수 있으므로 주의해야 한다.

(2) 아이롱의 목적

① 모발의 모근 쪽 볼륨감을 주기 위함이다.
② 웨이브 퍼머를 하여 웨이브 스타일을 연출할 수 있다.
③ 모발의 모류 방향을 수정, 보완할 수 있다.
④ 축모 교정이 가능하다.

(3) 아이롱 종류

아이롱의 종류에는 다음과 같은 것들이 있다.

① **파형 및 집게 아이론(wave Iron, clip Iron)** : 아이롱 기구 자체에 홈이 있거나, 기구 속에 머리카락을 맞물리게 함으로써 홈에 맞는 모양이 나온다.
② **일반 아이롱(hair Iron－curl iron)** : 가장 일반적으로 사용되며, 불에 달구어서 사용하는 구형 아이론이다.
③ **전기 아이롱(electric iron)** : 전기를 이용하여 사용되는 아이롱이며 두께는 직경에 따라 다양하게 있으며, 일반적으로 현 짧은 모발에 웨이브나 C컬을 연출할 때 많이 사용한다.
④ **압착 아이롱(pressing iron)** : 축모모발을 스트레이트모발로 펴는데 사용한다.

(4) 아이롱 구조

① **프롱** : 모발이 감기거나 모발의 컬 형을 만드는 부분이며, 현재 전기 아이롱에서는 열이 전달되는 곳이다.
② **그루브** : 프롱의 일부분 감싸는 부분으로 모발을 프롱에 고정시켜 스타일 연출을 용이하게 한다.
③ **핸들** : 프롱과, 그루브의 핸들이다.

3) 스티머

두피의 노화각질은 각질 연화제만으로도 일부 제거되지만 피부 상피세포의 경우 수분을 흡수하게 되면 각질사이의 결속력이 저하되어 쉽게 떨어지는 특성을 지니고 있다.

(1) 특징

스티머는 헤어트리트먼트용 스티머의 수분입자에 비해 크고 무게감이 있어 단 시간내에 두피에 충분한 수분을 공급할 수 있다. 스티머에서 분사 되는 따뜻한 수분의 작용은 혈액순환 개선 및 모공주변을 열어 주는 작용, 두피 내 부족한 수분을 공급하는 역할 등을 한다. 두피의 노화각질정도가 적고, 예민성 두피의 경우에는 두피에 부담을 적게 주기 때문에 헤어트리트먼트용 스티머기가 효과적일 수 있다.

수분입자에 의한 노화각질의 제거 외에도 각질연화제의 두피 도포 시 발생할 수 있는 홍반 및 염증 작용을 예방, 완화할 수 있는 역할을 보조적으로 지니고 있다.

(2) 사용목적

① 두피 및 모발부위의 수분공급
② 노화각질의 팽윤, 연화작용
③ 모공 확장
④ 각질연화제의 상승효과 및 부작용 예방과 완화효과
⑤ 온열작용에 의한 두피 혈액순환 효과

(3) 사용 시 주의사항

① 뜨거운 수증기가 얼굴에 닿지 않도록 주의한다.
② 목적에 따라 스티머기를 선택한다. 각질연화 및 두피 내 수분공급 목적이면 두피용 스티머기를 사용하고, 살균, 소독 및 모발 내 수분공급 목적이면 헤어트리트먼트용 스티머기를 사용한다.
③ 사용시간 및 온도는 예민성두피의 경우 7~8분정도 온도는 35~40℃정도에서, 비듬성 두피에는 10~15분정도로 온도는 40~45℃정도에서 관리하는 것이 효과적이다.

4) 적외선기(열선)

적외선은 파장이 햇빛이나 백열된 물체로부터 방출되는 빛을 스펙트럼으로 분산시켜 보면 적색스펙트럼의 끝보다 더 바깥쪽에 있으므로 적외선이라 한다. 파장 0.75~3μm의 적외선을 근적외선, 3~25μm의 것을 단순히 적외선이라 하며, 25μm 이상의 것을 원적외선이라 한다. 에너지가 자외선과 같이 높지 않기 때문에 분자의 화학결합에 변화를 주지 않는다. 때문에 인체 및 피부조직에 유의하지 않으며, 침투된 적외선은 분자 사이의 운동을 촉진시키어 온열 자극으로 열을 발산하도록 하는 작용을 한다. 적외선의 세포자극과 열 발산원리 등을 이용하여 제품의 경피 흡수 및 혈액순환을 도와주는데 사용한다. 두피탈모관리에 있어 적외선의 사용은 세포자극과 그에 따른 열의 발산 및 적외선의 피부조직 내 침투를 이용한 것으로 원적외선의 경우에는 피부조직 깊숙이 침투하여 열을 만들고 분자의 화학결합에 아무런 변화를 주지 않기 때문에 가능한 것이다.

① 특징

관리용의 적외선은 백열등에서 발산되는 근적외선의 작용과 유사한 것으로 텅스텐 필라멘트를 통해 발산되는 근적외선을 집중 조사 할 수 있도록 고안된 기기이다.

② 사용목적

- 혈관확장과 혈액순환 개선효과
- 노폐물 배출 촉진효과
- 근육이완 효과
- 두피 진정작용
- 세포자극 통한 신진대사기능 개선효과
- 영양제품의 경피흡수 촉진효과
- 온열에 의한 경혈자극을 통한 두피 및 인체 기 순환 개선효과

③ 사용방법

- 두피 모발에 물기를 제거한다. 효과가 반감될 수 있다.
- 두피로부터 30cm 정도 떨어진 거리에서 조사한다.
- 두피상태에 따라 사용시간을 달리 한다.
- 영양침투 목적으로 할 경우 제품 도포 전, 후에 하는 것이 효과적이다.
- 두피조사 시 3분 간격으로 조사 부위를 옮겨준다.

5) 샴푸대

샴푸대는 시술이 끝난 후 모발의 머리카락, 모발화장품류를 씻어낼 때 사용하는 기기이다.

샴푸 시 세정 효과를 높이는 기기는 다음과 같다.

(1) 두피세정기

실린더 안에서 피스톤 왕복운동을 물에 접목한 기기로, 물탱크의 물이 본체의 전기적 작용에 의해 움직이는 피스톤 왕복운동에 따라 수압의 상승을 유발하는 기기이다. 두피적용시 마사지효과도 얻을 수 있고 모공깊이 자리 잡고 있는 피지산화물 및 노화각질, 각종화학약품 잔여물을 제거하는 기기로 모공을 깨끗이 열어 영양제품의 흡수를 도와준다.

① 사용목적

- 모공주변 노화각질 및 피지 산화물 제거
- 수압을 통한 마사지 효과
- 화학제품 잔여물제거
- 염증 제거 효과
- 두피의 산소 공급 상승효과
- 영양제품 흡수촉진효과
- 두피세정 효과

② 사용방법

- 38℃의 연수를 사용한다.
- 고객의 두피상태 및 예민도에 따라 세정기의 수압정도를 조절한다.
- 정중선을 기준으로 양옆으로 2cm 간격으로 섹션을 나뉘어가며 정수리 부위에서 세로방향으로 세정한다.

  후두부관리는 네이프 부위에서 부터 2cm 간격으로 정수리 쪽으로 이동하면서 가로방향으로 관리한다.
- 예민성두피는 약, 건성두피는 중, 비듬성 및 과각질 두피는 강을 사용한다.

(2) 두피순환기

전기모터를 이용한 수압조절과 히팅 효과를 이용하여 물의 온도조절이 가능하며, 두피의 상태에 따른 수압조절을 통해 두피 이물질의 제거와 두피마사지효과를 동시에 볼 수 있다.

① 사용목적

- 모발 보습 및 영양공급
- 두피 노화각질 제거 및 마사지 효과
- 모발 윤기 부여
- 세정 시 고객 자리이동 없음

(3) 두피온욕

원활한 신진대사를 위한 조건 중 기초가 되는 것으로 혈액순환을 들 수 있으며, 이는 모발 성장 및 건강에 있어서도 가장 기초가 된다. 따뜻한 물을 이용하는 온욕은 물에서 발산하는 온열작용이 신체말단부까지 고른 혈액의 공급과 피부 조직에 누적되어있는 각종노폐물과 이물질, 독소 등을 제거하는 효과를 지니고 있다.

① 사용목적

- 샴푸 잔여물 제거
- 두피 혈액순환개선
- 노화각질 및 피지 산화물제거
- 두피 산소공급 및 신진대사 기능 향상효과

6) 소독기

미용은 사람을 모델로 하는 직업으로 위생적인 면이 아주 중요하다. 전염병이 없는 사람들도 같은 이용도구, 기기를 사용함으로써 전염이 될 수 있기 때문에 이용 도구를 소독을 하여야 하는데 이때 사용하는 것이 소독기이다.

7) 자외선기(화학선)

태양광의 스펙트럼을 사진으로 찍었을 때, 가시광선보다 짧은 파장으로 눈에 보이지 않는 빛이다. 사람의 피부를 태우거나 살균작용을 하며, 과도하게 노출될 경우 피부암에 걸릴 수도 있다. 자외선은 파장이 약 397~10nm인 전자기파의 총칭으로서, 극단적으로 파장이 짧은 자외선은 x선과 거의 구별되지 않는다. 적외선을 열선이라고 하는데 대응하여 자외선은 화학작용이 강하므로 화학선이라 하기도 한다. 또 파장의 길이에 따라 근자외선(파장 290nm 이상), 수정범위(水晶範圍)의 자외선(수정을 투과하는 290~190nm), 슈만선(190~120nm), 라이만선(120~60nm), 밀리컨선(60nm 이하) 등으로 세분하거나, 190nm 이하의 파장을 가지는 자외선을 원자외선(遠紫外線)이라고도 한다.

8) 고주파기

고주파는 파장의 크기에 따라 단파, 장파, 극초단파로 분리되며, 단파와 극초단파의 경우에는 치료 및 수술시 사용되는 의료용 고주파 파장이다.

미용분야의 경우에는 주로 300M정도의 파장을 지니는 장파를 사용하고 있으며, 비만, 탈모관리 등에 이용한다.

미용영역에서는 고주파의 사용은 전류가 체내 통전 시 체내조직에서 발산됨은 심부 열의 작용을 이용한다. 심부열은 채내 조직을 구성하는 분자들이 진동하면서 회전운동, 충돌 등에 의해 생기는 생체 열을 말하며, 모세혈관 및 동맥을 확장시켜 혈액의 흐름을 원활히 하여 산소와 영양분의 공급을 증가 시킨다.

또한 체내 축적된 노폐물의 배출에 관여하는 림프 및 정맥의 순환을 도와준다.

① 특징

두피 탈모관리에서 사용되는 고주파기는 크게 두 가지의 목적을 지니는 것으로 두피 부분의 혈액 순환 및 살균, 소독의 목적과 등 부위 동맥과 모세혈관의 혈액순환을 개선하고자 하는 목적으로 나뉘어진다.

② 사용목적

- 활성산소 제거를 통한 산소공급 효과
- 동맥 및 모세혈관 확장을 통한 혈액순환 개선효과
- 림프순환을 통한 체내 독소 배출효과
- 모근 자극과 두피 살균, 소독효과
- 심부열로 세포활성화 및 세포재생 효과

③ 고주파기 사용방법

- 두피 스켈링 후 모발 및 두피의 물기를 타올 드라이하여 제거한다.
- 진공관을 소독한다.

9) 저주파기

상용저주파를 이용한 인체 관리 및 치료의 기본 작용원리는 인체 내에 흐르는 미세 전류의 흐름에 문제가 생긴 것을 주파수가 낮은 저주파를 이용하여 체내 전류의 흐름을 원활히 흐르도록 풀어주는 것으로 한방에서 말하는 기기의 흐름을 풀어주는 원리와 유사하다. 저

주파의 사용으로 신경부위 작용은 근육 운동 및 혈액순환 개선
등의 효과를 얻을 수 있는 것으로 비만관리 및 근육관리 등에서도 이용되고 있다. 일반적으로 10Hz정도의 낮은 주파수는 관리사가 손으로 가볍게 두드리는 정도의 강도로 근육운동을 자극하며, 주파수가 높을수록 통증을 진정시키는 효과를 나타낸다.

① 사용목적
- 근육의 수축운동
- 혈액순환 촉진 및 개선효과
- 제품의 경피흡수 촉진

② 관리 시 주의사항
- 심장애자 임산부 등은 피한다.
- 10~15분정도 관리하는 것이 효과적이다.

10) 세포 재생용 기기

(1) 레이저

레이저란 특정한 파장의 광선을 증폭 또는 발진시키는 장치로 '유도 복사에 의한 빛의 증폭' 이라는 의미의 약자이다. 인위적으로 불안정한 상태의 들뜬 원자를 유도한 후 다시 안정적인 상태 즉, 원자가 바닥상태에 놓일 때 발생되는 높은 에너지를 이용한 것이 레이저이다. 피부미용 산업의 경우에는 레이저 광선을 이용한 문신제거 및 흉터, 잡티제거, 제모 등의 시술에 이용된다.

① 특징
현재두피, 탈모관리용으로 쓰이는 저출력 레이저기는 적외선 다이오드 방식의 반도체 레이저와 헬륨과 네온의 혼합기체를 이용한 의료기로 되어있다.
두피탈모 관리에서의 레이저는 출력이 약하기 때문에 두피 조직에 흉터를 발생시키지 않으며, 모세의 활동 및 조직의 강화 목적으로 많이 사용되고 있다.

(2) 광선기

태양광선과 생물체간의 작용관계를 이용한 기기로 지구상에 존재하는 모든 동, 식물들은 생존을 위하여 필수적인 것으로 빛의 작용을 받는다.

① **특징**

전류가 흐르는 서로 다른 탄소봉에 전기적 접촉을 유도함으로써 발생되는 스파크로 인위적인 광선을 만들어 내며 집중적인 광선의 조사가 용이한 것이 특징이다.

광선기에서 조사되는 광선은 육안으로 볼 수 있는 파장 380~770nm의 가시광선 외에 살균, 소독 및 탈취와 오존발생에 관여하는 근자외선, 그리고 혈액순환 및 제품의 경피흡수를 돕는 근적외선이 동시에 발생한다. 광선기의 이러한 작용은 두피 및 모발세포의 기능이 떨어지기 쉽고 외부세균으로부터 감염이 쉬운 예민성 및 염증성 두피 그리고 탈모 진행형 두피 관리에 효과적이다.

② **사용목적**

- 피부세포 및 모발세포의 활동촉진
- 근자외선에 의한 살균, 소독
- 근자외선에 의한 제품 경피흡수 촉진
- 혈액순환 개선 및 노폐물 배출효과
- 면역력 강화효과

③ **사용 시 주의사항**

- 사용부위에 따라 1일 관리시간을 15~30분 이내에 한다.
- 조사부위로부터 30cm정도 떨어진 거리에서 조사한다.
- 기기는 항상 깨끗하게 손질한다.

11) 갈바닉 전류

갈바닉 기기를 이용한 관리법은 매우 낮은 전압의 직류를 이용한다. 전류는 한 방향을 흐르며 극성을 가지고 있다. 피부관리 기기에 많이 사용한다. 신체에 전달 된 전기는 음극봉(−), 양극봉(+)을 띠고 있다. 탈모예방, 스트레스 해소 및 두피노화까지 관리할 수 있다.

① **양극** : 모공을 닫고 피부를 수축하는 효과로 지성 피부에 적합하고, 아스트리젠트로션을 침투시킨다.

② **음극** : 혈액순환을 활발하게 하고 피부 영양상태를 좋게 하여 건성 피부에 좋다.

12) 패러딕 전류

작용은 근육의 수축운동, 혈액순환, 신진대사를 활발하게 한다. 얼굴이 붉거나, 고혈압이 있는 사람, 피부에 농포가 있는 사람은 피한다.

13) 바이브레이터

전기 전동기를 말하며 진동을 근육과 피부, 두피에 사용하여 혈액순환을 좋게 하고 신진대사를 높이고, 지각신경을 자극한다.

14) 우드램프

피부 측정 기계로 피부를 육안으로 볼 수 없는 피부상태를 보는 기기이다.

04 _ 세발

세발(샴푸 / Shampoo)의 어원은 힌두어인 'Champoo'에서 기원되었으면 사전적 의미로는 '비누나 샴푸를 이용하여 머리를 감다, 씻다, 마사지하다'라는 뜻으로 이 · 미용실에서 고객에게 행하는 최초의 서비스이고, 헤어스타일을 만들기 위한 가장 기본적인 행위로 모발과 두피의 세정을 뜻한다.

세발의 목적은 모발은 먼지, 때, 두발화장품, 땀, 피지 등으로 항상 불결해지기 쉬우므로 탈모가 발생되거나, 각종 질병을 유발시킬 수 있다. 따라서 각종 질병을 예방하고 두피의 혈액순환을 원활하게 하며 건강한 모발을 유지하기 위해 샴푸를 실시한다. 샴푸는 크게 두 가지 목적으로 분류하면 첫째 모발의 때를 제거하는 것이고, 둘째 두피를 청결하게 관리하는 것이다.

1. 샴푸잉

1) 샴푸제의 성질

모발 및 두피의 오염에는 두피 상에서 분비되고 있는 피지, 땀의 노폐물, 과잉의 각질, 먼지 등의 외부에서 부착되는 물질, 일정한 역할을 마친 두발용 화장품의 잔류물 등이 있다. 이들 오염을 제거하기 위하여 일반적으로 음이온성, 양성 및 비이온성 계면활성제가 샴푸용 세정제로 사용되고 있다.

계면활성제의 침투작용과, 유화, 분산작용에 의해 오염이 제거된다.

즉 세정액이 오염과 오염이 부착되어 있는 피세정 표면의 사이에 침투하여 오염의 부착력을 약하게 한다. 그 결과 오염은 물리적 힘에 보다 용이하게 수중 이탈한다. 그때 오염은 세분되어 수중에 안정하게 분산되고, 오염에 흡착된 계면 활성제가 재부착을 방지한다.

(1) 세발 세정작용

샴푸제의 올바른 사용법을 이해하는 의미로 모발, 두피의 더러움에는 어떤 것이 있으며 그것이 어떤 형태로 제거되는지의 관점에서 생각해 볼 필요가 있다.

일반적으로 샴푸제의 세정작용은 계면활성제의 종합적인 작용으로 행하여지고 있어서 계면활성제의 작용을 하나씩 보기로 하겠다.

① **표면장력** : 계면활성제의 커다란 작용의 하나는 표면장력 저하 작용이다.
표면장력이란 예를 들어 컵에 물을 가득 따를 경우 조금 부풀어 올라도 넘치지 않은 현상으로 액체의 표면이 위축되는 힘이다. 이 때문에 어느 물질을 물에 적시려고 해도 잘 젖지 않은 경우가 있다. 그런데 계면활성제가 이 힘을 저하시킨다.

② **습윤작용** : 젖는 것을 말한다. 습기가 많아지게 한다.

③ **침투작용** : 골고루 스며들게 하고 물체의 작은 구멍에도 잘 들어가게 한다.

④ **가용화작용** : 유성물질(유지분자)의 주위에 계면활성제의 분자가 친수기 외측으로 둘러싸여 용해한다. 이 역할을 가용화라 한다. 활성제는 친수성이 높은 것을 사용하고 가용화 된 유지는 작은 입자가 되어 완전히 수중에 분산되고 용액은 반투명하게 한다.

⑤ **미셀** : 가용화 되어서 계면활성제가 친수기 외측으로 둘러싸고 있어 이분자의 집단이 마치1개의 분자와 같이 물에 용해된 것처럼 된다. 이러한 분자의 집합체를 미셀이라 한다.

⑥ **미셀의 한계 농도** : 미셀을 만드는 것은 계면활성제의 농도에 따른다. 이것이 미셀한계 농도이다.
샴푸의 경우에는, 모발에 부착되어 있는 기름을 활성제가 둘러싸고 모발에서 분리시켜 물 쪽으로 이동시키지 않으면 안 되기 때문에 어느 정도의 농도가 어떻게든 필요하다.

(2) 샴푸제의 조건

① 샴푸 후 잘 헹구어 줄 것

② 모발에 광택 및 유연성을 줄 것

③ 일정한 점도를 유지 할 것
④ 세발 후 정전기를 띄지 않을 것
⑤ 강한 향을 발산하지 말고 향기로울 것
⑥ 강알칼리, 강산은 피할 것
⑦ 적당한 세정력을 가질 것
⑧ Creamy하고 풍부한 지속성이 있는 거품이 일어날 것.
⑨ 샴푸 중 마찰에 의한 손상으로부터 모발을 보호하는 것
⑩ 두피, 두발 및 눈에 대한 안전성이 높을 것

(3) 샴푸제의 성분 작용

① 계면활성제

모발에 부착된 때는 물에 용해되는 것도 있지만 잘 용해되지 않는 물질이 더 많다. 특히 두피에서 생성되는 피지, 비듬 등의 노폐물과 헤어스타일링 제품은 물에 잘 용해되지 않는데 이러한 물질을 제거하기 위해 때와 물을 결합시키는 역할을 하는 것이 계면활성제이다. 계면활성제는 분자 구조상 물에 녹기 쉬운 친수성기와 기름에 녹기 쉬운 친유성기를 동일 분자 내에 지니고 있으며 이 두 개의 원자 간의 강도에 따라 계면활성제의 성질이 변화한다. 샴푸제에 사용되는 계면활성제는 음이온 계면활성제, 양이온계면활성제, 양성이온계면활성제, 비이온계면활성제 등이 있다.

㉠ **음이온 계면활성제** : 계면 활성을 발휘하는 기가 음이온의 전하를 띄는 것으로 물에 잘 녹아 기포력, 세정력이 뛰어나 가장 많이 사용하고 있다.
㉡ **양이온 계면활성제** : 계면활성을 발휘하는 기가 양이온의 전하를 띄는 것으로 세정력보다는 살균, 소독작용이 뛰어나며 대전방지효과가 높기 때문에 린스제, 트리트먼트제에 사용된다.
㉢ **양성이온 계면활성제** : 알칼리에서는 음이온 계면활성제 역할을 하고 산성에서는 양이온 계면활성제의 역할을 하며 자극성이 작고 안정성이 높아서 유아용 샴푸제로 사용된다.
㉣ **비이온계면활성제** : 물에 녹았을 때 이온화되지 않는 것으로 다른 활성제와 배합이 가능하므로 폭넓게 사용할 수 있다. 세정, 유화, 분산, 습윤 등의 효과도 있지만 헤어크림이나 트리트먼트제로 사용된다.

② 첨가제

샴푸제는 세정하는 것을 목적으로 사용하지만 지속적으로 사용하게 되면 모발이 푸석거

리거나 광택이 없어지는 현상이 나타난다. 그러므로 모발에 컨디셔닝 효과를 충족시키기 위해 여러 가지 첨가제를 활용하고 있다.

㉠ **증점제** : 모발을 샴푸하는 방법에 따라 점도의 조절을 가능하게 하며 양질의 샴푸제를 갖추기 위해 각종 증점제를 첨가한다.

㉡ **증포제** : 한종류의 계면활성제만으로는 세정력이 약한 경우가 있기 때문에 이것을 보완하기 위해 기포제, 알카놀아미드, 아민옥사이드 등을 첨가한다.

㉢ **컨디셔닝제** : 샴푸후의 광택을 향상시키고 모표피를 보호하며 모발 손상의 회복을 위해 사용 된다.

2) 샴푸제의 종류 및 작용

(1) 샴푸제의 종류

샴푸제는 사용목적에 따라 크게 4가지로 분류할 수 있다. 첫째 두피나 모발의 때를 가볍게 제거하는 플레인 샴푸, 둘째 모발이나 두피의 건강을 유지하기 위한 트리트먼트 샴푸, 셋째 모발의 특수관리를 목적으로 실시하는 스페셜 샴푸, 넷째 드라이 샴푸 등으로 분류된다.

① 일반 샴푸(general shampoo)

모발 및 두피를 청결하게 하는 것을 목적으로 실시하며, 가볍게 브러싱 한 후 두피의 먼지나 때를 제거한다. 이때 모발에 심하게 마찰을 가하거나 비비지 않도록 하며 두피에 상처가 나지 않도록 주의한다. 모발에 샴푸제가 남지 않도록 충분히 헹구어 주고 린스를 사용할 때는 모발에만 도포하여 두피에는 닿지 않도록 한다.

㉠ **프리 샴푸**(pre-shampoo) : 손바닥에 1티스푼 가량 샴푸를 덜어낸다. 샴푸를 바로 머리에 묻힐 경우 정량보다 더 많은 양을 사용하기 쉬우니 반드시 손에 덜어 사용할 것.

일단 머리를 세 부분으로 나누어 샴푸를 모발에 묻힌다. 손에서 거품을 낸 뒤 한번에 문지르면 샴푸가 골고루 묻지 않고 뭉칠 수 있다.

두피 부분과 모발 부분을 나눈 다음 두피 부분부터 손바닥으로 힘을 줘서 문지른다.

㉡ **플레인 샴푸**(Plain-Shampoo) : 미지근한 흐르는 물에 모근부터 씻어낸 다음 손바닥에 5백원짜리 동전 크기 정도의 샴푸를 덜어낸다.

샴푸의 거품을 충분히 낸 후 손가락 끝으로 두피 전체를 골고루 꾹꾹 누르면 세정

효과뿐 아니라 마사지 효과까지 얻을 수 있다. 그 다음 머리카락을 모아 가볍게 손에 쥔 채 반복해서 주무른다. 손으로 비비거나 문지르면 모발이 상할 수 있으니 삼가는 것이 좋다. 손가락을 머릿속에 집어넣고 손가락 끝으로 목덜미부터 이마까지 반복해서 쓸어 내리며 거품을 낸다.

② 드라이 샴푸

모발이 젖은 상태로 샴푸를 할 수 없는 환자 등에 하는 샴푸이다.

㉠ **분말샴푸** : 산성 백토에 카올린, 탄산마그네슘, 붕사 등을 혼합해서 사용한다.
㉡ **에그 분말 샴푸** : 달걀의 흰자를 이용하여 모발에 발라 건조시킨 후 빗질한다.
㉢ **토닉 샴푸** : 헤어 토닉을 이용하여 모발을 세정한다.
㉣ **리퀴드 드라이 샴푸** : 벤젠, 알콜 등으로 헤어피스, 위그를 세정하는 데 사용하며 솜에 용액을 묻혀 닦아내거나 용액에 12시간 담궈 두었다가 타올로 닦은 후 건조시킨다.

(2) 샴푸제의 성분에 따른 분류

① 비누샴푸

비누는 동물성의 유지를 수산화나트륨이나 수산화칼륨 등으로 중화시켜서 얻어진다. 하지만 경수를 사용하여 샴푸 할 경우는 물속의 금속이온과 결합하여 불용성인 금속비누를 형성하므로 주의해야 한다. 또한 경수를 사용하면 거품이 잘 나지 않고 세정력이 떨어져서 모발의 감촉이나 광택을 감소시키므로 탈모의 원인이 되기도 한다. 퍼머넌트 웨이브나 헤어컬러링을 할 때 약액의 침투를 방해하게 되므로 충분히 씻어내는 것이 중요하다.

② 고급 알콜계 샴푸

샴푸제 중 가장 일반적으로 사용되는 세정제로 천연유지, 석유 등으로 합성되는 것이 있으며 천연유지로는 야자유가 사용된다.

③ 산성 샴푸

헤어컬러링이나 퍼머넌트 웨이브 등을 자주 시술하게 되면 모발의 pH도 알칼리화 되므로 산성 샴푸의 사용으로 모발의 pH는 조절하는 것이 바람직하다. 특히 헤어컬러링 후에 사용하면 효과가 크다.

④ 항비듬성 샴푸

비듬성 두피에 사용하는 샴푸제로 1주일에 2회 정도 사용하는 것이 적당하다.

⑤ 베이비 샴푸

어린이 전용 샴푸제로 탈지력이 약하고 피부, 눈에 자극이 적은 샴푸제이다.

⑥ 허벌 샴푸

식물성 샴푸제로 고급 알코올계 세제를 사용하고 식물약초 엑기스를 함유하며 두피의 생리기능을 조절하므로 자극이 적어서 손상된 모발에 사용하면 효과적이다.

⑦ 프로테인 샴푸

모발에 영양을 공급하는 샴푸제로 마일드한 세정작용과 케라틴을 보호하며 퍼머넌트 웨이브나 헤어컬러링 후의 손상모등에 사용한다.

⑧ 컨디셔닝 샴푸

소량의 동물성, 식물성, 광물성 성분이 첨가되어 모발에 보습을 준다.

⑨ 논스트리핑 샴푸

산성샴푸로 헤어컬러링, 헤어 블리치 후에 사용한다.

2. 린싱

린스는 '헹구다'라는 뜻으로 샴푸 후 알카리화된 모발을 중화시켜 모발의 광택, 보습 등을 보충시키기 위해 사용된다. 이외에도 대전방지나 금속성 피지막과 비누의 불용성 알칼리성분을 제거한다.

1) 린스제의 작용 및 종류

(1) 린스제의 작용

모발 전체에 골고루 펴 바른 후 마사지 하듯이 문지르고 브러시를 이용하여 빗어준다. 린스는 너무 많은 양을 사용하면 모발에 부담이 되므로 적당한 양을 사용한다. 만약 두피에 상처가 있거나 피부 트러블이 있을 때에는 사용을 피하는 것이 좋다.

① 린스는 모발이 적당량의 수분을 유지하도록 보호막을 형성한다.
② 린스의 영양물질이 모발 표면을 감싸주므로 윤기와 부드러움을 준다.

③ 정전기 발생을 방지한다.

(2) 린스제의 종류

① 플레인 린스

린스제를 사용하지 않고 미지근한 물로 헹궈내는 방법으로 퍼머넌트 웨이브나 헤어컬러링 시술 전에 시술하는 방법이다.

② 산성린스

퍼머넌트 웨이브, 헤어컬러링, 헤어블리치 시술 후에 알카리화된 모발을 중화시키는 효과를 위해 사용되며 모발의 pH 균형을 조절한다. 하지만 산성린스는 표백작용의 우려가 있으므로 장기간 사용하는 것은 바람직하지 못하다

③ 특수린스

헤어컬러링 후 탈색작용을 방지하기 위해 사용된다.

2) 헤어트리트먼트 종류

(1) 사용목적에 따른 분류

① 모발의 건강을 유지하고 손상으로부터 예방하기 위해 아침, 저녁의 머리손질에 사용하는 treatment제
② 손상모의 진행을 방지하고 회복시키는 Treatment제
③ Permanent Wave나 Hair Coloring 등을 시술할 때 손상부에 도포하여 약제로부터 모발을 보호하기 위한 pre treatment제
④ 일광의 자외선에 의한 모발의 단백질이나 염색모의 퇴색을 방지하기 위한 자외선 흡수제 등을 배합한 treatment제

(2) 사용방법에 따른 종류

① **도포 후 헹궈내는 타입** : 헹궈내는 타입의 Treatment제는 양이온 계면활성제나 유성성분이 풍부하게 배합되어 있는 것으로 손상모의 회복이나 방지에 알맞다.
② **헹궈내지 않는 Treatment제** : 필요 이상으로 도포하면 찰싹 달라붙는다든가 셋트가 풀리든가 하기 때문에 유성성분의 배합도 어느 정도 제한된다.

이 타입의 Treatment제로서는 Hair Cream 등이 있지만 모발손상의 예방목적으로 보통 머리 손질에 사용된다.

(3) 트리트먼트 조성물

① 일반적인 Hair Treatmanent 조성으로, 사용되는 각각의 실리콘, 오일, 단백질, 아미노산, 이온성 물질들이 저분자, 고분자로 나뉘어 혼합된 형식이다.

② 저분자의 물질들은 모발 깊이 침투하는 트리트먼트로, 고분자의 물질들은 모발 표면에 강하게 흡착하는 형식으로 트리트먼트가 이루어진다.

일반적으로 그 지속기간은 Shampoo약 3회 정도이며 그 이상 유지되는 것은 세척이 제대로 되지 않았음을 의미한다.

고분자물질 위주의 트리트먼트제는 방치시간이 길게 필요치 않으나, 저분자 트리트먼트가 함유되어 있는 경우에는 약간의 방치시간이 필요하며, 약 45도 정도의 열처리 시 흡착 및 침투속도는 더 빨라진다.

3. 샴푸 및 린스의 실제

1) 샴푸의 실제

① 두피를 전체적으로 지그재그 방향으로 마사지 한다.

② 두피 전체에 둥글게 원을 그리듯이 마사지 한다.

③ 두부를 전체적으로 가볍게 손가락으로 튕겨준다.

샴푸할 때의 주의사항 • • •

- 샴푸할 때의 물의 온도는 38℃~40℃가 적당하다.
- 샴푸를 문지를 때는 손톱으로 하지 말고 손가락 끝마디 부분으로 가볍게 문지르며 마사지 한다.
- 두발은 수분을 흡수하기 때문에 두발을 너무 강하게 비비지 않는다.
- 샴푸제는 한 번에 너무 많이 사용해도 효과는 없고 오히려 두발을 손상시키는 원인이 되므로 적당량 사용한다.
- 샴푸 후에 드라이를 할 때는 두발을 충분히 타월로 닦아내고 완전히 말린다.

2) 샴푸 시술 테크닉

샴푸 시 포인트 • • •

- 어깨힘을 빼고 손목을 가볍게 움직인다.
- 머리를 감싸 듯 힘을 넣는다.
- 좌, 우 같은 힘으로 동시에 움직인다.
- 될 수 있으면 5손가락 다 이용하도록 한다.
- 스피드는 천천히 속도를 조절한다.
- 머리감기 전 : 양손에 빗을 잡고 머리를 앞으로 숙인 채 목덜미부터 이마 방향(백회)으로 빗질을 한다. 옆머리 부분(측두부)에서 정수리까지, 이마 위쪽에서 목덜미 방향의 순서로 빗질한다. 머리가 길 경우 머리카락의 중간 부분을 잡고 모발 끝을 정리하며 빗질하면 엉킴을 막을 수 있다.

① 손으로 물 온도를 체크한다. 너무 뜨겁지 않게 조심한다.

② 수화기로 머리를 전체적으로 한번 적셔 준다.

③ 적당량의 샴푸를 손에 덜어서 거품을 내기 시작한다.
거품을 내서 두상 전체에 골고루 도포한다.
거품이 잘 일지 않을시 두상전체에 물을 한번 더 분무해서 거품이 더 잘 나도록 한다.

④ 전두부 ⓐ부분부터 샴푸 테크닉(지그재그)으로 시술한다.

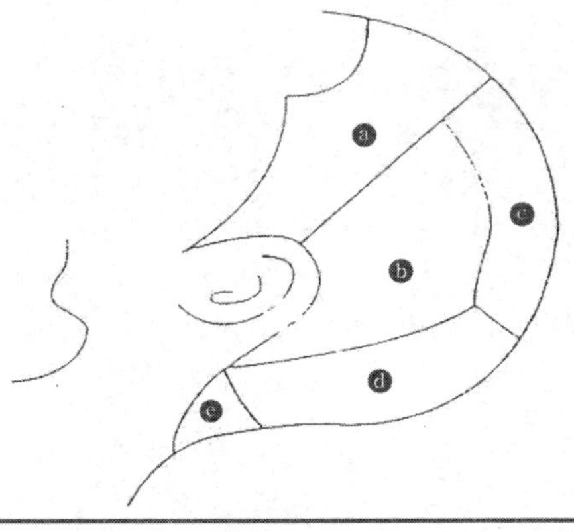

ⓐ : 전두부
ⓑ : 측두부
ⓒ : 두정부
ⓓ : 후두부
ⓔ : 네이프

2) 린스의 실제

① 린스제를 손에 덜어서 머리에 도포한다.(손상부위 위주)
② 모발을 손으로 마사지를 해준다.
③ 두피전체에 원을 그리듯이 충분히 마사지 한다.(유연법, 압박법)
④ 두부의 정중선을 중심으로 가볍게 지압한다.
⑤ 두부를 전체적으로 가볍게 튕겨준다.
⑥ 모발에 물을 분무하여 씻어 낸다.

05 _ 커트(조발)

조발은 이용기구 중 커트를 할 수 있는 도구를 이용하여 모발을 잘라내어 스타일을 완성하는 것을 말한다. 남자의 헤어스타일은 모발길이에 따라 장발형, 단발형, 중발형 등으로 나뉠 수 있다.

1. 커트의 기초지식

1) 커트의 기본 작업 및 자세

(1) 이용업의 조발시술 과정

① **소재 분석** : 고객이 방문하였을 시 서로 대화로서 상담을 통하여 고객이 원하는 스타일, 전문가로서 추천을 해야 하는 점 등을 모발에 대한 시진, 촉진, 문진을 통해 모발에 대해 안다.

② **구상** : 모발에 대한 전반적인 사항과, 고객의 원하는 스타일을 조합하여 시술하여야 할 스타일을 정한다.

③ **제작** : 정해진 스타일에 따라 이용 도구를 이용하여 시술을 한다.

④ **보정** : 이용사가 시술한 스타일과, 고객이 원하는 스타일에 맞는지 확인하고, 서로 부족한 부분이 있으면 수정, 보정한다.

(2) 커트 자세(Cutting position)

헤어스타일에 맞는 커트를 정확하게 커트하기 위해 필요한 것이 바른 커트의 자세이다. 커트에 있어서 자세는 원하는 커트 선을 정확한 위치에서 원하는 방향으로 커트를 진행하게 한다. 커트를 위한 기본자세는 넓은 의미로 다음의 세 가지로 나누어 볼 수 있다.

첫째, 커트 할 때 가위와 판넬과의 커트되는 위치에서의 자세이다.

둘째, 커트 할 때 판넬 모발을 잡을 때 두상과의 각도, 베이스 섹션 등을 고려하여 잡는 자세이다.

셋째, 각각의 헤어스타일에 맞게 커트하는 자세, 이러한 올바른 자세를 통하여 정확한 커트 선과 헤어스타일의 표현이 가능하게 된다. 평소 커트 연습 시 정확한 자세로 커트하는 것을 익혀 정확하고 고객과, 디자이너가 원하는 커트를 하도록 해야 한다.

① 서 있는 자세는 어깨 넓이만큼 다리를 벌리고, 허리를 바르게 펴고 선다.

② 왼발이든, 오른발이든 커트 진행 방향으로 한발이 반보 정도 앞에 둔다.

③ 커트진행시 두상이 둥글기 때문에 커트 시에도 스텝을 원을 그리며 옮겨가면서 커트 한다.

④ 왼 손의 팔꿈치 자세에 주의한다. 커트하고자 하는 라인과 왼손의 손목이나 팔꿈치가 평행이 되게 자세를 취한다. 이때, 손목이 꺾이지 않도록 고정한다.

⑤ 커트선이 가능한 눈높이에 맞추어 커트한다. (커트선 보다 눈높이가 아래에 있으면 커트 선이 오목 한 라인이 형성되며, 눈높이 보다 위에 있으면 볼록한 커트선이 형성되므로 커트 선에 항상 눈높이를 맞추어 커트하도록 노력 한다.)

⑥ 커트 시술 진행 시 섹션, 베이스, 각도 실루엣과 움직임을 체크해가며 커트를 진행 한다.

⑦ 시술대상은 눈에서 각자 다르나 30~50cm 유지한다.

(3) 판넬을 잡는 자세

원하는 헤어스타일을 정확하게 커트하기 위해서는 판넬을 잡는 자세가 중요하다. 판넬을 잡는 자세에 따라 커트선이 크게 달라질 수 있기 때문이다.

① 엘리베이션(Elevation)

엘리베이션이란 커트를 할 때에 판넬 잡은 손이 두피로부터 들어지는 높이를 말하며, 모발을 들어 올린 각도가 얼마나 올라가게 되면 가벼워지고, 내리게 되면 무거운 느낌을 결정한다. 이러한 엘리베이션은 두피각도와, 스타일에 따라 변화가 크므로 커트된 후의 스타일이 달라질 수 있어 주의해야한다.

② **홀딩 앵글(Holding angle)**

홀딩 앵글이란 커트 시, 가이드가 되는 판넬 잡은 손가락이 모발에 취해지는 각도를 말하는데, 엘리베이션과 함께 커트 선을 정하는 역할을 한다. 즉, 판넬 잡은 손가락이 어떤 각도로 모발을 잡고 있는가에 따라 원랭스, 그레쥬에이션, 레이어드의 커트선이 결정되므로, 판넬 잡는 각도를 정확하게 하고 스타일에 맞게 커트 할 수 있어야 한다.

2) 커트 도구의 사용법

(1) 가위 사용법

① 빗을 잡는 손으로 가위의 나사가 자신을 바라보도록 잡고 고정날에 오른손의 약지손가락을 끼운다.
② 동날에 오른손 엄지를 끼우되 너무 많이 끼워 넣지 말고 손끝에 걸치는 듯 끼운다.
③ 가위의 움직임 동작은 엄지날만 움직이고 나머지 약지와 세 손가락은 가지런히 하여 움직이지 않고 엄지날의 힘을 받쳐주는 역할을 한다.
④ 커트를 하지 않을 때에는 가위의 날을 닫은 뒤 엄지환에서 엄지를 빼고 가볍게 주먹을 쥐는 동작으로 가위를 쥔다. 다른 방법으로 가위를 돌려서 가위가 약지와 소지에 끼워 고정한다.
⑤ 엄지환에서 엄지를 뺀 상태에서 엄지, 검지, 중지를 이용하여 빗을 쥐고 빗질을 한다.

(2) 바리캉 사용법

① 바리캉은 짧은 머리를 빠르게 커트하는 기기이다.
② 모발을 빗질하고 모발을 남길 만큼 두상에서 평행으로 빗질한다.
③ 빗등으로 나온 모발을 클리퍼 날을 빗등에 밀착하여 커트한다.
이때 바리캉 날로 빗등을 누르면 안 된다. 이유는 커트선이 일정하지 않게 된다.
④ 같은 방법으로 반복 커트한다.
⑤ 시술이 끝나면 바리캉날을 잘 정리 정돈하고, 기름 몇 방울을 떨어뜨려 공회전 2~3초 한 후 잘 보관한다.

(3) 레이저

① 레이저 사용법

㉠ 가볍게 레이저를 잡는다.

㉡ 커트할 위치를 정한다.

㉢ 손에 힘을 너무 주지 말고 가볍게 모근 방향에서 모선방향으로 끌 듯이 커트 한다.

커트 시 주의점 • • •

- 레이저 사용이 미숙한 디자이너는 과도한 힘과 각도조절을 잘못하여 필요한 모발 양 이상으로 과도하게 커트 될 위험성이 있다.
- 커트 시 모발의 잘린 단면적이 넓어서 모표피의 갈라짐과 모피질의 성분이 빠져 나와 모발이 손상되기 쉽다.
- 초보자에게 기술적 사용하기 어려울 수 있다.

---

② 레이저를 사용하는 테크닉

㉠ **테이퍼링(Tapering)** : 모발 끝을 얇게 붓처럼 하는 방법으로 자연스럽고 가볍운 질감을 얻는다.

㉡ **바깥말음 커트하기(Out taper cut)** : 레이저를 판넬의 표면에 대고 테이퍼링하는 기법으로 바깥의 모발 끝부분이 짧고 안쪽의 모발 끝부분이 길어서 머리형의 둥근 면에 자연스럽게 바깥으로 말리게 표현된다.

㉢ **안말음 커트하기(In side taper cut)** : 레이저를 판넬의 안쪽부분에 넣어서 페이퍼링을 하는 방법 판넬의 윗부분이 바깥부분이 길어지고 판넬 안쪽 부분의 길이가 짧아져서 볼륨감을 얻을 수 있다.

㉣ **오른쪽 방향(Right side direction)** : 방향성을 나타내기 위한 방법으로 원하는 방향으로 레이저를 움직여 모발의 흐름을 오른쪽으로 표현한다.

㉤ **왼쪽 방향(Left side direction)** : 방향성을 나타내기 위한 방법으로 원하는 방향으로 레이저를 움직여 모발의 흐름을 왼쪽으로 표현한다.

㉥ **길게 테이퍼링(Long tapering cut)** : 모발의 길이의 2/3부분부터 레이저 날을 넣어서 (15° 정도)가볍게 커트 테이퍼링한다.

㉦ **중간 테이퍼링(Medium taperinge cut)** : 모발의 길이에서 1/2지점부터 끝 방향으로 테이퍼링하는 것이다.

㉧ **짧은 테이퍼링(Short tapering cut)** : 모발의 길이에서 1/3지점부터 끝 방향으로 taper하는 것이다.

(4) 빗 사용법

① 빗 잡는 법

㉠ 빗 잡는 손에 빗을 올려놓는다.

㉡ 엄지로 빗을 살며시 잡는다.

② 빗 돌리는 법

㉠ 빗의 중간을 엄지, 검지, 중지로 살며시 잡는다.

㉡ 돌리고자 하는 방향으로 엄지, 검지, 중지를 이용하여 빗을 회전시킨다.

3) 커트기법

(1) 커트 테크닉 Ⅰ

① 테이퍼링

페더링이라고도 하며, 모발의 끝을 점차 가늘게 커트하여 끝으로 갈수록 붓처럼 가늘게 하는 방법으로 모발에 자연스런 장단을 만든다. 테이퍼링은 레이저나 틴닝가위로 한다.

테이퍼링의 종류에는 딥, 노멀, 엔드 테이퍼링이 있다.

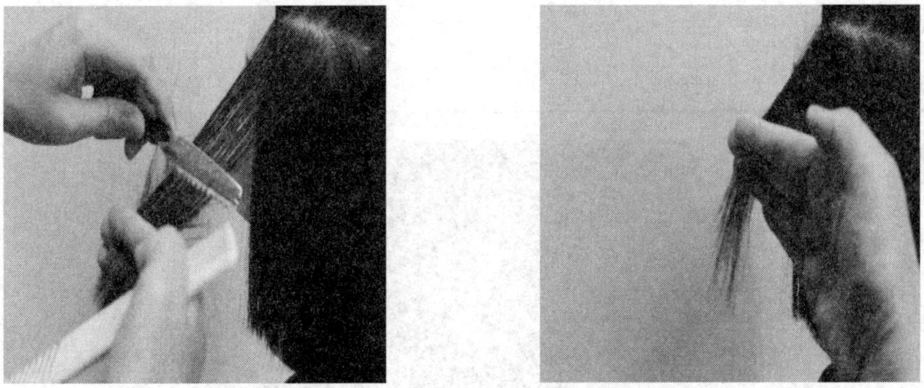

그림 5-1 ❙ 테이퍼링

② 틴닝

모발의 길이는 변화를 주지 않으면서 전체적인 숱만 감소시키는 기법이다. 헤어라인 주위의 모발은 다른 부위의 모발보다 가늘어 틴닝 시 잘려진 짧은 모발들이 외부로 두드러져 보이므로 틴닝은 피한다.

㉠ **틴닝의 방법** : 틴닝을 어떻게 하는가에 따라 모발의 흐름 방향감을 줄 수 있고, 기본적으로 모발의 양을 감소시킨다.

기본틴닝	모발의 숱 감소
안말음 틴닝	모발의 방향이 두상쪽으로 향하게 방향 처리함
바깥말음 틴닝	모발의 방향이 두상 반대쪽으로 향하게 방향 처리함

㉡ **깊이에 따른 틴닝의 종류** : 두피에 가까이에서 틴닝을 하느냐, 모선에서 틴닝을 하느냐에 따라 분류 할 수 있다.

두피가까이 (두피가까이의 1/3 지점)	딥 틴닝
모발의 중간(모발 길이의 1/2 지점)	노멀(미듐) 틴닝
모발의 끝(모선 가까이의 1/3 지점	엔드 틴닝

③ 슬라이드 커트

모발 끝을 향해서 가위로 미끄러지듯이 커트하는 기법이다.

④ 클리핑

남자머리 커트 시 클리퍼를 사용하여 커트선에서 부분 부분을 클리퍼를 이용하여 질감처리 할 수 있다.

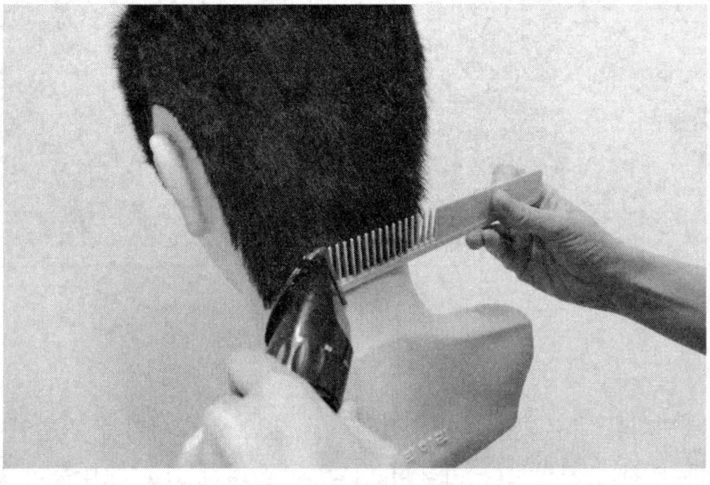

그림 5-2 ▌클리핑

⑤ 싱글링

두발에 빗을 데고 천천히 두상을 따라 위로 이동시키면서 빗에 끼어있는 두발을 가위로 커트하는 기법이다.

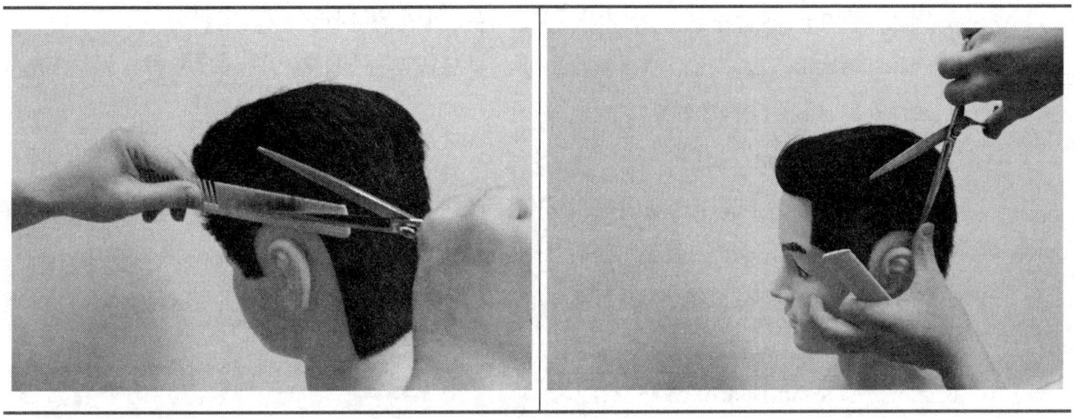

그림 5-3 ▮ 싱글링

⑥ 포인트 커트

커트 후 라인이 무겁게 떨어진 두발의 끝을 가위와 슬라이스와의 각도를 45° 정도로 비스듬히 하여 커트하는 기법이다. 자연스런 질감 표현을 할 수 있다.

손 안 포인트 커트

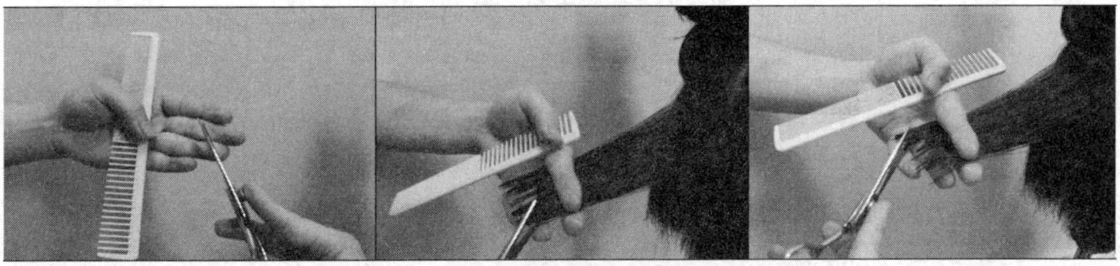

손 등 포인트 커트

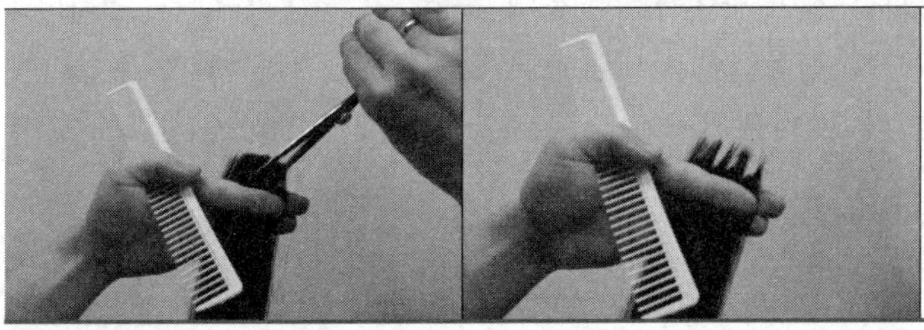

그림 5-4 ▮ 포인트 커트

⑦ **스트록기법**

㉠ 기본개념

- 샤기(Shaggy, 불규칙적으로 cut, 깃털이 세워져 있는 듯한 가벼움을 나타내기 위한 테크닉) 즉 가볍고, 조금은 거친 느낌을 내기 위한 것으로 모발 끝의 움직임과 가벼움, 이상적인 형태와 부드러운 라인을 나타내기 위함이다.
- 스트록(stroke)을 직접 해 나감으로써 부드러운 느낌을 만들어 블런트커트(blunt cut)와는 다른 개념이다.

ⓐ 블런트 커트(Blunt cut)

- **장점** : 모발을 나란히 정리해서 커트선이 직선이 되도록 연결하여 커트하기 때문에 가이드를 알기 쉽고, 정확한 라인에 맞춰 커트한다.
- **단점** : 무겁고 직선적인 라인으로 구성된 스타일로 질감이 부드럽기 보다는 무겁고 딱딱한 느낌을 줄 수 있다.

ⓑ 쇼트 스트록(short stroke)

- **장점** : 모발 끝의 지그재그로써 하는 중요한 테크닉 볼륨과 모발의 흐름, 모발의 길이를 확인하면서 커트하는 것이 특징 블런트 커트 한 후 어느 정도 시간이 지난 후의 커트 선이라고 생각하면 된다.
- **단점** : 이 방법만으로 디자인을 완성하는 것은 거의 없고 이 방법에서 롱 스트록(long stroke)와 테이퍼링 등을 사용해서 디자인을 완성한다.

ⓒ 미듐 스트록(Medium stroke)

- 모발의 폭에서 1/2정도 들어가는 기법
- **장점** : 모발이 적은 사람은 이 기법으로 샤기헤어(shaggy hair)를 표현하고 덥수룩한 양감이 있는 형태를 얻을 수 있다.
- **단점** : 볼륨감과 길이는 볼 수 있지만. 가이드를 연결해서 한 커트를 많이 하지 않는 사람은 가이드를 잃어버리는 경우가 많다. 이런 경우에는 드라이를 해서 커트한다.

ⓓ 롱 스트록(long stroke)

- **장점** : 지그재그가 보다 깊이 들어가기 때문에 볼륨감을 더욱 느낄 수 있다. 모발 끝의 움직임도 보다 자유스럽고 바람이 불면 모발이 자연스럽게 흔들리는 듯한 느낌이다. 모발의 양이 많고 보다 강한 샤기스타일을 원하는 사람에게 최적이다.
- **단점** : 모발 끝이 너무 얇게 되어 있어 정확하고 확실한 방향성을 얻을 수 없다. 그리고 모발을 말려서 커트하지 않으면 양감과 질감을 확인하기가 어렵다.
- **기법** : Medium stroke + effect cut + thinning, long stroke

ⓔ 스윙(Swing, 손의 흔듦)

- stroke를 잘하기 위해서는 안정된 swing(스윙)을 할 수 있는 것이다. swing을 할 때 손안에서 가위가 확실하게 잡혀 있지 않으면 손가락을 자르거나 가위가 두피에 닿거나 하는 위험이 따른다. 따라서 가위는 손안에서 안정되게 잡는다.

⑧ 트리밍(Trimming)

"정리하다, 다듬다"의 뜻으로 커트를 한 후 마지막으로 수정 및 보완 시 정리 정돈을 하며 커트 하는 것을 말한다.

(2) 커트 테크닉 Ⅱ

주로 이용에서 사용하는 커트 테크닉 기법이다.

① **고정깎기** : 빗을 고정시킨 상태에서 모발을 정돈하기 위해 자르는 기법으로 빗의 폭 전체에 튀어 나온 모발을 커트한다.

② **거칠게깎기** : 짧은 스포츠 스타일의 커트를 할 때 기본적으로 먼저 모발을 잘라갈 때 사용하는 기법으로 커트가위, 틴닝가위를 사용하여 모발 길이나, 숱 감소를 하여 다음 작업이 용이하게 한다.

③ **끌어깎기** : 수정커트 시 가위 끝은 한 손가락에 고정시켜 깎는 테크닉이다. 직 협이라고도 한다. 빗을 사용하지 않고 가위만으로 디자인 면을 정돈하는 기법으로 양손을 사용하는 약수 직협, 한손만 사용하는 편수 직협이 있다.

④ **돌려(회전)깎기** : 귀 주변을 돌려 깎는 테크닉이다.

⑤ **떠올려깎기(떠내깎기)** : 빗을 사용하여 두피 모근에서 모선방향으로 빗질을 가지런히 두피 수평으로 하여 빗에서 벗어나온 모발을 스타일에 따라 커트하는 테크닉이다.

⑥ **밀어깎기** : 빗을 밀어 깍기의 쥐는 방식으로 잡고 빗살 끝을 두피면에 대고 깎아 나가는 기법이다.

⑦ **수정깎기** : 스타일 마무리 시에 커트하는 테크닉을 말한다.

⑧ **솎음깎기(숱고르기 조발)** : 모발의 숱이나, 스타일에 있어 불필요한 모발을 커트하는 테크닉이다.

⑨ **연속깎기** : 모발을 빗으로 빗질하여 두상을 따라 빗과 가위를 동시에 움직이면서 연속적으로 깎는 테크닉이다. 두피면에 따라 빗을 전진시키며 서 빗에 의해 일으켜진 모발을 연속적으로 커트하는 것이다.

⑩ **지간깎기** : 빗질한 모발을 손가락 인지와 중지 사이로 판넬을 잡고 커트하는 테크닉이다. 긴머리에 사용하며 모발의 양, 길이를 디자인 한다.

⑪ **눌러깎기** : 빗을 눌러 커트하는 방법으로 빗살을 두피면에 붙인 상태에서 커트해 가는 기법이다. 빗살 끝을 두피에 평행하게 눌러 커트해 나가는 것으로 두발이 눌려 쓰러지지 않도록 하여 빗의 운행과 함께 빗살에 들어오는 모발을 커트한다.

2. 커트의 종류 및 실제

모발의 길이에 따른 분류, 헤어스타일(형)따른 분류가 있다.

1) 보통 조발술

(1) 장발형(Long hair style)

남자 헤어스타일에 있어 귀를 덮고 목을 덮는 긴 형을 말한다.

현 이러한 긴머리에 퍼머를 하거나, 염색을 하여 더욱 세련된 스타일을 연출하기도 한다. 주로 커트가위나 레져를 이용하여 커트한다. 예로는 울프커트, 샤기 커트, 긴머리 댄디커트 등이 있다.

(2) 중발형(Medium hair style)

단발형과 장발형의 중간 헤어스타일로 귀가 살짝 보이거나, 완전하게 보이는 스타일이다. 그 길이에 조화롭게 앞머리, 네이프머리 길이가 스타일에 맞게 조절된다.

가위나 레져, 클리퍼를 이용하여 커트하기도 한다. 예로는 댄디커트 등이 있다.

스타일링시 부드러운 왁스 등을 사용하여 연출한다.

(3) 단발형(Short hair style)

짧은 헤어스타일로 클리퍼나 가위를 이용하여 커트한다. 커트기법으로는 싱글링, 클리핑, 지간깍기 등 다양한 테크닉으로 시술한다.

길이에 따른 종류로는 스포츠형(Bross), 탑부분은 중발형이고 네이프부분이 단발인 상고형과, 네이프 부분이 완전 짧게 자른 상고 스포츠 등이 있다.

2) 스포츠 조발술

스포츠형(brosse)은 아주 짧은 단발형 머리에 속하는 스타일로, 가위나 바리캉을 이용하여 커트한다.

두상에 따라 탑부분의 커트선이 사각형, 원형 등 스타일링 할 수 있다.

아주 짧게 커트하기 때문에 커트연결이 매끄럽게 그라데이션 되어야 한다.

3) 영스타일 조발술

영스타일은 젊은 감각의 머리형으로 스포츠형, 상고도 포함될 수 있고, 형태에 따른 특수 조발술도 여기에 포함될 수 있다.

영스타일은 다양하다 할 수 있겠다.

4) 특수 조발술

형태에 따른 스타일 예로는 모히칸스타일, 비대칭 언벨런스 스타일 등이 있다.

(1) 스크래치 커트

- 남성 헤어스타일에서 반삭이나 삭발된 모발에 최대한 두피가까이 하여 긁어내듯 선이나 기호, 문자, 숫자 등을 새겨 넣는 것이다.
- 3, 6, 9, 12mm로 반삭을 하고 포인트를 주고 싶은 곳에 스크래치 클리퍼나 가위로 포인트를 넣어주는 스타일이다
- 보통 6mm가 스크래치 느낌을 살리는데 가장 효과적이다.

(2) 샤기 커트

- 모발 끝을 일률적인 길이로 자르지 않고 불규칙하게 커트함으로서 보다 움직임이 살아나는 커트이다.
- 모발 끝을 최대한 가볍게 질감처리해주는 커트이다.
- 모발 끝 라인을 불규칙하게 라인이 없고 가볍게 처리해주는 것이 포인트이다.

(3) 레이어 커트

- 전체적으로 층이나 있으며 위쪽이 짧고 아래쪽으로 갈수록 길어지는 형태의 커트이다.
- 모발을 전체적으로 두피에서 90° 각도로 커트하는 것이다.
- 로우 레이어 커트는 기본 90° 각도로 커트하고 미듐레이어 커트는 120° 각도로 잘라주고, 하이 레이어는 120° 이상으로 잡고 잘라주면 된다.

(4) 모히칸 커트

- 중앙라인의 모발은 길게 남겨두고 옆 부분은 짧게 커트하는 스타일이다.
- 앞머리와 옆머리가 짧고 탑이나 가마부분으로 올라갈수록 점점 길어지게 커트하는 스타일이다.
- 스타일에 따라 뒷머리는 길게 두어도 되고 앞머리, 옆머리와 비슷하게 처리해주어도 된다. 포인트는 탑과 골덴부분이다.
- 인디언족 중 모히칸족이나 영화 라스트 모히칸을 생각해 보면 이해가 쉽다.

(5) 울프 커트

- 윗부분에서부터 심하게 층이진 커트이고, 야성적이고 터프한 이미지를 풍기는 스타일의 커트이다.
- 언더존과 오버존으로 나뉘었을 때 언더존은 최대한 기장을 길게 하고, 오버존은 최대한 짧게 잘라서 볼륨을 살려주는 스타일이다.
- 대표적인 인물로는 바다, 보아, 별 등이 유행시켰던 스타일이다.
- 라인의 가벼움과 탑의 질감처리로 가벼운 볼륨을 살려주는 것이 포인트이다.
- 언더와 오버의 비대칭 커트라고도 할 수 있다.

(6) 스파이키 커트

- 머리에 날카로움을 주어 못 같은 이미지를 주는 커트이다.
- 스파이크 바닥이나 못을 거꾸로 세워둔 듯 한 느낌으로 끝 모발을 삐죽삐죽하게 잘라주는 것이 포인트이다.
- 고슴도치를 연상해 보면 이해가 쉽다.

(7) 스트록 커트

- 가위테크닉을 이용하여 모발을 가볍게 하며 모발에 율동감, 볼륨감, 방향감, 질감 등을 부여하며 만들어 내는 커트이다.
- 스트록 테크닉을 사용해 커트하는 스타일이다.
- 업스트록 기법, 사이드스트록 기법, 다운스트록 기법 사용한다.
- 숏스트록 기법, 미디움스트록 기법, 롱스트록 기법 사용한다.
- 업롤링 기법, 사이드롤링기법, 다운롤링기법 사용한다.
- 업이펙트 기법, 사이드이펙트기법, 다운이펙트기법 사용한다.
- 각종 스트록 기법을 사용해 가벼우면서도 무거움이 느껴지는 스타일 연출 한다.

(8) 댄디 커트

- 모발의 끝부분을 위주로 질감 처리를 하여 가벼우면서도 차분하며 깔끔한 스타일의 커트이다. 전체적으로는 무게감을 주고 모발의 끝부분을 가볍게 처리함으로써 튀지 않고 단정하면서도 멋을 살릴 수 있는 스타일의 커트이다.
- 가벼움 속에서 무거움이 느껴지는 것이 포인트이다.
- 영국 신사머리 라고도 한다.
- 가볍지만 무거운 느낌이 들게 라인을 너무 불규칙적이지 않고 커넥션이 되게 연결한다.

(9) 인디 커트

- 앞머리와 옆머리가 짧은 인디풍의 언밸런스 스타일의 커트이다.
- 앞머리와 옆머리를 3, 6, 9, 12mm 등으로 극단적으로 짧게 잘라주고 탑이나 가르마로 올라갈수록 점점 길어지게 잘라주는 것이 포인트이다.
- 뒷머리는 길게 남겨두는 것이 좋다.
- 앞머리와 옆머리를 너무 짧게 자르지 않고 어중간하게 할 경우 모히칸 느낌이 날수도 있다.
- 인디언풍의 스타일로 앞머리와 옆머리를 극단적으로 짧게 해주어야 한다. 모히칸은 앞머리와 옆머리가 탑이나 가마부분보다 짧기만 하면 되지만 인디커트는 극단적으로 짧게 해주어야 느낌이 살아난다.

(10) 어쉬메트릭 커트

- 좌·우 비대칭적인 스타일 커트이다.
- 좌측을 짧게 하고 우측을 길게 하거나, 우측을 짧게 하고 좌측을 길게하는 스타일이다.

(11) 레고 커트

- 층이 없이 일자로 커트한 스타일이다.
- 전체적인 라인을 일자로 잘라주는 스타일이다.
- 앞에서부터 뒤까지 모든 끝 라인은 일자 느낌이 나야 되는 것이 포인트이다.
- 머쉬룸 커트이나 레고 커트, 뚜껑머리 모두 같은 느낌이라 보면 된다.
- 라인을 제외한 부분은 굳이 층이 없게 하기보다 층이 있거나 질감처리가 들어가도 된다. 포인트는 라인만 일자로 표현해주면 된다.

06 _ 면체술

1. 면체에 관한 사항

1) 면체의 정의 및 기초

면체는 고객의 구렛나루, 콧수염, 턱수염을 정리 정돈, 또는 스타일을 내는 시술을 말한다. 남성피부에 가장 자극을 많이 주는 면도는 남성 피부 관리 측면에서 매우 중요한 요인이 되기 때문에 이를 각별히 신경 써야 한다는 것을 잊지 말아야 한다. 즉 올바른 면도 습관이 피부 건강을 지키고 촉촉한 피부를 유지할 수 있다는 것이다.

(1) 면체 시술 기초

① 피부 각질층을 자극해 피부가 베이거나 손상될 우려를 증폭시킬 수 있으니 주의하여야 한다.

② 피부의 자극을 줄이기 위해 쉐이빙 젤 또는 비누칠 등을 피부에 도포하여 면체후 피부가 예민해 지는 것을 방지해야 한다. 면도날로 인해 생기는 마찰 때문에 피부 보호막이 제거되면서 자칫 피부를 더욱 민감하게 만들어 각종 피부트러블의 원인이 될 수 있으므로 주의할 것. 따라서 올바른 면도를 위해서는 비누칠, 쉐이빙 젤을 충분히 발라 면도날과 피부 사이의 마찰을 줄여주는 것이 좋다.

③ 면체 시 피부에 강한 힘을 가하게 되며 이는 곧 상처나 피부트러블 등으로 연결될 수 있으니 숙련된 연습 후에 면체 해야 한다.

④ 비누칠 쉐이빙 젤이 피부에 잘 스며들 수 있도록 잠시 기다린 후 수염이 자라는 방향을 따라 면도를 하는 것이 바람직하다. 이는 면도날이 피부에 직접 닿을 때 생길 수 있는 미세한 상처들이 생기지 않도록 해준다.

2) 안면 피부분석

피부분석에 의해 면체를 하는 것이 좋다. 왜냐하면 지성, 건성일 때 피부관리를 달리 하듯이, 면체 시에도 건성 일 때는 충분히 면체 부위의 피부를 면도 시에 있을 자극에 의한 피부 손상을 방지해야 하기 때문이다.

이를 위해서 스팀효과(물수건, 습포)를 주어여 한다. 스팀효과의 목적은 다음과 같다.

① 따뜻한 물수건, 습포를 면체부위에 사용함으로써 온열을 주어 모공확장 효과를 준다.
② 피부와 털의 연화로 면도에 의한 피부 자극을 감소시킨다.
③ 모공 확장, 수분에 의한 피부 노폐물을 제거 할 수 있다.

3) 면체시술

면체시술 방법은 비누칠 또는 쉐이빙 젤 도포 → 스팀효과를 위한 시술(물수건, 습포) → 비누칠 또는 쉐이빙 제도포 → 면도 → 세척 → 안면처치(스킨케어 제품을 발라 자극된 피부에 수분과 영양 공급을 주어 진정) 로 이루어진다.

(1) 면체시술 시 필요한 면도기

① 면도(레이저) 종류

㉠ 양도 : 접이식으로 면도날이 양면으로 제작되어 연마 시 양면을 연마해야 한다.
㉡ 일도 : 접이식이 아닌 일자형으로 면도날이 한면이라 연마 시에도 한 면만 연마한다.
㉢ 일회용 면도 : 면도날을 1회용으로 사용한다.

② 면도 잡는 법

㉠ 프리핸드(free hand) : 가장 기본적으로 면도 잡는 방법으로 면도 자루를 엄지와 검지로 잡고 자루 끝부분을 약지와 소지 사이에 끼워 사용한다.
㉡ 백핸드(back hand) : 프리핸드와 잡는 법은 동일하나 면도날이 반대 방향이 되도

록 손을 돌려 손바닥이 위로 향하게 잡는 법이다.

ⓒ **푸쉬핸드(push hand)** : 프리핸드 잡는 방법에서 손목을 이용하여 손등이 위로 향하게 잡는 방법이다.

ⓓ **팬슬핸드(pencil hand)** : 면도를 펜 잡듯이 잡아 면도날이 아래로 향하게 잡는 법이다.

ⓔ **스틱핸드(stick hand)** : 면도날을 막대기 잡듯이 잡아서 손과 면도날이 일직선상 평행하게 잡는 법이다.

2. 안면관리

1) 얼굴 기초화장

얼굴 기초 화장 기본적으로 피부를 청결히 하고, 각질층을 보습 시키는 것을 주목적으로 하고 있다. 각질층의 보습은 표피의 각질층과 진피의 두 가지로 나누어 생각할 수 있다. 각질층에는 아미노산을 주성분으로 하는 NMF(Natural Moisturizing Factor, 천연보습인자)와 세라마이드 등의 세포간지질이 존재하며, 진피에는 히아루론산 등의 고분자 점액질의 함량이 감소하고, 또한 피지의 분비량도 적어지게 된다. 이때는 감소된 NMF, 피지, 수분을 공급할 수 있는 화장품을 사용함으로써 피부의 모이스쳐 밸런스(moisture balance)를 유지하고 피부상태를 개선시킬 수 있다. 유분과 수분의 균형은 피부 건조를 방지하고 유연성을 부여하여 매끄럽고 촉촉한 건강한 피부를 유지할 수 있도록 한다. 피부는 각질층의 보습 상태에 영향을 주는 피지, NMF 및 수분에 의해 모이스쳐 밸런스가 유지된다. 그러나 환경의 오명과 나이가 증가됨에 따라 균형을 잃어버릴 수 있다. 따라서 화장품은 이러한 상태에 대해서 피지, NMF 및 수분의 기능을 대신할 수 있는 유분, 보습제 등을 적절히 배합함으로써 피부가 모이스쳐 밸런스를 유지할 수 있도록 하고, 이를 통해 피부의 상태가 개선되는 것이다.

(1) 기초화장 목적

① **세안** : 피부표면의 더러움이나 메이크업 찌꺼기 및 노폐물을 제거하여 피부를 청결하게 해준다.

② **피부정돈** : 비누 세안에 의해 상승된 피부의 pH를 정상적인 상태로 빨리 돌아오게 하

고 유분과 수분을 공급하여 피부결을 정돈해 준다.

③ **피부보호** : 피부표면의 건조를 방지해 줌과 동시에 피부를 매끄럽게 하고, 추위로부터 피부를 보호하거나 공기 중에 있는 세균이 침입하는 것을 막아준다.

(2) 기초 화장품 종류

① Make-up Base : 파운데이션 침투완화, 화장을 오래지속, 피부보호 한다.
② **파운데이션** : 피부의 색과 피부보호 한다.
③ **얼굴 파우더** : 얼굴의 번질거림을 방지, 파운데이션의 지속 효과이다.
④ **아이쉐도우** : 눈을 아름답게 한다.
⑤ **볼 터치** : 혈색 보충 윤곽 수정한다.
⑥ **아이 라인** : 눈을 맑고 깨끗하게 보이게 한다.
⑦ **마스카라** : 눈매를 또렷하게 하며 눈을 강조 한다.
⑧ **립스틱** : 입술을 아름답게 하며 입술 수정한다.

(3) 기초화장방법

① 피부색을 정확히 알아야 한다.

메이크업을 잘하려면 우선 자신의 피부색을 알아야 한다. 피부색을 모르면 자신이 원하는 메이크업과는 거리가 먼 메이크업이 되고 메이크업 제품의 선택에도 실패하기 쉽다.

② 무난한 색이 최선의 색은 아니다.

어떤 피부색에도 어울리는 무난한 색은 실패의 위험 부담이 없는 대신 너무 흔해 개성이 없어 보인다. 남들이 잘 쓰지 않는 나만의 독특한 색을 하나쯤은 갖고 있어야 한다. 자신에게만 어울리는 색을 찾기 위해서 적극적인 시도를 해야 한다.

③ 로즈 핑크는 필수다.

선명한 로즈 핑크는 어느 피부에나 잘 어울리는 색이다. 게다가 레드나 오렌지, 베이지처럼 아이섀도의 색을 맞추지 않아도 되므로 컬러 매치가 잘 되지 않는 날 사용해보면 뜻밖의 효과를 낼 수 있다.

④ 적어도 3가지 패턴은 알아둔다.

잘 어울리는 컬러 매치 패턴을 3가지 정도 알아두면 메이크업 컬러의 응용 폭이 넓어져 메이크업이 훨씬 쉬워진다. 특별한 날을 위한 메이크업과 이미지 변신에도 자신 있게 대처할 수 있다.

⑤ 메이크업에 따라 피부색을 바꾼다.

원하는 색의 메이크업으로 피부색을 바꾸어 준다.

㉠ **흰피부** : 선명한 블루 아이섀도로 눈 꼬리에 포인트를 주고 로즈 립스틱으로 입술을 그리면 투명한 피부가 더 돋보인다. 그러나 이런 컬러는 다른 피부에서는 촌스럽게 느껴지므로 잘 판단하여 사용하도록 한다. 흰피부보다는 좀 더 붉은기가 도는 피부색일 경우 눈매는 붉은기가 있는 브라운 섀도로 음영을 넣고 입술은 선명한 레드 립스틱으로 바른다. 노란기가 섞인 브라운은 거무칙칙해 보이므로 사용하지 않는 것이 좋다.

㉡ **노르스름한 피부** : 눈매는 어둡게, 입술은 밝게 하는 것이 기본이다. 어두운 그린 섀도우로 눈매에 포인트를 주어 입체감을 살리고 입술은 라이트 브라운 립스틱으로 눈으로 가는 시선을 잡지 않도록 한다. 노르스름하지만 붉은기가 있는 피부일 경우에는 컬러를 브라운으로 통일하면 피부가 한결 깨끗해 보인다. 눈매는 베이지나 라이트 브라운 아이섀도를 바르고 입술은 벽돌색 립스틱을 바른다.

㉢ **가무잡잡한 피부** : 애매한 색보다 선명한 색이 잘 어울린다. 눈매에는 터키 블루색 아이 섀도로 포인트를 주거나 선을 넣고 입술에는 오렌지나 코랄 계열의 립스틱을 바른다. 햇볕에 그을린 것 같은 피부에는 회색 아이섀도와 오렌지가 섞인 레드립스틱의 강렬한 대비가 어울린다. 아이 섀도는 좁게 펴 바르고 검은색 아이라인을 그려 눈매를 또렷하게 보이게 한다.

(4) 기초화장 순서

스킨 → 수분에센스 → 아이크림 → 로션 → 크림 → 비비크림 → 자외선 차단제

우리나라 여성들만큼 기초화장품에 많은 관심을 쏟는 여성들이 없다고 피부전문가들은 혀를 내두른다. 아침저녁으로 쓰는 화장품 개수도 5~6개를 훌쩍 넘긴다. 스킨부터 에센스, 아이크림, 크림 등 종류도 여럿이고 에센스도 기능별로 두 개 이상의 제품을 쓰는 여성들도 있다. 그런데 문제는 순서다. 어떤 제품을 먼저 써야 할지 고개가 갸우뚱해질 때가 있다. 전문가의 조언에 따르면 "바르는 순서를 제대로 모르면 아무리 비싼 화장품도 효과가 떨어진다"며 "수분 중심의 제품에서 유분 중심의 제품으로, 질감이 가벼운 것을 먼저 바르라"고 한다.

07 _ 헤어스타일링(정발술)

1. 헤어스타일

헤어 세팅에 의한 웨이브 형성에는 열을 이용한 것과 수분을 이용한 것이 있다. 열에 의한 웨이브는 마셀 아이론, 블로 드라이어, 전기 헤어 세팅기를 사용하고, 수분을 이용한 것은 핑거 웨이브나 플라스틱 세팅기를 사용하는 것이다. 그리고 헤어 세팅은 롤러와 아이론, 블로 드라이, 핀 컬 등을 적절히 사용하여 아름다운 웨이브를 만드는 효과를 얻기도 한다. 지나친 열을 사용할 경우에는 웨이브의 손상을 초래할 수 있다. 헤어 세팅에는 오리지날세트(Original set)와 리세트(Reset)의 2가지 과정으로 나눌 수 있다. 여기에 헤어스타일의 형태를 만드는 처음의 세트를 오리지널 세트 (Original set)라고 한다.

1) 오리지날 세트

(1) 오리지날 종류

① 헤어 파팅 (hair parting)
② 헤어 쉐이핑 (hair shaping)
③ 헤어 컬링 (hair curling)
④ 롤 컬링
⑤ 헤어 웨이빙

(2) 헤어세팅 도구

① 세팅 롤러

㉠ **롤러의 크기와 형태** : 롤러는 약 여섯 종류가 있으나 주로 사용되고 있는 것은 대, 중, 소로 나누어진 세 종류가 일반적이다. 그리고 원통형의 롤러는 일반적인 롤러 컬을 내기 위해 사용하고, 원뿔형의 롤러는 둥근 머리 형태에 알맞은 것으로, 양 끝 부분에 움직임이 느껴지는 컬의 효과를 내기 위한 도구이다.

㉡ **룰러의 원둘레** : 룰러의 원둘레의 크기에 따라 슬라이스의 폭이 달라진다.

㉢ **슬라이스 형태에 따른 롤러의 선택** : 롤러 와인딩을 하기 위해 원통형 롤러를 사용한 직사각형 모양의 슬라이스와 원뿔형 롤러를 사용한 삼각 모양의 슬라이스가 있다.

㉣ **롤러 와인딩 폭** : 롤러 와인딩 폭은 롤러 전체 길이의 약 4/5정도가 적합하다.

㉤ **롤러 섹션의 폭** : 롤러 섹션의 폭은 롤러의 지름길이 정도가 적합하다.

② **롤러 컬 빗** : 세트 빗, 꼬리 빗 등은 용도에 따라 볼륨을 주거나 머리카락을 빼내는 데에 사용한다.

③ **브러시** : 헤어브러시는 경질의 빗살을 선택하여야 두피까지 빗질하기 쉽다.

④ **헤어핀과 클립** : 헤어핀과 클립은 세팅을 할 때 고정시키거나, 웨이브를 줄 때 사용하는 것이다. 헤어핀은 열린 핀과 닫힌 핀을 사용하며 목적에 따라 크기와 종류를 다양하게 준비한다.

⑤ **헤어드라이어** : 헤어드라이어는 모발의 스타일을 완성하는 데 필요한 도구이다. 바람의 온도, 즉 열풍 및 냉풍을 조절할 수 있도록 되어 있다.

⑥ **헤어 아이론** : 헤어 아이론은 열을 이용해 일시적으로 모발에 컬과 웨이브를 형성시키는 기구로서 전기 가열식 아이론과 일반 가열식 아이론이 있다.

⑦ **세트 로션** : 세트 로션은 세트 시 모발을 일정한 형태로 고정시키는 역할을 한다.

⑧ **헤어 스프레이** : 헤어 스프레이는 모발에 막을 만들면서 스타일을 고정시켜주는 역할을 하며 리세트 시에 주로 사용한다.

⑨ **후드 드라이어** : 후드 드라이어는 롤러 세팅 후 롤러 컬의 형성을 돕기 위하여 사용하는 기기이다. 후드 드라이어는 아래쪽에서부터 흡입되는 찬바람이 후드 드라이어 안쪽의 모터를 통과하면서 뜨거운 바람으로 바뀌게 된다. 가늘고 숱이 없는 모발은 약한 열을 주고, 강하고 컬이 없는 모발은 충분한 수분을 주어 와인딩을 하고 강한 열을 주며 탄력 있는 컬이 형성된다.

2) 리세트

리세트 마무리 하는 것으로 다시 세트를 하는 의미로는 리세트(Reset)라고 한다.

2. 디자인

1) 얼굴에 따른 헤어디자인

얼굴의 형은 고객의 헤어스타일 결정에 있어 중요하게 고려해야 할 항목이다.

(1) 계란형

가장 이상적인 얼굴형으로 모든 헤어스타일에 잘 어울리는 얼굴형으로 가르마는 어느 비율이라도 적당하다.

(2) 삼각형

삼각형의 얼굴은 턱부분이 넓고 이마부분이 좁으므로 이마 부분에 풍성하게 볼륨을 주는 스타일이 적합하며 가르마는 8 : 2가 이상적이다.

(3) 역삼각형

역삼각형은 삼각형과 반대로 이마부분이 넓고 턱 부위가 좁은 형이다. 턱부위와 이마부위를 조화롭게 스타일해야 하며, 네이프라인은 조금은 넓은 라운드라인이 좋으며 가르마는 6 : 4 이다.

(4) 원형

둥근형으로 탑부분에 볼륨을 주어 얼굴이 조금은 길어보이게 하며, 가르마는 7 : 3 이다.

(5) 사각형

모난 얼굴을 부드럽게 보이고 시선을 분산시키기 위해 탑부분 높이고, 네이프라인은 라운드 라인으로 하는 것이 좋다. 가르마는 6 : 4가 좋다.

(6) 장방형

얼굴이 긴 형으로 조금은 타원형에 가깝게 짧아 보이게 해야 한다. 앞머리를 올리는 것 보다는 앞머리를 내려 긴 얼굴은 조금을 짧아 보이게 할 필요가 있고, 가르마는 8 : 2 가 이상적이다.

(7) 마름모형

턱과 이마가 좁고 광대뼈부위가 넓어 보이는 형으로 탑부분에 볼륨을 주어 시선을 분산 시킨다. 가르마는 두상의 크기에 따라 8 : 2가 나 7 : 3이 적합하다.

	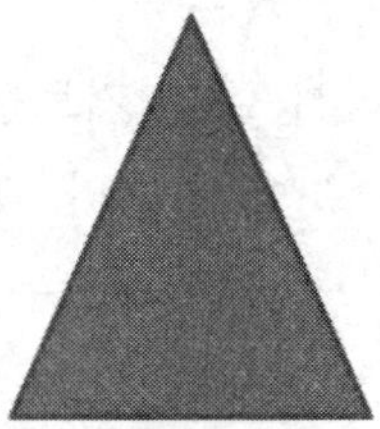	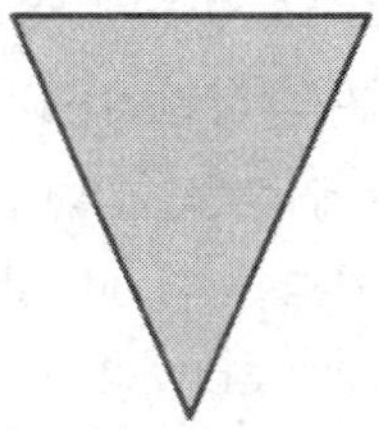	
타원형	삼각형	역삼각형	원형
	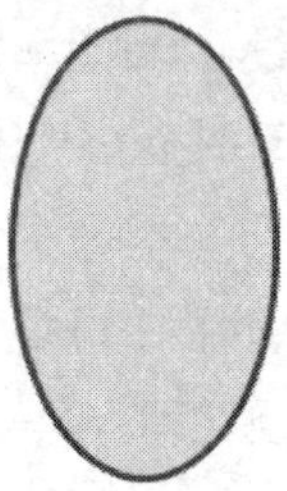	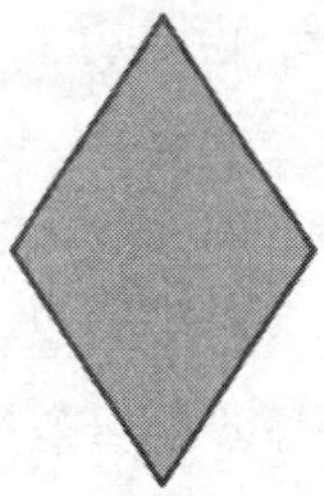	
사각형	장방형	마름모형	

2) 부수적 요소에 따른 헤어디자인

(1) 신체적 특성에 따른 헤어디자인

체형은 크게 세로의 등신에 의하여 분류할 수 있다. 평균 등신 수는 6.8이며 등신 수가 이보다 적을 때는 신장에 비해 얼굴의 길이가 길어 보이고 클 때에는 얼굴 길이가 짧아 보이며 현대의 여성들은 대중매체의 연예인이나 매스미디어의 영향으로 짧고 작아 보이는 얼굴을 선호한다. 이로서 여성은 더욱더 자아실현을 목적으로 겉모습에 관심을 보이고 있는 것이다. 체형의 특징에 따른 결점을 보완하고 장점은 부각시킬 수 있는 헤어스타일을 만들기 위해서는 체형을 이해해야 한다. 신장, 몸무게 등 특정한 모양을 가진 신체부분을 조화시킨다.

① 키에 따른 헤어스타일

㉠ 큰 키에 맞는 헤어스타일 : 큰 키에는 어떤 스타일도 무난하다. 가끔 긴 머리로 스타일을 연출하기도 한다. 목선이 드러나는 짧은 커트와 지나치게 긴 머리는 키를 더 커보이게 한다. 탑 부분에 볼륨을 주지 않는다.

㉡ 작은 키에 맞는 헤어스타일 : 키가 커보이게 짧은 커트를 하여 모발을 스타일링제품으로 세운다. 탑에 볼륨을 넣어 키를 커보이게 한다. 긴 머리는 키를 더 작아 보이게 한다. 짧은 커트를 할 때 강한 웨이브, 퍼머넌트는 되도록 선이 시원하게 드러나는 짧은 커트가 좋다. 탑에 볼륨을 넣어 키를 커보이게 한다.

② 몸집에 따른 헤어스타일

㉠ 마른 체형에 맞는 헤어스타일 : 볼륨감 있는 스타일로 마른 체형을 보완하는 것이 좋다. 굵은 웨이브로 머리를 부풀려 줌으로써 다소 말라 보이는 몸을 보완할 수 있기 때문이다. 염색 시 따뜻하고 부드러운 느낌을 주는 붉은색계열이 좋다.

㉡ 뚱뚱한 체형에 맞는 헤어스타일 : 단정한 댄디 스타일, 짧은 커트가 좋다. 짧게 층을 낸 스타일은 통통한 얼굴을 조금 말라보이게 하는 효과가 있다.

③ 목의 길이에 따른 네이프 라인

목의 길이와 굵기도 헤어스타일의 결정하는데 있어 중요한 부분이다.

㉠ 목이 긴 고객 : 머리를 부풀리면 부드럽게 보이지만, 높이를 강조하는 스타일이나, 짧은 스타일은 목을 노출시키는 효과를 가져와 좋지 않다.

㉡ 목이 짧은 고객 : 전체적으로 너무 많은 볼륨(양감)을 주는 스타일은 피하고, 높이를 강조함으로써 목이 길어 보이게 하는 것이 좋다.

㉢ 목이 가는 고객 : 짧은 커트일 때는 네이프 라인이 조금은 넓어 보이는 U자형이 좋다.

㉣ 목이 굵은 고객 : 짧은 커트일 때는 네이프 라인이 조금은 좁아 보이는 V자형에 가깝게 좁아 보이는 형이 좋다.

④ 이마에 따른 스타일

㉠ 좁은 이마 : 좁은 이마를 가진 고객은 좁은 이마를 감추기 위해 높이를 더해 주는 스타일이 적합하고, 앞머리를 내리는 스타일 등이 적합하다. 앞머리를 올리는 등의 이마를 드러내는 스타일은 피하는 것이 좋다.

㉡ 넓은 이마 : 넓은 이마는 높이는 강조하지 않으면서 약간 비대칭적인 앞머리를 가진 스타일로 넓은 이마를 가려주는 스타일이 적합하다. 뒤로 머리를 넘기는 스타일은 이마를 다 드러내는 스타일로 고객의 선호가 있으면 과감히 남성답게 머리를 뒤로 넘겨 이마를 강조 할 수도 있다.

3. 아이롱 및 블로우드라이 스타일링

1) 아이롱 스타일링의 정의 및 방법

(1) 아이롱의 정의

아이롱의 사전적 의미를 살펴보면 철, 쇠라는 의미와 함께 단단하고 강한 것, 철제 기구란 뜻을 가지고 있다. 아이롱은 일시적인 세트로서 헤어 스타일링을 하기 위한 기본적인 기술이며 완성도가 높고, 아이롱기의 고열을 이용해 모발의 모표피를 압착시켜 윤기를 주며, 주로 수소결합 원리를 이용해 스타일의 형태를 보완하거나 새로운 형태로 연출할 수 있다. 반드시 건조되어 있는 모발에 스타일링 하여야 모발손상을 최소화 할 수 있다. 아이롱은 블로우 드라이보다는 다소 경직된 느낌이나 지속성 있는 헤어스타일을 구성해주며 윤기 면에서는 최대의 효과를 얻을 수 있다.

아이롱의 기본기술은 펴기(Straight), 안말음(In curve), 바깥말음(Out curve), 볼륨 C컬(Volume C curl), 웨이브(S curl)가 있다. 이상의 5가지 조합으로 디자인이 창작된다. 아이롱으로 스타일링 할 때는 아이롱의 온도와 회전각도, 속도를 필요에 따라 적절히 이용하는 기술이 필요하다.

끝으로 말하자면 아이롱은 고열을 이용해 일시적으로 연출하고자 하는 헤어스타일을 비교적 빠르게 연출 할 수 있으며, 최대한의 윤기와 탄력성 그리고 지속성 있는 헤어 스타일링을 표현하는 것이다.

(2) 아이롱의 선정방법

① 아이롱 핸들이 녹슬거나 너무 무겁지 않아야 한다.
② 접촉면(그루브, 로드)이 잘 맞물려야 한다.
③ 전체(핸들, 그루브, 로드)가 균형 있게 제조되어야 한다.
④ 발열상태, 전열상태가 정확해야 한다.

(3) 아이롱 시술 시 주의사항

① 아이롱을 모발에 시술하기 전에 아이롱의 온도를 확인한다.
② 아이롱의 열에 의해 두피에 화상이 생길 수 있으므로 시술시 주의해야 한다.
③ 모발의 손상 정도에 따라 온도와 시간을 조절하여 시술한다.
  * 아이롱의 온도는 120° ~ 140°가 적당하며, 온도 확인을 위해 물을 놓고 식힐 때 물이 튀면 열의 온도가 강한 것이고. 티슈를 사용하여 아이롱으로 집었을 때 누렇게 되거나 갈색으로 변하면 기구를 회전하여 식혀 준다. 또는 물로 적셔진 수건을 사용할 수도 있다.
④ 모발의 수분을 완전히 건조시킨 상태에서 사용한다.
  * 경우에 따라서는 시술자의 테크닉에 의해 조금의 물기가 있는 상태에서 시술하기도 한다. 그 이유는 너무 모발이 건조하면 수소결합력의 절단이 잘 안되어서 원하는 스타일이 덜 형성될 수 있기 때문이다.
⑤ 모발을 가지런히 정리정돈 한 다음 시술을 시작한다.

(4) 아이롱 사용 시 발생하는 사고와 그에 따른 대처법

① **시술자의 피부가 데었을 경우** : 즉시 차가운 물에 손을 식히고 소독한 후 연고를 바른다.
② **고객의 피부가 데었을 경우** : 즉시 차가운 거즈로 식히거나(얼음찜질) 소독 후 화상 정도에 따라 화상연고를 바른다. 심할 경우에는 즉시 병원으로 모시고 간다.
③ **시술자의 손에 상처가 난 경우** : 즉시 소독하여 연고를 바르고 밴드를 감는다. 심할 경우 시술이 끝난 후 병원으로 가서 상처부위를 치료받는다.

④ **고객의 두피에 상처가 난 경우** : 즉시 고객에게 사과하고 심할 경우 소독하고 상처부위에 연고를 발라준다.

(5) 시술 과정

① 모발을 샴푸한다.
② 드라이어로 모발을 시술자가 원하는 상태의 모발로 건조 시킨다.
③ 파팅과 섹션을 나뉜다.
④ 시술을 원하는 판넬을 뿌리부터 모선방향으로 잘 빗는다.
⑤ 빗은 모발을 잡는다.
⑥ 온도 확인을 하고 아이롱으로 뿌리부터 로드와 그루브로 잡아서 시술을 한다.
  * 온도를 확인한다(전기 아이롱은 자동 온도조절이 된다).
  * 두피 볼륨주기. 로드에 감아서 C컬, S컬을 만든다.
  * 오일을 바르면 손상방지와, 모발에 윤기를 줄 수 있다.
⑦ 판넬을 잡고 계속 원하는 방향과 스타일로 시술한다.
⑧ 아이롱 시술이 끝나면 손이나, 드라이, 빗을 이용하여 마지막 스타일을 낸다.
  * 이때 스타일링 제품을 사용하기도 한다.

2) 블로우 드라이어 스타일링 정의 및 방법

① 블로우 드라이(blow dry)의 개념과 역사

블로우 드라이는 드라이어와 브러쉬로 자연스러운 헤어스타일을 연출해 주며, 다른 도구의 사용에 의해 더 많은 헤어스타일을 연출할 수 있다. 헤어시술에 있어 마지막 마무리 시술이다. 퍼머, 커트, 염색 시술 등의 형태가 만들어진 스타일을 마무리하기 위하여 이·미용업무에서의 가장 기본적이면서도 완성도를 요구하는 중요한 시술이다. 우리나라에서 블로우 드라이의 시술은 1960년대 중반 이후 급격히 보급된 현대미용의 테크닉이다. 헤어스타일에 관한 관심은 1900년도를 전후로 외국의 문명이 유입되면서 시작되었다. 지식층에서 일본이나 그 밖의 여러 나라에 유학하면서 남성의 상투, 여성의 쪽진 머리가 실용적이지 못하다 라는 것을 깨닫게 되어 긴 머리를 자른 것이 현대미용의 시초이다.

② 블로우 드라이의 목적과 의미

블로우 드라이(Blow dry)의 사전적 의미를 살펴보면 드라이기(Dryer)로 머리를 매만지기라는 뜻을 가지고 있다. 블로우 드라이는 일시적인 세트로서 헤어 스타일링을 하기 위한 가장 기본이면서도 완성도가 높은 유용한 시술이며, 드라이기의 열풍과 냉풍을 이용해 모발을 건조시키면서 두상의 형을 보완하거나 각종 헤어스타일의 형태를 보완하며 새로운 형태로 연출할 수 있는 작업으로 정의할 수 있다.

■ 블로우 드라이 목적

- 모류의 방향을 정리하며, 모발에 윤기를 줄 수 있다.
- 모발을 원하는 방향으로 교정 할 수도 컬을 줄 수도 있다.
- 모발을 원하는 크기, 방향으로 와인딩하여 웨이브를 강하게 또는 약하게 만들 수 있다.
- 드라이기의 열풍, 온풍, 냉풍을 이용해 커트나 퍼머 등의 스타일에 완성도를 높이고, 그 밖에 연출하고자 하는 헤어스타일의 이미지를 빠르게 만들 수 있으며, 헤어스타일의 아름다움을 최대한으로 표현 할 수 있다.

③ 블로우 드라이 원리

블로우 드라이는 분무에 의한 모발의 절단된 수소결합이 드라이어의 열과 바람으로 모발이 건조되면서 다시 수소결합이 재결합하는 원리를 이용 한 시술이다. 롤이나, 브러쉬 등으로 원하는 헤어스타일을 연출할 수 있다.

드라이기의 적정온도는 드라이어의 각도나 모발에 대한 거리에 따라 차이가 있으나 대개 90℃ 전후가 적합하다.

④ 블로우 드라이어 사용 시 주의할 점

- 드라이어의 바람이 나오는 방향이 고객의 두피, 얼굴, 목으로 직접적으로 향하지 않게 한다.
- 모발에 수분이 너무 많이 남아 있으면, 표현 하고자 하는 스타일이 잘 연출 되지 않을 수 있으니 적당한 수분만을 남겨두고 드라이 시술을 행한다.
- 드라이어의 줄이나 롤 등이 고객의 어깨나 얼굴에 닿아 고객에게 불쾌감을 주지 않도록 한다.
- 드라이 과정 중 섹션을 나눌 때 깨끗하고 정확하게 나뉘어야 한다. 그래야 전체적인 시술이 수월하고 스타일 연결이 자연스럽다.

⑤ 블로우 드라이 시 유의 사항

- 모발에 때나 먼지, 기름진 모발, 모발화장품 세척이 덜된 모발은 샴푸 후 시술을 시작한다.
- 블로우 드라이 스타일링 시술 시 모발 자체의 수분 10~15% 정도가 적당한다.

- 드라이어 열풍의 방향은 항상 시술자를 향하도록 하며, 고객의 두피에 열풍이 가지 않도록 주의 한다.
- 모발 끝이 접히거나 휘어지지 않은 상태에서 시술해야 한다.
- 시술시 적당한 텐션을 주어야 스타일이 더 잘 연출된다.
- 시술시 충분한 열처리 시간, 식히는 시간을 주어야 셋팅이 잘된다.

⑥ 블로우 드라이 주요 요소

㉠ 습도(humidity) : 적당한 수분이 있는 상태에서 드라이를 시작하여야 수소결합에 의한 드라이 연출이 쉽다. 드라이를 끝난 후에는 모발 자체의 수분이 10~15%가 남아있어야 한다.

㉡ 텐션(Tension) : 모발을 윤기 있고, C컬, S컬 연출시 텐션을 적당이 주면 연출이 쉽고 오랜간다.

㉢ 온도(Temperature) : 블로우 드라이 스타일링 시 드라이어의 열이 지나칠 경우, 모발의 수분량이 과도하게 증발되어 모발이 거칠어지게 되고 윤기를 잃기 쉽다. 적당한 거리에서의 시술은 모발손상도 적고 시술시에도 수월하다.

㉣ 속도(Speed) : 적당한 시술 빠르기, 식히는 시간을 잘 조화롭게 조절해야 연출하고자 하는 스타일로 시술이 잘 된다.

㉤ 각도(angle) : 시술각도는 두피에서의 각도를 말하며 두피의 볼륨감과 관계가 깊다. 두상이 둥글다는 것을 염두에 두고 시술한다.

⑦ 블로우 드라이 시술 방법

㉠ 모발을 샴푸잉 한다.

㉡ 적당한 수분이 남아 있을 때 까지 말린다.

㉢ 파팅, 섹션을 나뉜다.

㉣ 나뉜 섹션을 브러쉬 등으로 빗질한다.

㉤ 브러쉬로 원하는 시술을 한다. 이 때 드라이어의 바람이 브러쉬 움직이는 방향으로 같이 움직이면서 바람과 열을 준다. 중간 중간 모발이 너무 마르면 분무를 하기도 한다.

㉥ 브러쉬에 의한 형이 고정되면 그 상태에서 2~3초간 모발의 열을 식힌다. 그래야 모발이 마르면서 셋팅이 잘 된다.

㉦ 그 다음 시술 연속적으로 진행한다.

㉧ 드라이 시술이 다 끝나면, 손, 빗 등으로 마무리 한다.
* 정발제를 사용하기도 한다.

08 _ 스켈프 트리트먼트

1. 두피관리

두피의 청결과 건강을 위한 다양한 미용적 시술 일상적인 샴푸나 두피 스켈링 및 트리트먼트를 시술하고 두피 관련기기를 이용한 두피문제를 개선, 관리하여 모발의 생성 및 두피 건강을 저해하는 이물질과 기타의 오래된 피부분비물(피지, 땀 등)을 제거하고 두피 및 모발에 필요한 영양을 공급함으로서 두피의 건강뿐 아니라 모발의 성장을 원활히 하도록 도와주는 관리를 말한다.

[두피관리의 효과는 다음과 같다.]

- 두피의 대사기능 상승
- 원활한 혈액순환
- 제품의 높은 침투력
- 올바른 모발 트리트먼트 효과
- 문제성 두피예방 및 관리

1) 두피의 진단 및 관리

(1) 두피의 종류

두피는 피지량, 수분량, 두피톤, 각질 유무, 모발의 밀도, 굵기 등에 따라 몇 가지 유형으로 분류할 수 있다.

① 정상두피(Plain scalp)

정상두피는 두피에 관한 일반적인 기준이 되는 유형으로 연한 살색 또는 연한 청백의 맑고 투명한 톤을 띄고 있다. 노화각질이나 불순물 없이 모공주변이 깨끗하며 모공이 열려 있어 영양분이 쉽게 흡수된다. 한 개의 모공에 1가닥 2~3가닥의 모발이 건강하게 자라고 있으며 모공의 상태도 선명하고 오목하다. 정상두피는 모간의 안쪽 부분까지 볼 수 있으며 모발 밀도에 있어서도 일정한 간격을 유지하고 있다.

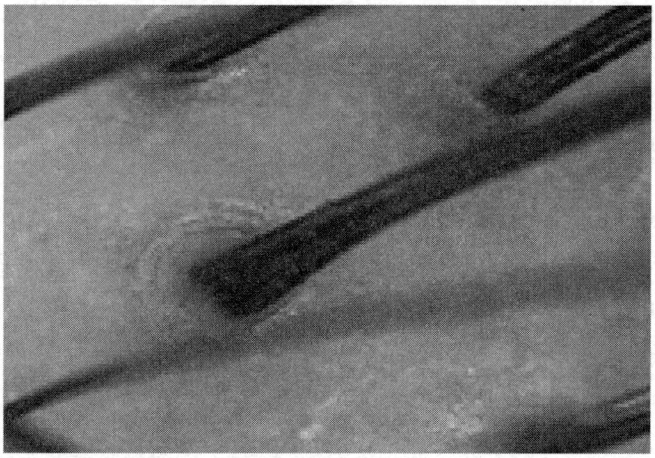

판독요령

- **두피톤** : 우유빛, 청백색 및 투명한 톤으로 연한 살색 톤이다.
- **모공상태** : 선명한 모공라인이 열려져 있고 각질 비듬이 없다.
- **모발개수** : 한 모공 당 1~2개 존재한다.
- **노화각질 및 피지산화물** : 거의 존재하지 않는다.
- **수분함량** : 10~20% 정도이다.
- **모발의 굵기** : 모발의 굵기는 전두부, 후두부, 측두부 굵기가 거의 일정하게 보인다.
- **모발밀도** : 빈 모공이 거의 없다. 모발의 분포도가 전두부, 후두부, 측두부가 거의 일정하게 분포되어 있다.
- **피지상태** : 원활한 피지 분비로 윤기가 적당하게 있고 매끄러운 상태이다.
- **예민도** : 두피에 홍반, 염증, 충혈 된 모세혈관 등을 볼 수 없고 맑고 투명한 상태이다. 예민도가 없고 가렵거나 따갑지 않다.
- **한선(땀샘)** : 한선은 모발진단기로 보면 빈모공과 비슷하나 빈 모공에 비해 규모가 작으며, 윤곽선이 뚜렷하지 않은 상태로 존재한다.

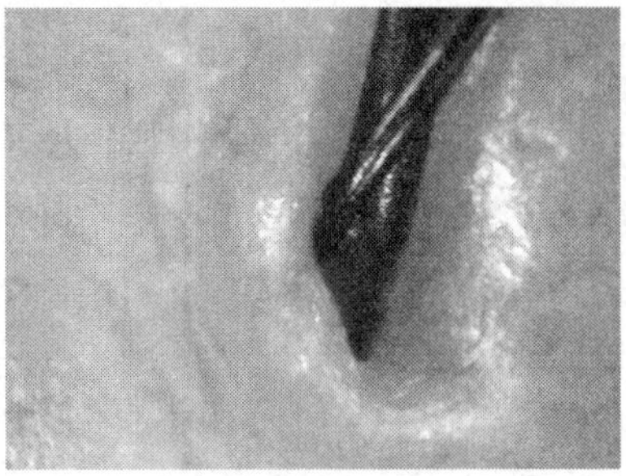

건강한 두피 모공

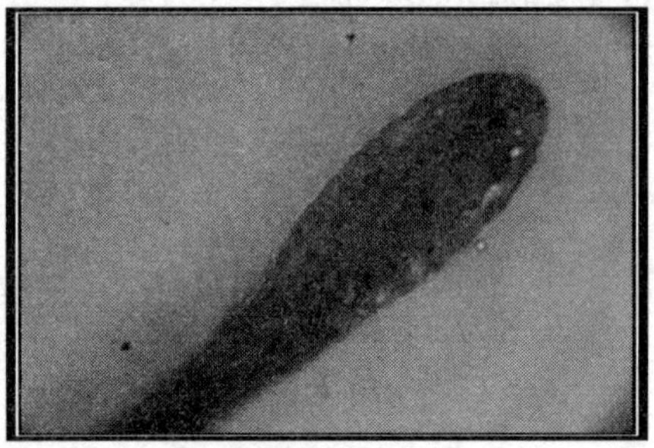

건강두피의 모구

(2) **건성두피(Dry scalp)**

수분의 부족과 피지분비 이상으로 피지분비가 부족해서 일어나는 현상으로 두피에 각질 및 비듬이 하얗게 쌓여 있고 두피에서 떨어진 각질에 의해서 모공 주변이 막혀 있고 두피가 불규칙하게 갈라져 보이는 두피 유형이다. 노화된 각질이 두텁게 쌓여 있어 탁하거나 얼룩져 보이기도 하지만 전체적으로는 정상두피에 가까운 살색이나 청백색의 톤을 띄고 있다.

원인

- **내적요인** : 호르몬분비 이상, 비타민 섭취 이상과 같은 영양 불균형, 스트레스 과립층 아래에 존재하는 수분유실
- **외적요인**
  - 잦은 드라이, 화학시술, 각질층 부위에 수분이 유실
  - 내적요인보다 손쉽게 발생하는 외적요인이 더 크다.

판독요령

- **두피톤** : 창백한 백색이며 불투명하다. 정상두피와 비슷한 톤이다.
- **모공상태** : 각질이 모공을 덮고 있어 윤곽선이 불분명하고 다소 막혀 있다.
- **모발상태** : 모표피가 약간 들떠 있고 건조하며 각질도 약간 묻어 있다.
- **모발밀도** : 수적 밀도가 보인다.
- **수분함량** : 각질층의 수분은 10% 미만으로 존재한다.
- **피지정도** : 건성두피의 발생에 있어 수분증발 다음으로 문제가 되는 것이 피지의 상태

로 건성 두피에 있어 피지 분비는 매우 중요하다. 건성두피는 1일정도 지나야 정상두피의 피지량과 비슷하다. 두피의 피지를 보기가 힘들다. 피지 측정은 샴푸 후 3~6시간 후에 측정한다.

- **예민도** : 두피에 유, 수분이 부족하여 건조한 상태이다. 건조한 상태라서 조금 가렵고 건성이 심하면 따가울 수도 있다. 심하면 예민성 두피로 변한다.
- **한선** : 수분의 증발이 촉진된다.

(3) 지성두피(Oily scalp)

과다한 피지분비와 노화각질의 영향에 따른 피지산화물의 누적이 원인이 되어 나타나는 유형으로 두피에 악취와 함께 염증이나 가려움증을 동반하는 특징을 지닌다. 물이 고여 있는 듯 촉촉한 상태로 정상두피와는 달리 투명감이 없어 둔탁해 보이는 지성두피는 모공 주변이 심하게 막혀있고 끈적임 현상이 두드러지게 나타난다. 모발의 탄력 저하와 연모화 현상을 볼 수 있으며 모발의 밀도도 적어질 수 있고 빈 모공의 수가 늘어나는 경우도 생긴다.

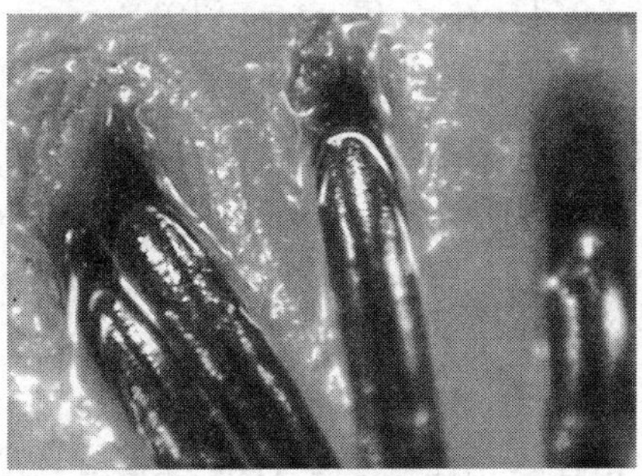

판독요령

- 두피톤 : 약간의 황색톤(피지산화)이며 얼룩현상이 보인다.
- 각질정도 : 노화각질이 넓고 두꺼운 층을 이루고 있다. 피지 확인을 위해 스파츌라 등을 이용해 두피를 긁어 확인 한다.
- 모공상태 : 피지가 모공에 고여 있으며, 다수 막혀있어 평면과 같다.
- 모발상태 : 모표피 확인이 힘들만큼 과다한 피지에 젖어 있다. 이물질 등이 피지 분비물에 흡착하여 탄력저하 두피에 밀착되는 현상이 일어난다.
- 피지분비량 : 높고 산화된 피지를 볼 수 있다. 피지산화물 냄새가 난다.
- 수분함량 : 각질층의 수분 20% 이상 존재한다.
- 예민도 : 건성두피에 비해 낮은 편이다.
- 가려움, 염증 정도 : 지성이 심해져서 지루성이 되면 회복기간이 오래 걸리고 세균에 의한 장기적인 현상이 일어나고, 근본적인 피지발란스를 맞춰줘야 한다.

(4) 비듬성 두피(Dandruff scalp)

두피의 표피가 각질화 한 것으로 묵은 세포가 새로운 세포에 밀려 올라가 두피에 이르러 각질화 되는 것을 말하며 두피로부터 떨어져 나오지 못하고 쌓여있는 형태를 말한다. 비듬의 원인은 두피각질의 건조, 피지분비의 항진과 세균번식, 과다한 피지분비 및 노폐물, 남성호르몬의 분비, 비듬균인 말라세시아균의 이상증식, 호르몬의 불균형, 유전요인, 환경적요인, 생리적요인 등에 의해 발생하는 두피유형으로 혼탁한 두피 톤을 유지하고 있으며 연한 살색, 또는 흰색의 우유빛에 가까운 색상을 띄고 있다. 비듬입자가 작고 무게감이 없으며 두피 당김 현상이 심하게 나타나는 ① 건성비듬과 입자가 크고 무게감이 있으며 쉽게 떨어지지 않고 두피, 모발에 흡착 되어 있는 ② 지성비듬 그리고 그 혼합형인 ③ 혼합형비듬이 있다.

비듬을 일으키는 또 다른 원인은 스트레스(호르몬의 불균형과 자율신경 실조), 식생활(지방, 탄수화물, 탄산음료, 인스턴트과다섭취), 표피조직의 신진 대사 불균형(비타민, 미네랄 부족 등), 염증(약품, 화장품), 불규칙한 생활, 과도한 땀분비 등이 있다.

건성비듬성 두피 판독 요령

- 비듬상태 : 입자가 작고 연한흰색, 두께가 얇고, 부스러지기 쉽다.
- 두피톤 : 백색톤으로 모공 주변이 열려 있다.
- 모공상태 : 비듬이 모공주변에 다량존재하여 막혀있다.
- 모발밀도 : 불규칙적이며 연모화 되어 있다.

- 피지분비량 : 두피 피지분비량이 10% 미만으로 적다
- 노화각질 및 피지 산화물 : 모공주변을 막고 모공주변 각질의 들뜸 현상이 보인다.

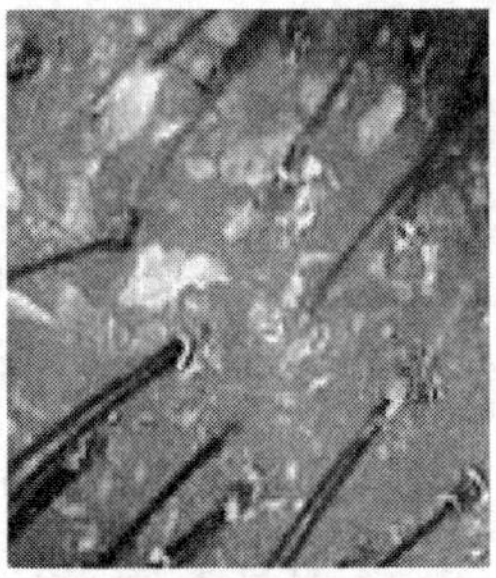

건성비듬두피

지성비듬성 두피 판독 요령

- 비듬상태 : 여러 장의 판이 하나로 연결되어 큰형태의 비듬이다. 피지덩어리로 황색의 비듬이 존재한다.
- 두피톤 : 황색톤으로 불투명이다.
- 모공상태 : 막혀있다.
- 모발밀도 : 불규칙적이다.
- 피지분비량 : 20% 이상으로 많다. 비듬과 이물질이 두피존재로 모공을 통한 피지분비가 쉽게 이루어지지 않는다.
- 노화각질 및 피지 산화물 : 눅눅하고 두껍게 존재한다.

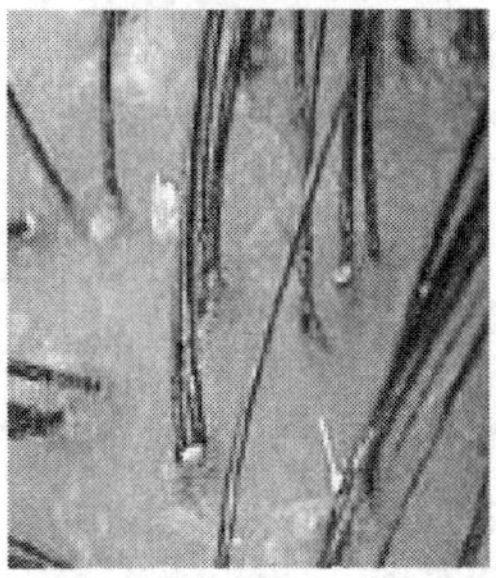

지성비듬두피

비듬의 예방 및 관리

- 스트레스를 줄이고 규칙적인 생활을 한다.
- 머리를 깨끗이 하고 자주 샴푸한다.
- 비타민 등 영양분 섭취를 한다.
- 비듬 전용 샴푸를 사용한다.

(5) 예민성두피(Sensitive scalp)

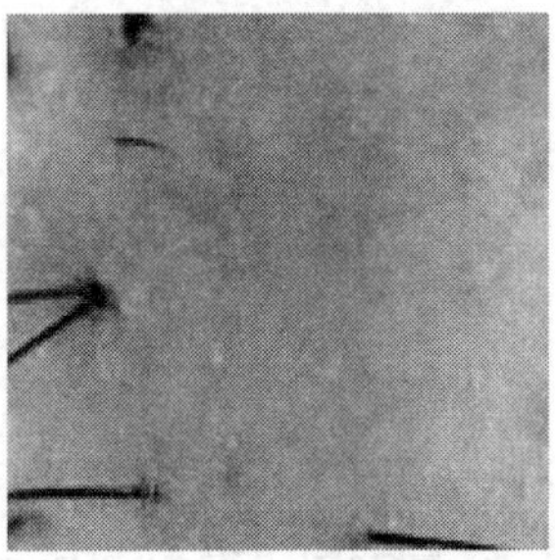

모세혈관이 확장되어 있어 외부의 약한 자극에도 따갑거나 발열현상으로 예민하게 반응하는 두피 타입으로 붉은 톤을 띄며 표면에 홍반 및 염증, 또는 가느다란 실핏줄이 육안으로 확인된다. 예민성 두피는 건성, 지성, 비듬성 두피 등 어느 두피에도 관찰될 수 있으며 세균, 바이러스의 침투에 대한 저항력이 약해서 가려움증이 동반되기도 하며 홍반의 경우 특정 부위에서만 발생하기보다는 확산되거나 모낭염으로 이어지는 경우가 있다.

판독 요령

- **두피톤** : 얼룩이 있고 붉은 톤을 띤다. 모세혈관의 충혈을 여러 곳에서 볼 수 있다.
- **각질층** :각질층의 얇은 두께를 형성한다.
- **모공상태** : 다양하게 보인다.
- **모발 굵기** : 오래 되면 굵기가 가늘어지고 밀도가 낮다.
- **노화각질 및 피지 산화물** : 얇은 층으로 구성되어 있으며 타입에 따라 다양하다.
- **예민도** : 가려움, 염증, 홍반을 유발한다.

(6) 지루성 두피

피지선의 왕성한 활동으로 비듬과 피지가 과다하게 분비되어 염증이 생기는 유형으로 외관상으로는 예민성 두피와 지성두피의 혼합형으로 보면 무리가 없다. 남녀노소 누구에게나 생길 수 있는 것으로 재발의 가능성이 높다. 두피톤은 황색이나 적색에 가깝고 모공은 막혀 있다. 피지분비량은 많으며 염증으로 인해 두피가 붉게 부풀어 오른 형태가 많다. 가려움증을 동반하고 탈모를 촉진하는 상태로 발전하게 된다.

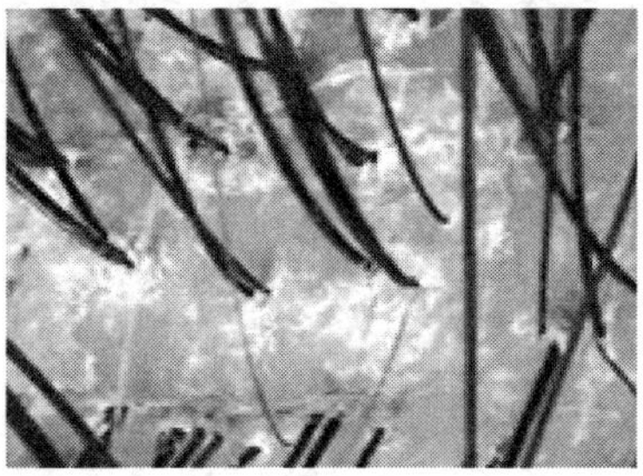
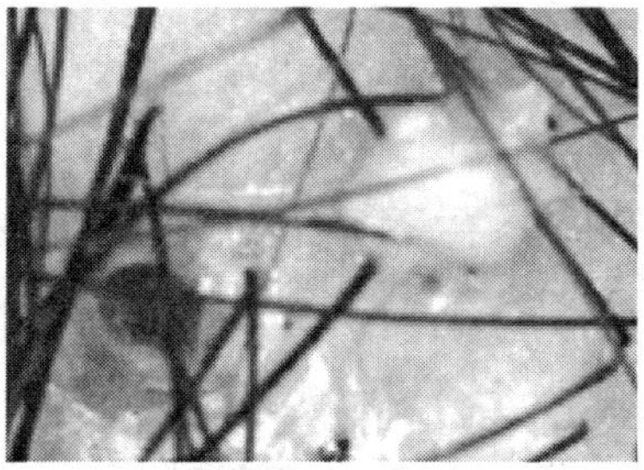

판독 요령

- **두피톤** : 황색이나 적색으로 보인다.
- **모공상태** : 막혀있다.
- **모발탄력도** : 낮다.
- **예민도** : 균에 의한 염증으로 예민하다.
- **피지분비량** : 많다.

(7) 두부백선

일종의 버짐과 같은 형태로 50원 동전 크기의 명확한 이상경계를 보이며 두피에 발생하는 전염성 피부염이다. 두피톤은 회백색이며 인설이 보이고 모공은 막혀 있다. 각질이 두텁게 존재해 둥근 원형 형태로 특정 부위가 아닌 두상 전체에서 발생 가능하며, 발생 부위에 각질이 과다하게 발생할 수 있고 주로 어린이에게 많이 나타나며 전염성이 있다.

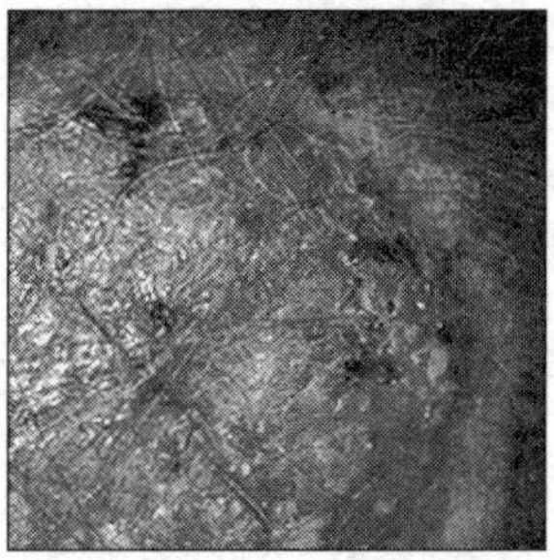

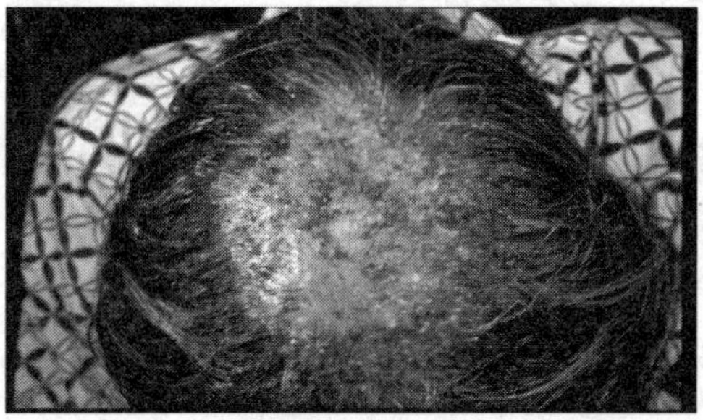

판독 요령

- 두피톤 : 회백색을 띠며 인설이 보인다.
- 모공상태 : 막혀있다.
- 각질정도 : 두텁게 존재한다.
- 진물 및 염증 : 발생형태에 따라 다르나 문제 부위 중심으로 염증이 보인다.
- 버짐의 형태 : 50원 동전크기의 원형으로 나타나며 명확한 경계를 보인다.

(8) 두부건선

두피 및 인체에 발생하는 만성 피부질환 중 하나로 표피세포의 빠른 각화과정과 세포분열의 촉진 등으로 두피 전체에 각질이 두텁게 쌓여 은백색의 인설 형태로 이루어져 있다. 연령에 무관하고 기후 및 계절적인 영향을 받는다.

판독 요령

- 두피톤 : 은백색의 인설이 보인다.
- 모공상태 : 막혀있다.
- 모발탄력도 : 낮다. 예민, 통증, 염증이 높다.

• 각질 두께 : 두텁게 쌓여 있다.
• 염증성 탈모 및 연모화 현상이 나타난다.

(9) 탈모진행형두피

탈모가 진행되고 있는 두피상태를 말한다.

판독 요령

• 모발 굵기 : 모발의 굵기는 가늘어 보인다.
• 모발밀도 : 모발의 밀도가 현저히 낮다
• 모공수 : 정수리 부위에 빈모공수가 보인다.
• 두피톤 : 피지분비가 과하면 두피가 황색이고 윤기가 난다.
• 모발탄력 : 모발의 탄력이 없어 두피에 밀착 되어 보일수도 있다.

2) 두피 진단

정확한 두피진단을 위해서는 우선 1차 진단으로 고객과의 상담을 하고, 2차 진단으로 두피·모발진단기로 진단하고, 3차 진단으로 미네랄 테스트를 하여 정확한 두피진단을 한다.

(1) 상담

① 고객 상담순서

㉠ 견진법(시진법) : 두피의 색상, 두피의 각질상태, 두피의 피지 분비량의 여부, 모발에 묻어 있는 피지 상태, 모발의 손상 여부를 육안을 통해 확인 한다.
㉡ 문진법 : 상담 카드 및 진단 카드를 작성하기 위한 여러 가지 체크사항을 통해 고객의 생활 패턴을 파악한다.
㉢ 촉진법 : 손에 만져지는 피지 상태, 땀의 분비량, 면봉이나 스파츌라를 이용해 긁어서 밀려나오는 각질 여부와 두피의 탄력도, 두피의 경직 상태를 촉각으로 파악한다.

* 상담을 통해서 1차 진단을 한다.
고객카드는 관리사의 능력에 따라 작성하여 사용 할 수 있으며, 고객카드를 먼저 고객에게 드리고 작성을 한 후에 관리사가 작성할 부분을 작성하여 완료하면 된다.

② **고객 상담 시 체크 사항**

㉠ **개인 프로필 양식** : 고객카드에 기입한다.

이름, 나이, 성별, 직업, 출산유무, 키, 체중변화, 결혼여부 등

㉡ **문제의 과거 상태** : 병력 등 신체적 특이 사항 등을 확인한다.

고객이 문제점이라고 느낀 부분을 함께 검사하고 이 문제가 얼마나 오랫동안 지속되었고, 어떻게 시작되었으며, 시작되었을 때 특별한 변화가 없었는지 확인하고, 문제 부분을 해결하기 위해 어떤 시도나 노력을 해왔는지를 확인한다.

㉢ **건강 체크** : 현 건강상태를 확인한다.

질병/감염, 외상, 수술/입원, 위장장애, 경구용 피임약 복용 여부, 의약품사용 여부(현재 및 과거), 에너지 수치/변동을 확인한다. 감정적인 인자/스트레스, 약물 반응, 혈액검사, 알러지, 두통/빈혈, 생리, 얼굴의 털, 피부의 피지량, 식탐, 갈증, 기분 변동, 온도변화의 민감성을 확인한다.

㉣ **식이정보** : 식생활을 확인한다.

탄수화물, 단백질, 지방, 시리얼, 유제품, 과일/야채, 음료, 당분/단음식/더부룩함/가스 등, 먹지 않을 때의 문제점, 다이어트제 복용여부, 음주/흡연 등 영양학적 질문으로 영양 결핍 확인한다. 영양과 관계된 신체 징후 멍, 근육경련, 두근거림, 기억력/집중력 감퇴, 약한 자극 반응도, 수면장애, 감염 빈도, 체액 정체, 월경통 확인한다.

㉤ **가족력** : 부계, 모계 탈모가족이 있는지, 유전적으로 두피에 이상이 있는지 확인한다.

비슷한 문제, 기타 모발/피부 문제, 유전성 전신성 장애 등 상당수의 모발 문제들이 유전적으로 판단되므로 가족 중 다른 구성원이 비슷한 문제를 갖고 있는 것은 고객의 문제가 유전일 수 있다는 단서를 제공한다. 갑상선, 당뇨, 악성 빈혈과 같은 전신성 문제들은 유전 일 수 있으며, 진균 감염이나 머릿니는 다른 가족으로부터 옮길 수 있다.

㉥ **모발 및 두피 관리** : 손질/스타일링 제품, 샴푸 횟수, 화학적 시술(살롱, 홈케어), 모발의 드라이, 수영, 햇빛 등 모발에 손상을 주는 요인이 무엇인지 확인한다.

③ **기타 체크 사항**

㉠ 생활습관(모자 착용, 발모벽, 린스사용, 사우나 출입 빈도)

㉡ 피부염 여부(아토피, 백선, 건선 피부염)

㉢ **손톱 검사** : 구멍-(원형탈모증, 건선)

흰반점-(아연결핍)

무름-(약한 모발)
보우라인-(고열, 급성 전신성 질병)
창백-(빈혈)

④ **기본 상담 절차**

㉠ 고객의 불편함을 확인 한다.
㉡ 두피와 모발을 검사한다.
㉢ 문제의 과거에 관해 논한다.
㉣ 건강력을 살펴본다.
㉤ 식이 정보를 얻는다.
㉥ 가족력을 살펴본다.
㉦ 고객이 어떻게 모발과 두피를 관리하는지 알아본다.
㉧ 관련된 임상병리 검사들에 대해 정보를 얻는다.
㉨ 진단을 내린다.
㉩ 가장 좋은 관리 과정을 결정한다.
㉪ 고객에게 관리 과정과 예후에 관해 조언 한다.

⑤ **상담 시 주의사항**

㉠ 고객이 말하기 전에 고객의 문제를 다 안다고 추정하지 말자.
㉡ 고객들은 자신의 문제가 무엇인지 말하는 것을 부끄러워 할 수 있기 때문에 편안한 분위기와 공감대 형성이 중요하다.
㉢ 상담자에게는 사소하게 보이는 문제가 고객에게는 심각한 문제 일 수 있으므로 절대 문제에 대해 무시하지 않는다.
㉣ 두피 모발의 문제는 1가지 이상의 원인을 갖는다는 것을 상기 시켜 준다.
㉤ 두피관리는 단기간에 되는 것이 아니라는 것을 알려주는 게 중요하다.
㉥ 두피의 다양한 증세를 자연스럽게 언급해주고 고객이 어떤 타입에 속하는지 함께 진단한다.
㉦ 고객의 좋지 않은 생활 습관을 변화시키기 위해 상담 시 주기적으로 주지해 준다.
㉧ 두피 관리의 전 과정은 고객의 신뢰와 의지가 필요하기 때문에 과장된 표현은 자제한다.
㉨ 고객에게 조언하는 것은 고객의 기분과 복지 모두를 위해 정직하고, 재치 있고, 진실해야한다.
㉩ 문제의 원인에 대한 분명한 설명과 정확한 대처방안의 제시는 고객의 믿음을 강화시킨다.

ⓚ 겁을 주는 용어는 피한다.

ⓣ 고객의 식단, 건강 유지, 모발 관리, 또는 재발 방지를 위해 고객이 따라야 할 사항 등에 관해 조언한다.

ⓟ 상담의 목적은 진단을 내림으로써 치료가 필요할 때는 적절한 요법을 적용할 수 있도록 하는 것이다.

ⓗ 사람들은 모두 다르고, 가지고 있는 문제 또한 다르기 때문에 통일된 상담 패턴이란 없으며 상담은 모든 다양성에 맞춰가야 한다.

(2) 진단

두피 모발진단기를 이용하여 좀 더 정확한 진단을 한다.
이때 진단을 2차 진단이라고 한다.

① 진단기 렌즈

㉠ 1 : 1 **배율렌즈** : 고객의 얼굴 촬영, 탈모반 촬영, 앞이마 부위 등을 촬영한다(스타일링 촬영기로도 사용).

㉡ 50 **배율렌즈** : 모발의 밀도 및 굵기를 촬영한다.

㉢ 200 ~ 300 **배율렌즈** : 두피색, 피지량, 모공의 상태, 노폐물 정도, 염증여부 촬영, 각질정도, 홍반을 확인한다.

㉣ 600 ~ 800 **배율렌즈** : 모발의 손상정도를 확인한다.

② 진단기 사용 시 주의사항

일정한 패턴을 정해놓고 촬영한다.

㉠ **남성** : 전두부, 두정부, 양측 측두부, 후두부, M자 형성 부분 촬영하고, 탈모반 전체도 촬영한다.

㉡ **여성** : 전두부, 두정부, 양측 측두부, 후두부를 촬영한다. 고객의 문제를 너무 과도하게 부각시키지 않는다.

진단 결과를 고객카드나 진단카드에 기입한다(컴퓨터에 있는 프로그램에 기입한다).

(3) 혈액, 미네랄 테스트 검사

혈액, 미네랄 테스트를 하여 좀 더 확실한 원인을 찾기 위한 검사이며 이를 3차 테스트라고 한다.

3) 두피 유형별 관리

(1) 정상두피

현재의 상태를 지속적으로 유지할 수 있도록 하며 노화각질 제거, 유·수분 밸런스 유지에 초점을 맞추어 두피, 모발상태에 따른 제품적용에 최선을 다하도록 한다. 또한 매일 저녁 약산성 샴푸로 세정하고 완전 건조 후 취침하는 노력이 필요하다.

① 관리법

정상두피라고 하여 관리를 소홀히 하면, 단시간 내에 두피의 유형이 지성화, 건성화 될 수 있기 때문에 올바른 두피관리만이 오랫동안 정상두피를 유지할 수가 있다.

㉠ 유·수분의 원활한 공급과 국소혈류 장애를 개선키 위해 두피에 적당한 마사지를 해준다. (브러쉬 사용)

㉡ 두피의 활성화와 안정화를 유지하기 위해 두피강장제를 골고루 도포해 준다.

㉢ 외출할 때는 언제나 자외선 차단제(차단지수 15정도)를 발라 두피를 보호해준다.

㉣ 샴푸나 세안 시 뜨거운 물과 차가운 물을 피하고 미지근한 미온수를 사용하여 자극을 피한다.

㉤ 지나치게 건조하거나 기름기가 많은 두피케어를 쓰지 않으며, 잦은 미용시술을 하지 않는다(펌, 염색, 블리치, 아리론, 드라이 등).

㉥ 케어제품 선택 시에는 정상두피 전용 제품을 선택하여, 효과적인 수분 및 유분이 되도록 해야 한다.

② 관리초점

㉠ 현재의 상태를 유지하는 것에 중점을 두어 관리

㉡ 정상적인 각화주기를 유지하기 위하여 각질이 쌓이지 않도록 청결에 신경

㉢ 영양공급의 균형을 맞추어 준다.(두피, 식품)

㉣ 샴푸는 매일(두피를 씻어낸다)하도록 한다.

㉤ 어깨의 근육을 풀어 혈액순환이 원활히 되도록 한다.

(2) 건성두피

호르몬 밸런스 이상, 과다한 두피 스케일링 및 잦은 샴푸, 드라이가 일반적으로 원인이 되고 있는 건성두피는 관리의 초점을 유·수분 밸런스에 맞추어 관리하는 것이 중요하다. 또한 일반샴푸보다는 기능성 샴푸를 선택하여 시간적 여유가 많은 저녁 시간대에 샴푸하는

것이 중요하다. 피지 조절에 포인트를 두어 마사지와 앰플을 적용하고 강한 열은 금하도록 한다.

① 관리법

건성두피란 대체로 모공에서 유, 수분이 정상 두피보다 적게 분비됨으로써 두피 표면에 기름막이 제대로 형성되지 않아 유, 수분 과부족 증상인 피부이다. 따라서 건성두피가 정상두피로 환원되기 위해서는 올바른 두피관리나 식생활 습관은 필수적이다.

㉠ 샴푸와 케어제품 등으로 두피에 적당한 수분을 공급한다.

㉡ 샴푸나 케어 제품 등을 통하여 두피의 찌꺼기를 깨끗이 제거한 후 두피마사지 등을 통하여 두피의 혈액 순환을 원활히 한다.

㉢ 케어제품의 선택 시에는 건성두피 전용 제품을 선택하여, 효과적인 수분공급 및 유분을 유지할 수 있도록 해야 한다.

㉣ 두피에 트러블이 발생하기 쉬우므로 손톱 등으로 자극을 주지 않도록 세심한 주의가 필요하다.

㉤ 스티머를 사용하여 두피관리 제품을 사용하게 되면 두피로의 흡수가 용이하므로 스티머를 이용하는 방법도 좋다.

㉥ 집에서 먹다 남은 우유나 베이비오일 등을 샴푸 시 적절히 사용하는 것도 좋다.

㉦ 외출 시 반드시 자외선 차단제를 이용해 최대한 탈수가 되지 않도록 해야 한다.

② 관리초점

㉠ 영양결핍 시 식생활의 조절이 우선시

㉡ 건조에 의해 생긴 각질을 먼저 제거

㉢ 막힌 모공의 세척과 혈액순환 촉진에 중점을 둔다.

㉣ 깨끗해진 두피에 영양 공급 관리

㉤ 건성 두피용 샴푸를 사용

㉥ 드라이의 과도한 열사용 자제

㉦ 유·수분 공급으로 각질 세포 진정

(3) 지성두피

과다한 피지분비와 피지산화물의 잔류로 인한 세균의 이상증식이 문제가 되는 두피 유형으로 피지 분비의 원인을 정확히 체크하는 것이 중요하다. 막힌 모공의 세척과 혈액순환 촉진에 중점을 두어 관리하며 인체 내외의 원인을 해소시키려는 노력이 필요하다. 뜨거운 물로 두피나 모발을 세정하는 것은 금물이며 세정 후 드라이로 가볍게 두피 및 모발을 말려준다.

① **관리법**

㉠ 샴푸와 케어 제품 등으로 과도한 피지를 깨끗이 제거한다.

㉡ 샴푸나 케어 제품 등을 통하여 두피의 피지 및 찌꺼기를 깨끗이 제거한 후 마사지 등을 통하여 두피의 혈액 순환을 원활히 한다.

㉢ 샴푸를 선택 시에는 지성두피에 맞는 제품을 선택하여 효과적인 피지제거 및 클렌징을 할 수 있도록 해야 한다.

㉣ 수증기를 쐬면 모공 속 피지가 녹고, 죽은 세포층이 제거되면 클렌저로 기름기가 있는 더러움을 제거한 후 다시 샴푸를 한다.

㉤ 마무리는 찬물로 한다.

㉥ 두피 강장제는 두피의 지성화를 더욱더 가중시키므로 되도록 피하는 것이 좋다.

㉦ 지성두피의 경우 세균침투가 용이하므로 세균의 침투를 막기 위해 잦은 샴푸를 해 주어야 한다.

㉧ 레몬즙이나 멘톨, 티올 성분이 있는 두피세정제를 사용하는 것도 좋다.

② **관리초점**

㉠ 두피 세정과 피지 조절에 초점을 맞추어 관리

㉡ 염증이 있을 경우 치료 후 관리

㉢ 피지 응고물 제거

㉣ 피지의 산성을 되찾아 두피에 대한 보호 기능을 회복시킨다.

㉤ 두피 자체가 신진대사를 원활히 하도록 하여 세균에 대한 저항력을 키운다.

(4) 예민성 두피

예민성 두피는 각종 세균의 두피 내 기생 및 화학제품에 의한 두피자극 등이 원인이 되어 피부의 각화주기 이상을 가져오는 유형으로 두피의 청결과 세균번식의 억제 및 전이예방에 포인트를 가지고 관리해야 한다. 저자극성의 식물성 샴푸를 선택하고 뜨거운 스팀타월, 사우나, 자극이 심한 마사지를 삼가야 한다.

① **관리법**

민감성 두피는 외부적인 환경요인으로부터 건성 두피와 지성두피와는 달리 면역성과 저 항력이 매우 낮은 두피이다. 따라서 민감성 두피가 정상두피로 환원되기 위해서는 올바른 두피관리가 필수적이겠지만 심한 증상이 발생할 경우 피부과 전문의와 반드시 상의하는 것이 좋다.

㉠ 샴푸와 케어제품 등으로 두피에 적당한 수분을 공급한다.

㉡ 샴푸나 케어 제품 등을 통하여 두피의 찌꺼기를 깨끗이 제거한 후 두피 마사지 등을 통하여 두피의 혈액순환을 원활히 한다.(자극은 덜 주고 오랜 시간 동안하지 않는다.)

㉢ 케어 제품의 선택 시에는 민감성 두피 전용 제품을 선택하여 효과적인 수분 및 유분공급이 되도록 해야 한다.(해초류 성분의 머드팩이 좋다.)

㉣ 두피 트러블이 발생하기 쉬우므로 손톱 등으로 자극을 주지 않도록 세심한 주의가 필요 하다.

㉤ 스티머를 사용하여 두피관리제품을 사용하게 되면 두피로의 흡수가 용이하므로 스티머를 이용하는 방법도 좋다.

(5) 비듬성 두피

과도한 비듬은 두피의 이상을 나타내는 징후이므로 세균 등을 억제하는 특수 관리 등이 필요하다. 건성비듬은 피지가 부족하여 생기는 경우이므로 무리한 세정은 피하며 유·수분의 공급과 비듬균의 증식 억제에 중점을 두어야 한다. 지성비듬의 경우는 과도한 피지 분비가 원인이므로 피지조절과 균에 감염되지 않도록 살균이나 소독에 관심을 가지고 샴푸 후는 세균이 번식하지 못하도록 깨끗이 말린 다음 충분한 수면을 취하도록 한다.

① 관리법

㉠ 스트레스를 줄이고 규칙적인 생활을 한다.

㉡ 머리를 깨끗이 하고 자주 감는다.

㉢ 비타민 B_2가 풍부한 음식을 섭취한다.

㉣ 비듬전용 약산성 샴푸를 사용한다.

㉤ 일주일에 2~3회 전문제품을 이용해 두피 마사지를 한다.

㉥ 주 1~2회 두피 스켈링을 받는다.

㉦ 비타민 A가 함유된 크림이나 오일을 두피에 소량 도포한다.(건성두피)

② 관리초점

㉠ 건성비듬 : 각질제거 + 보습관리
살균, 소독

㉡ 지성비듬 : 관리 시 피지 발란스 조절
두피 염증 제거, 진균의 활동을 증가 시킬 수 있는 원인제거

(6) 탈모진행형 두피

탈모된 부위는 정상적인 두피보다 매우 약하므로 화학성분보다는 식물성의 저자극 샴푸제를 이용하여 샴푸하고 깨끗이 헹구어 준다. 또한 두부 마사지를 충분히 하여 혈액순환이 될 수 있도록 신경을 쓴다.

① 관리법

㉠ 지나친 두피마사지는 피지선 및 활성효소의 자극과 모세혈관 충혈 등을 유발하여 두피 신진대사를 악화 시킬 수 있다.
㉡ 두피상태를 고려하여 샴푸 및 홈케어 실시한다.
㉢ 영양제품은 두피세정을 한 후에 도포 한다.
㉣ 영양부족 및 영양 발란스 이상으로 탈모 현상이 일어날 경우 영양분 섭취를 고르게 한다.
㉤ 어깨근육을 자주 풀어 준다.

② 관리 초점

㉠ 최소 3~4개월 이전의 과거 상태를 파악한다.
관리 과정 전에 과거 병력(갑상선질환, 빈혈, 다이어트) 및 과거의 두피상태(염증, 비듬, 지루성, 모낭충 여부 등)에 대하여 체크한다.
㉡ 초기 탈모관리 및 두피 관리가 가장 중요하다.

2. 두피관리법 및 방법

1) 두피유형별 관리법 및 방법

(1) 정상두피

정상피부처럼 두피의 보습상태가 적절하여 표면에 윤기가 흐르고, 피지 상태가 정상적이어서 번들거리지 않으며, 탄력이 있고 적당한 모세혈관 확장으로 혈색이 좋다. 또한 정상적인 각화작용을 하는 건강한 두피이기 때문에 건성두피, 지성두피, 민감성두피처럼 자연 탈모 외에는 별도의 탈모는 심하지 않다. 특히, 한 개의 모공에 한 방향으로 2~3개의 모발만이 자리 잡고 있는 건강하고 이상적인 두피 형태를 말한다.

① **관리과정**

㉠ 상담

㉡ 사전 고객 진단(시진, 문진, 촉진)

㉢ 브러싱 및 마사지

㉣ 1차 헤어 스티머(5~10분 정도) : 두피에 부족한 수분의 공급 및 케라틴 단백질을 연화시키기 위한 단계

㉤ 스케일링 제 도포

㉥ 2차 헤어 스티머(10분 정도) : 각질 연화제에 의한 연화작용

㉦ 두피 세정(정상 두피용)

㉧ 타월 드라이 / 두피 건조

㉨ 두피 영양 공급(앰플) : 영양효과

㉩ 적외선 조사 : • 온열효과 제품의 경피 흡수에 작용
• 사용 시 두피로부터 약 30cm 정도 떨어진 거리에서 조사

㉪ 마무리

㉫ 홈케어 : 지금의 현 라이프 스타일로 유지한다.

② **주의사항**

정상두피에는 유 · 수분 보습상태를 적절히 유지하여 건성화, 지성화로 변화되지 않게끔 항상 두피 표면을 촉촉하고 부드럽게 해주어야하며, 특히 자외선으로부터 과다한 노출을 막고 잦은 열기구 사용을 주의해야 한다. 또한 정상두피를 이상적으로 유지하기 위해서는 반드시 올바른 식생활 습관과 신체 생체기능에 이상을 초래할 수 있는 행위는 될 수 있는 한 자제하는 것이 바람직하다.

(2) 건성두피

두피가 건조하여 피지분비가 원활하지 못해 두피에 각질 및 비듬이 생성된 형태이거나, 샴푸 후 얼마 지나지 않아 두피가 당기고 가려운 형태, 혹은 2~3일 정도 감지 않아도 두피에 기름때가 확인되지 않을 때를 보통 건성두피라고 한다. 또한 건성두피는 건성피부와 마찬가지로 겨울이 되면 건조함이 더욱 심해지고 저항력이 약해져 상처가 나기 쉽고 피부병이 잘 생기며, 약간의 정전기에도 두피가 가려울 정도로 약해지기도 한다.

① **관리과정**

㉠ 상담

㉡ 사전 고객 진단(시진, 문진, 촉진)

㉢ 브러싱 및 마사지

㉣ 1차 헤어 스티머

㉤ 스케일링 제 도포 : • 각질연화제의 지나친 사용은 두피를 예민화시킨다.
• 크림타입을 사용한다.

㉥ 2차 헤어 스티머(5~10분 정도)

㉦ 두피 세정(건성 두피용)

㉧ 타월 드라이 / 두피 건조

㉨ 두피 영양 공급(앰플) – 영양효과

㉩ 적외선 조사

㉪ 마무리

㉫ 홈케어 : • 스트레스 해소를 한다.
• 비타민 A, B 함유된 음식 섭취한다.
• 비타민 A는 두피건조, 과각화 방지한다.
• 비타민 B는 피지발란스 조절한다.
• 잦은 드라이, 화학적 시술 피한다.

② 주의사항

대체로 일상생활에서 건성두피에 특히 나쁜 것은 과다한 드라이어 사용이다. 과다한 드라이어를 사용하게 되면, 건조한 두피의 소량의 수분마저 사라지게 되어 두피의 탈수 현상을 촉진시키게 되고 건성두피 증상을 더욱 악화시키게 된다.

따라서 건성 두피에는 두피가 보유하고 있는 유·수분을 휘발시킬 수 있는 행위는 무조건 삼가야 한다.

(3) 지성두피

민감성두피나 건성두피에 비해 모공 내 피지샘의 과잉활동으로 육안으로 보기에는 번들거리며 기름기가 많거나, 하루만 샴푸하지 않아도 두피에 기름기가 끼거나 심한 악취가 나는 형태, 혹은 샴푸 후 3~4시간 이내에 두피에 기름기가 재확인 될 때를 보통 지성두피라고 한다. 그런데 지성두피는 민감성두피나 건성두피에 비해 반대로 여름이 되면 지성화가 더욱 심해지고, 피지나 유분과다에 따른 먼지와 세균 등으로 두피 트러블이나 탈모 진행속도가 몇 배는 빠르므로 빈번한 샴푸를 요하기도 한다.

① 관리과정

㉠ 상담

㉡ 사전 고객 진단(시진, 문진, 촉진)
㉢ 브러싱 및 마사지
㉣ 1차 헤어 스티머
㉤ 스케일링 제 도포 : 각질연화제 액상타입사용
㉥ 2차 헤어 스티머
㉦ 두피 세정(지성 두피용)
㉧ 타월 드라이 / 냉 드라이 두피 건조
㉨ 두피 영양 공급(앰플) : 피지조절
㉩ 적외선 및 광선요법
㉪ 마무리
㉫ 홈케어 : • 기름기 있는 음식 피한다.
• 당분 섭취를 줄인다.
• 자극적인 음식 피한다.

② 주의사항

지성두피에 특히 나쁜 것은 유지의 과잉섭취이다. 카레, 커피, 초콜렛, 아이스크림과 같은 유분이 많은 음식은 모발의 윤택을 유지시키기는 하나, 피지를 과잉분비시킴으로 인해 두피가 너무 기름지게 되어 모발의 성장 발육을 막는다. 따라서 다른 두피와는 달리 피지과다 분비, 호르몬 불균형, 지방질이 많은 식생활, 스트레스를 각별히 주의해야 한다.

(4) 예민성 두피

외부에서 약간의 물리적 화학적 자극만 주어도 두피의 유형이 지성화 또는 건성화로 급발전 하거나, 육안으로 보기에는 면포와 같은 염증성 현상과 알레르기성 증상인 수포현상을 확인 할 수 있을 때나 혹은 색소침착과 같은 상황인 형태처럼 과민한 반응을 보이는 두피 형태를 보통 민감성두피라고 한다. 또한 민감성 두피는 유전적으로 피부가 얇고, 본인은 잘 모르지만 긁을 경우 쉽게 빨갛게 되거나 피가 나기도하며, 자외선과 같은 환경에 장시간 두피를 노출하였을 경우 물만 닿아도 따갑고, 자극적인 느낌을 갖는다. 이때 지성형 민감성두피는 뾰루지같은 형태가 두피에 많고, 건성형 민감성 두피는 두피가 갈라져 부분적으로 피가 난다.

① 관리과정

㉠ 상담

㉡ 사전 고객 진단(시진, 문진, 촉진)

㉢ 브러싱 및 마사지

㉣ 1차 헤어 스티머

㉤ 스케일링 제 도포 : • 각질연화제 도포 시 두피자극을 최소한 한다.
• 손으로 직접 도포 한다.

㉥ 2차 헤어 스티머

㉦ 두피 세정(민감성 두피용)

㉧ 타월 드라이 / 냉 드라이 두피 건조

㉨ 두피 영양 공급(앰플)

㉩ 적외선

㉪ 마무리

㉫ 홈케어 : 알칼리 샴푸제 자제하고 천연 식물 샴푸제 사용한다.

② 주의사항

민감성 두피는 건성과 지성두피에 비해 면역과 저항력 면에서 매우 불안정한 상태이므로 강한 알칼리 성분이나 산성 성분, 특히 휘발성이 강한 두피케어 제품은 절대 사용해서는 안되고, 주로 두피 강화를 도와 지성이나 건성쪽으로 유도할 수 있는 두피강장, 염증방지제 혹은 세포재생을 주목적으로 하는 두피케어를 집중적으로 사용해야 한다.

(5) 비듬성 두피

과도한 비듬은 두피의 이상을 나타내는 징후이므로 세균 등을 억제하는 특수 관리 등이 필요하다.

① 관리과정

㉠ 상담

㉡ 사전 고객 진단(시진, 문진, 촉진)

㉢ 브러싱 및 마사지

㉣ 1차 헤어 스티머

㉤ 스케일링 제 도포

㉥ 2차 헤어 스티머

㉦ 두피 세정(비듬용 두피용)

㉧ 타월 드라이 / 냉 드라이 두피 건조

ⓩ 두피 영양 공급(앰플)
ⓧ 적외선
ⓚ 마무리
ⓣ 홈케어 : • 두피 청결에 힘쓴다.
• 영양분을 충분히 섭취한다.
• 탈지력이 있는 제품 사용을 자제한다.
• 화학제품에 두피가 닿지 않도록 한다.

② 주의사항

㉠ 일시적으로 빠른 관리 효과를 보기 위한 약용 샴푸의 잦은 사용은 두피의 예민화를 초래 한다.
㉡ 약용 샴푸의 잦은 사용은 균의 내성을 강화 시킨다.

(6) 탈모 진행형 두피

탈모가 진행되고 있은 두피이다.

① 관리과정

㉠ 상담
㉡ 사전 고객 진단(시진, 문진, 촉진)
㉢ 브러싱 및 마사지
㉣ 1차 헤어 스티머
㉤ 스케일링 제 도포
㉥ 2차 헤어 스티머
㉦ 두피 세정(탈모 두피용)
㉧ 타월 드라이 / 냉 드라이 두피 건조
㉨ 두피 영양 공급(앰플)
㉩ 적외선
㉪ 마무리
㉫ 홈케어 : • 물을 많이 마신다.
• 채소, 과일 등 자연식을 먹는다.
• 스트레스를 최대한 줄이고, 적당량의 운동과 충분한 수면을 취한다.
• 영양분을 골고루 섭취한다.

② **관리 시 주의사항**

㉠ 지나친 관리효과를 고객에게 전달하는 것은 금한다.
㉡ 두피 세정 후 영양 도포한다.
㉢ 관리 시 스트레스 해소 및 라이프 스타일에 대한 조언에도 힘쓴다.

2) 두피 상태에 따른 트리트먼트 종류

① **플레인 스캘프 트리트먼트** : 건강한 두피에 시술하는 것이다.
② **오일리 스캘프 트리트먼트** : 지성두피와 같이 피지가 많은 두피에 시술한다.
③ **드라이 스캘프 트리트먼트** : 건성과 같이 피지가 부족하여 두피가 건조할 때 시술한다.
④ **댄드러프 스캘프 트리트먼트** : 비듬성두피, 비듬이 많은 두피에 시술한다.

3) 두피관리 과정

두피마사지 방법은 브러싱 → 스켈링 → 샴푸 → 마시지 → 영양도포 → 샴푸 → 헤어토닉 도포 → 마무리(스타일링)이다.

(1) 빗질하기

① **올바른 빗질방법**

- 한번에 50번 정도씩 하루 2, 3회 빗질한다.
- 머리를 감기 전엔 반드시 빗질을 해준다. 두피에 있는 각질이나 먼지, 머리카락의 정전기 등을 충분한 빗질을 통해 제거한 뒤 머리를 감으면 깨끗하게 씻어지게 된다.
- 처음에는 살살 30회 정도 빗다가 점점 강도를 더해서 머리카락 보다는 두피를 자극하는 느낌으로 60~70회 빗질한다. 브러시 형태의 빗은 머리를 엉키게 만들 수 있어 좋지 않다. 젖은 머리에 빗질은 피한다. 수분을 머금은 머리카락은 힘이 약해지기 때문에 여기에 빗질을 하게 되면 치명적인 손상을 줄 수 있다. 빗질은 정수리 부분이 아닌 양 귀 옆에서 시작해 정수리를 향해 위로 올려 빗는다. 즉, 양귀 옆과 목 부분에서 각각 10번씩 머리를 올려 빗은 뒤 손으로 모양을 다듬는 것이 좋다. 머리를 양 귀 부분에서 정수리를 향해 올려 빗는 이유는 민감한 효소들이 몰려있는 정수리 부분에서 시작하게 되면 피지선을 과도하게 자극하게 되어 불필요한 피

지 분비를 초래할 수 있다. 플라스틱 빗은 건조한 모발에 정전기를 일으킬 수 있으므로 천연소재(나무나 뿔 등)로 만든 빗을 사용한다. 빗으로 두피를 두드리는 것은 금물이다. 피지선이 파괴되어 비듬과 탈모가 오히려 심해질 수 있다.

② 빗질 횟수 및 방법

- 홈케어 시 정기적으로 하루 2, 3회 특히 머리감기 전에 빗질한다.

  이밖에도 머리가 멍하며 집중이 잘 안되거나 두피가 간지러울 때, 약한 두통 등이 느껴질 때 수시로 빗질한다.

- 두피관리 시에는 스케링 전에도 빗질을 한다.

  방법은 백회방향으로 두피를 조금씩 자극하면서 한 방향으로 돌면서 빗질해준다.

(2) 스켈링

① 스켈링 정의

스켈링은 두피의 각질 기타 오염물을 깨끗하게 제거하는 시술이다.

두피관리에 있어 기본이 되는 관리로 모공 주변 존재하는 피지 산화물, 노화각질 및 두피에 존재하는 이물질, 먼지, 땀, 노폐물을 제거 하는 것을 말한다.

㉠ 모든 두피에 따라 스켈링 방법의 차이가 있다.

㉡ 잦은 두피 스켈링이나 강한 스켈링은 두피의 예민화를 초래할 수 있으니 주의한다.

㉢ 연화제 도포 후 꼭 세정을 한 후 샴푸하는 것이 효과적이다.

㉣ 기기적인 것은 적외선, 저주파, 고주파기, 음이온 스티머 등 두피에 따라 적절히 사용하고 있다.

② 스켈링 목적

㉠ 모공주위를 깨끗하게 하여 피지, 각질 등을 제거하여 두피 환경을 청결하게 한다.

㉡ 모공, 두피의 표피를 깨끗하게 하여 제품의 투과력을 높이는데 기여한다.

③ 스켈링 방법

㉠ 두피스켈링 도포 : 두상전체를 정중선, 측중선을 나뉘고 전두부, 두정부부터 섹션을 1~2cm 간격으로 나뉘어서 스켈링제를 도포한다. 전두부가 끝나면 후두부에 도포한다. 각질연화제도 도포시에도 두피 톤에 따라 달라야 한다.

(연화제를 나름대로 두피에 맞게 만들어 사용하기도 한다. 때로는 액체타입의 스켈링제로 두피전용 면봉을 사용한다.)

㉡ 스티머 사용 : 각질연화를 위해 스티머를 사용한다.

* 헤어스티머 조사 시에도 두피에 따라 타임이 다르다.

- 예민성 두피 : 약 40도, 타임은 7~8분 정도(두피에 따라 다를 수 있음)
- 비듬성 두피 : 약 45도, 타임은 15분 정도(두피에 따라 다를 수 있음)
- 기타 두피 : 약 45도, 타임 10분 정도(두피에 따라 다를 수 있음)

㉢ 스켈프펀치 등의 기기가 있으면 기기를 이용해 각질을 제거한다.

㉣ 두피, 모발을 깨끗하게 샴푸한다.

④ 두피타입에 따른 스케일링

㉠ 지성두피 : 과다한 피지제거, 모공을 깨끗하게 세척하는 성분의 제품이다.

㉡ 예민성두피 : 민감한 두피를 진정시키고 혈액순환을 도와주는 성분의 제품이다.

㉢ 비듬두피 : 비듬과 각질, 노폐물을 제거해주고 비듬균을 제거하고 피지 조절을 할 수 있다.

(3) 샴푸

샴푸는 두피·모발의 먼지, 때, 두발화장품, 땀, 피지 등으로 항상 불결해지기 쉬운 두피와 모발을 세척하는 것이다. 이 단계에서는 도포한 스켈링을 깨끗하게 씻어내기 위해 샴푸를 한다. 샴푸 시 마시지 등으로 두피의 혈액순환을 원활하게 하며 건강한 모발을 유지하기 위해 샴푸를 실시한다.

(4) 마사지

마사지 어원은 ‘masso’라는 그리스어에서 유래되어 오늘날 ‘massage’라는 말로 명칭 되었으며, 인체조직의 기능회복을 위해 신체를 마찰하거나 두드리거나 주무르는 행위를 의미한다.

(5) 영양도포

영양도포는 두피 모발에 좋은 영양을 주는 시술로 두피전체에 꼼꼼하게 도포해야 한다. 회사별로 영양도포를 한 후 세척을 해야 하는 제품이 있고, 세척을 하지 않아도 되는 제품이 있다. (사용설명서를 참조해야 한다.)

① **도포방법**

도포 방법은 스켈링 도포 방법과 동일하게 두피 전체를 크게 4등분한 후에 각 파팅별로 섹션을 좁게(1~2cm 정도)나뉘어서 면봉이나, 손가락 지문부분으로 가볍게 도포하며, 두피타입별로 영양제품을 선택하여 도포한다. 이때 예민성, 지루성 두피는 특히 도포 시 주의해 도포한다.

② **도포순서**

㉠ 두상을 4등분 나뉜다.

㉡ 한 부분을 섹션을 정중선을 기준으로 평행하게 1~2cm정도로 나뉘어서 도포한다(제품별로 면봉을 이용할 수도 있고, 손가락으로 도포 할 수도 있다.).

㉢ 전체적으로 도포를 끝낸 후에 15~20분 정도 시간을 둔다.

㉣ 이때 기기(적외선기, 미스트기 등)가 있으면 사용한다.

㉤ 시간이 지난 후에 프레인 샴푸를 한다.

㉥ 영양도포 시 모발용 트리트먼트를 모발에 도포해도 좋다.

(6) 토닉도포

두피토닉은 두피의 영양분을 공급하여 탈모방지나 가는 모발을 튼튼히 하는 제품이다. 토닉은 도포 후 샴푸를 거의 하지 않는다.

헤어토닉은 모발을 위한 제품이고 두피토닉은 두피관리를 위한 두피용 토닉이다.

두피 스켈링하고 샴푸하고 두피앰플(영양) 쓰고 두피토닉을 사용하는데, 매일 매일 두피를 관리 하고자 한다면 샴푸－두피토닉 만으로 관리해도 많은 도움이 된다. 각각의 용도를 설명해 보면

두피토닉 : 두피용 영양제, 양모효과
두피영양(앰플) : 두피 + 모발용 영양제, 두피보습용

특히 머리가 가늘고 쉽게 빠지는 탈모 성 두피에는 두피 앰플과 함께 양모 효과가 있는 두피용 토닉을 도포하는 것이 좋다. 토닉은 머리가 잘 빠지고 가늘고 힘이 없는 경우에는 아침, 저녁으로 수시로 사용해주면 효과가 더욱 좋다.

① **도포 방법**

모발토닉은 모발의 손상이 심한 부분을 위주로 도포하여 흡착이 잘 되도록 마사지를 한다. 두피토닉은 영양도포와 동일하게 시술한다.

(7) 스타일링

토닉 도포가 끝난 후에는 드라이기로 모발을 말리고, 헤어스타일을 정리를 해준다.

(8) 홈케어

처방에 의한 관리가 다 끝난 후에는 홈케어를 어떻게 해야 하는지에 대해 고객에게 잘 설명을 해야 한다. 두피관리실에서의 관리만으로는 효과를 보기 어렵기 때문에 고객의 라이프스타일에 대한 관리를 어떻게 해야 하는지에 대해 알려 준다.

3. 두피매니플레이션

1) 두피매니플레이션 정의 및 목적

(1) 두피마시지 정의

두피 조직의 정상적인 활동의 유지와 건강 증진 및 병의 예방 수단으로 행해지는 것을 가리키며 두피 마사지는 순환과 샘의 활동을 촉진시키고, 근육을 운동시키고 신경들을 진정시키거나 자극시켜 두피 건강과 탈모 예방, 발모 촉진효과를 주는 것을 말한다.

(2) 두피마사지 목적

마사지의 원리는 특정 부위를 자극하여 에너지의 흐름을 원활하게 해주는 것이다. 이 에너지의 흐름으로 여러 가지 효과를 볼 수 있는데 그것이 인체 조직의 기능과 밀접함을 이룬다.

① 신경, 근육계에 미치는 마사지효과

㉠ 흥분 작용 효과
㉡ 혈액 순환 효과
㉢ 진정 작용 효과
㉣ 유도 작용 효과
㉤ 반사 작용 효과
㉥ 교정 작용 효과
㉦ 전신조절 작용 효과

② 감각계에 미치는 효과

마사지는 직접적으로 피부표면을 자극하기 때문에 피부에 미치는 영향이 가장 빨리 나타나며 피부의 온도를 2~3℃ 정도 증가시킬 수 있다. 피부의 한·냉자극 및 피부전체 맥관의 모세관망 뿐만 아니라 근육 속의 대맥관을 수축시키고 혈액 공급의 불충분으로 인해 근육의 수의적, 반사적 운동에 의한 반응이 빠르지 못하므로 부상을 당하기 쉬우며, 이 때 마사지의 체온 상승효과는 건강관리 및 신체 조성에 지대한 영향을 미친다. 체온 상승은 직접적인 기계적 작용과 간접적인 혈관 운동의 작용으로 오한, 오금으로부터 야기되는 외상성 상해를 체온 상승효과로 만성 질환을 예방할 수 있다.

③ 골격계에 미치는 효과

인체의 기본적인 고형 구조를 이루고 있는 골격(skeleton) 은 뼈(bone), 연골(joint) 이라는 형태로 연결된다. 골격의 기능은 뼈에 따라 차이가 있는데 일반적으로 신체의 연한 부분을 지탱하는 기둥의 역할(지주역할), 골격으로 단단한 벽을 이루고 신체 내부 장기를 보호하는 역할(보호작용), 골수에서 혈구를 생산하고(조혈작용), 무기질의 저장(저장작용), 근육의 부착점이 되어 수동적 운동 기관으로서 역할을 수행한다. 이와 같이 골격은 인체에 있어서 중추적 역할을 수행하는데 마사지는 골격 기능의 원활한 활동 조건을 유지해주고 관절 상해 예방과 관절포, 인대, 힘줄 등의 경화를 늦추는데 큰 효과가 있다.

④ 내장계에 미치는 마사지효과

내장이란 체강 내에 모든 기관을 말하는데 마사지와 가장 직접적인 관계를 갖는 기관은 복부의 내장이다. 신체 표면의 자극이 내장 장기기능에 영향을 미치는 현상을 체표내장 반사라 하고, 반대로 내부 장기의 상태가 신체 표면에 나타나는 것을 내장체표 반사라 하는데, 복부 마사지는 체표 내장반사 현상을 이용한 것으로서 내장계에 미치는 복부 마사지의 효과는 혈액 순환을 좋게 함으로서 소화기능 촉진, 복강 장기 기능 조절, 복부 강화 촉진과 더불어 대장의 연동 운동을 도와 용변을 순조롭게 해 준다. 신경질적인 사람은 극심한 피로로 인해 위경련과 비슷한 발작성 통증을 종종 일으키는 경우가 있다. 이러한 경우에는 배를 땅에 대고 엎드리게 한 다음 엄지로 등을 강하게 누르면 좋은 효과가 있다.

⑤ 순환계에 미치는 마사지 효과

마사지가 심장맥관계, 림파계에 미치는 영향은 여러 기관에 걸쳐 나가는 정맥혈맥과 임파액의 순환이 빨라진다. 특히, 관절대, 복강대 등에서 정체 되지 않고 삼출이 촉진된다. 마사지는 반응능력이 있는 순환기능과 말초로 퍼지는 혈액의 분할 및 반응 능력을 갖고 있는 말초혈관에 적용된다면 혈액 분배의 일반적 전환을 나타낼 수 있다. 혈액은 산소를 운반하여 조직에 필요한 연료를 공급해 주며, 연소 시 생기는 이산화탄소를 조직에서 제거하고 피로 촉진물질로 작용하는 신진대사의 이식에서 생기는 생성물을 조직에서 제거해준다. 마사지의 영향으로 혈관 축소와 확충이 반복되어 결과적으로 정맥에서의 혈액유통은 변하게 되고 전신혈액 순환의 저항이 감소된다. 이는 인체활동으로 인해 신체가 누적되었거나 피로해진 다음에 마사지할 때 그 효과를 발휘하게 된다.

2) 두피매니플레이션 실제

쓰다듬기 동작은 경찰법과 쓰다듬기 이다. 두피 마사지는 시작과 끝마침을 경찰법으로 해야 한다. 경찰법은 혈액과 림프의 순환을 증가시키는 반면 쓰다듬기는 피부의 신경 말단을 자극한다. 압을 주는 동작은 주무르기, 유연법, 마찰법이 있다. 이 동작은 근육을 자극하고, 순환을 증가시키며 근육 톤을 좋게 한다. 두드리기라고도 불리는 치기 동작은 적용하기가 가장 어렵다. 이 동작은 깊이 자리한 조직들을 자극한다. 흔들기 동작은 진동법과 흔들기가 있으며 손이나 전기 바이브레이터로 적용한다. 사용되는 방법에 따라 신경은 진정되거나 자극될 수 있다. 마사지는 특발성(원인을 모르는) 두피 자극의 케이스에 적용하거나 순수하게 환자를 이완시켜주기 위해 적용한다.

(1) 두피 마사지의 기본 동작

① 쓰다듬기 동작

㉠ **강찰법** : 손가락들을 함께 모아 머리 모양대로 올려놓는다. 강한 압으로 이마에서부터 후두부까지 두피를 쓰다듬는다. 쓰다듬기 동작은 혈관과 림프관에 물리적인 압력을 가하고 혈액이 심장으로 되돌아가는 작용을 향상시켜주므로, 모든 강한 동작은 심장 쪽으로 향해야 하고 되돌아오는 동작은 매우 약해야 한다. 이 동작은 항상 목 하단과 귀 뒤 아래쪽에 있는 림프선에서 끝나야 한다.

㉡ **경찰법** : 이마에서부터 후두부까지 두피에서 머릿결을 따라 가벼운 압으로 천천히 손가락들을 끌어당긴다.

② 압 주기 동작

㉠ **주무르기** : 헤어 라인에서 시작하여 후두부 하단 쪽으로, 엄지와 손끝으로 피부를 집어 올림으로써 부분, 부분 두피가 실제로 들어 올려지게 한다. 주무르기에는 쥐어짜기, 고정시킨 주무르기, 원을 그리는 주무르기, 손을 납작하게 하는 주무르기 등과 같이 다양한 종류가 있다.

㉡ **유연법** : 손가락들을 모아 귀 바로 위의 두피 양 사이드에 손을 올려놓는다. 손가

락들은 전두부, 측두부 부위에 가볍게 올려놓는다. 두피 위에서 움직이지 않고 손을 위로 들어 올린다. 두피는 들어 올려지고 피부는 주름진다. 이 동작은 천천히 실시한다. 정상적인 호흡 리듬대로 두피를 들어 올린 뒤 원래의 위치대로 이완시킨다.

ⓒ 마찰법 : 엄지와 다른 손가락 손끝으로 피부를 원을 그리는 동작으로 움직인다. 동작은 작고 깊어야 하며 강한 압으로 실시해야 한다. 피부 표면만 문지르는 것은 피한다.

③ 두드리기 동작(고타법)

동작에는 해킹(hacking = 손바닥새끼손가락 측면 사용), 컵핑(cupping = 손바닥을 컵 모양으로 구부림), 비팅(beating = 주먹으로 두드림), 슬래핑(strapping = 손바닥을 사용), 탭핑(tapping = 지두로 두드림)이 있다.

이 동작들은 빠르고 짧으며 절도가 있다. 이런 종류의 동작들은 적절한 세기를 조절하기가 어렵기 때문에 이런 형태의 마사지에 있어서 숙련이 되어 있어야 한다. 치기 동작들은 장기, 혈관, 신경과 같은 깊숙이 있는 구조들을 자극한다. 두피 신경들의 자극은 가볍게 톡톡 치기로만 가능하다

④ 흔들기 동작

㉠ 진동법 : 피부에 손가락들을 단단히 고정시키고 조직을 아주 미세하게 떨거나 흔들어 준다. 이 동작들은 고정하여 실시하거나, 연속적으로 실시하거나 압을 주는 진동을 실시할 수 있다.

㉡ 흔들기 : 이 동작은 거친 진동이며 완전히 이완된 손가락이나 손으로 실시한다. 흔들기 동작은 바이브레이터와 같은 전기적으로 작동되는 기계로 실시할 수 있다.

(2) 두피마사지 실제

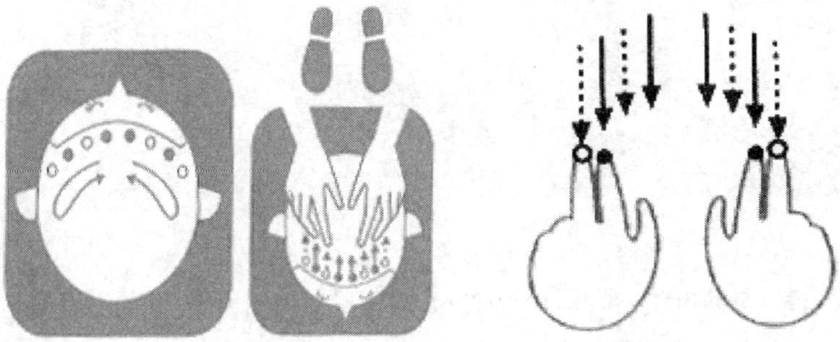

① 검지와 중지를 번갈아 움직여 주면서 전두부(프론트탑)에서 사이드방향으로 왕복으로 천천히 시술한다.

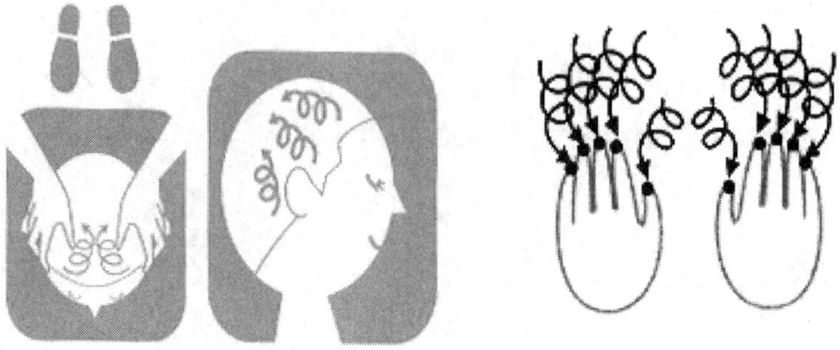

② 다섯 손가락을 사용하여 크게 원을 그리듯이 미끄러지게 백회방향으로 향한다. 이때 엄지는 원을 그릴 때 지지대 역할을 한다.

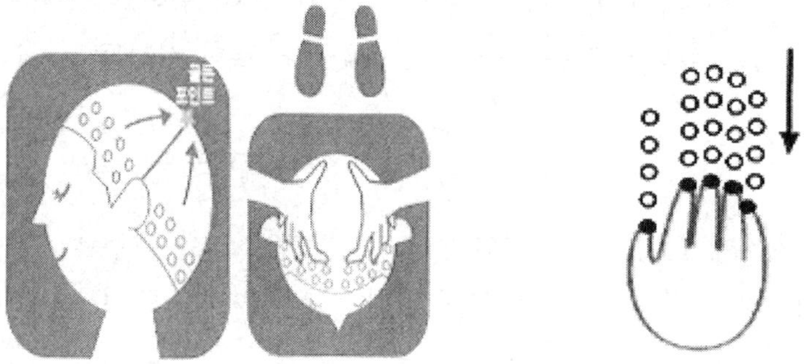

③ 다섯 손가락 모두 같은 힘으로 지압한다. 페이스라인, 귀 뒤, 네이프에서 골든 포인트를 향하여 양손으로 천천히 지압 한다.

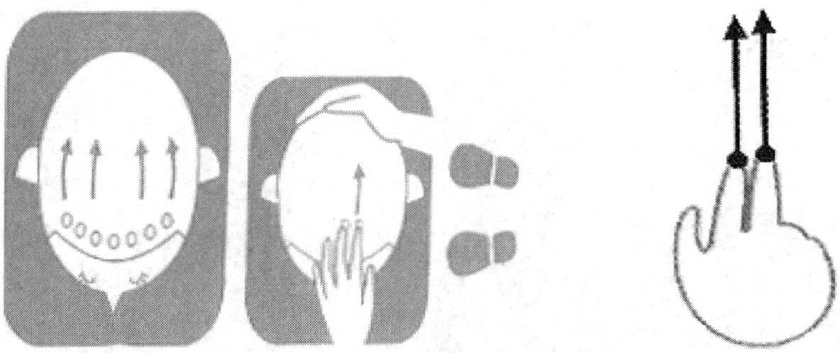

④ 검지와 중지를 사용하여 페이스라인에서 이어 투 이어라인까지 강찰법으로 천천히 시술한다. 오른손은 후두부를 받쳐 준다.

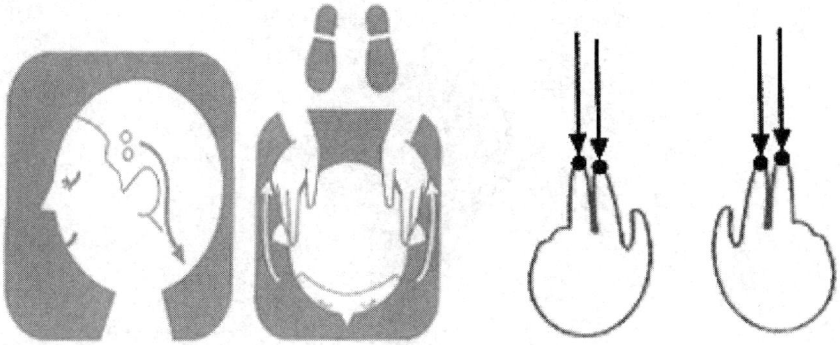

⑤ 양손의 검지와 중지를 사용하여 관자놀이에서 네이프 라인까지 천천히 미끄러지듯이 마사지 한다.

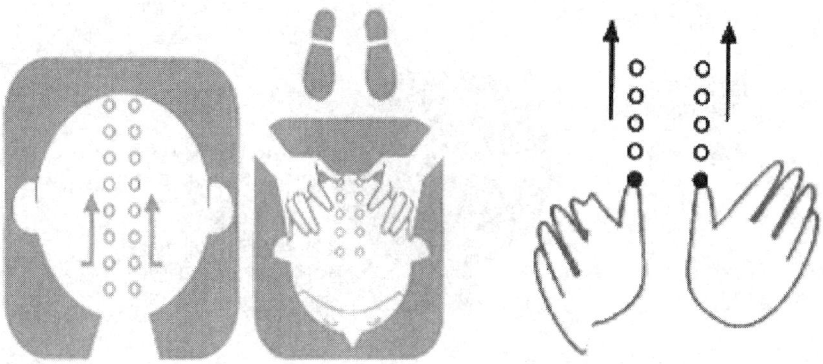

⑥ 네이프라인에서 페이스라인까지 엄지를 이용하여 지압한다. 나머지 손가락은 받쳐 준다.

두피 지압점

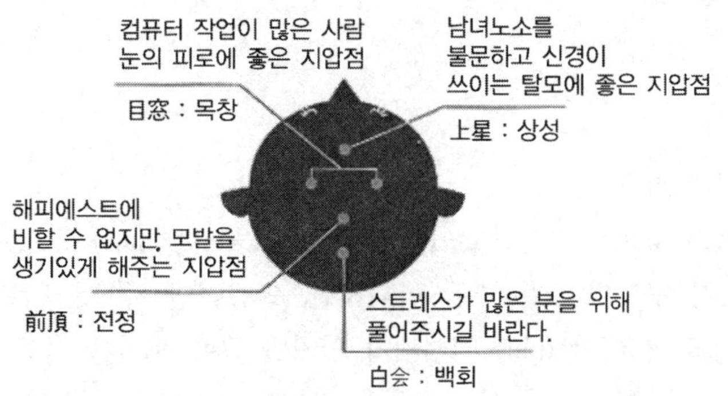

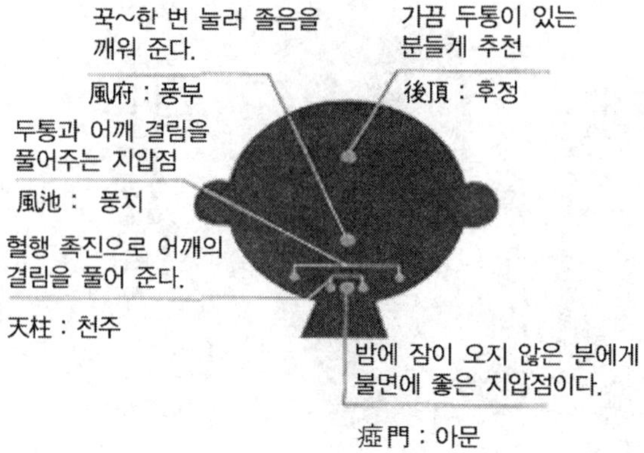

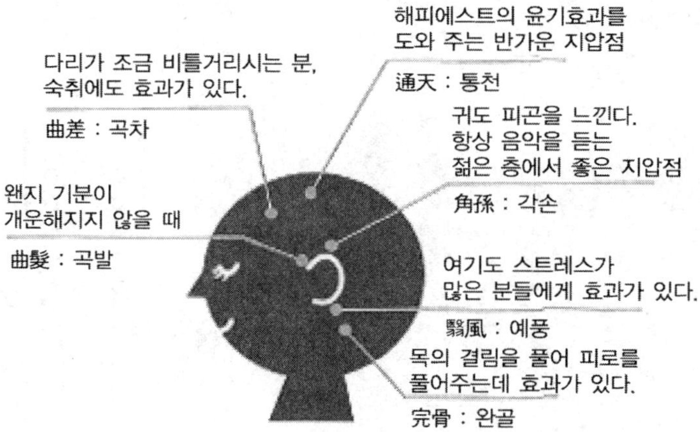

4. 모발관리

1) 모발의 종류와 관리

(1) 모발의 종류

① 모발의 형태학적 종류

모발은 직모(straight hair), 파상모(curly hair), 축모(kinky hair)의 3종류로 분류할 수 있다. 이들 간에 명확한 구분이 있는 것은 아니지만, 인종적인 차이는 상당히 인정되고 있다. 동양인의 모발은 검고 곧은(straight) 이미지가 있지만 곧은 모발을 가진 사람은 5% 정도로서 직모 중에 파상모가 혼합되어 있는 반곱슬 머리카락과 전체가 곱슬인 머리카락인 사람도 상당히 있다. 두모(hair)가 직모라도 음모, 액모는 파상모 내지는 축모가 있듯이 모발의 발생부위에 따라서도 형상의 차이는 있다.

이러한 모발의 형태가 다른 것은 모낭에서의 모모 세포의 분열 속도의 차이에 의해 결정이 된다고 한다.

모발의 횡단면의 최소직경은 최대직경으로 나누어 100배나 되는 수치를 모경지수라고 하고 이 지수가 100이면 완전히 원형이며 작으면 타원형에서 편평하게 된다.

동양인의 경우 75~85로서 원형에 가깝고, 흑인은 50~60으로 평평하게 되어 있다. 결국 모경지수가 100에 가까우면 직모가 되고 적으면 축모 되는 비율이 크게 된다.

모경지주 = 모발의 최소직경 / 모발의 최대직경 × 100

㉠ 직모 : 모발의 단면이 원형에 가깝다. 모모세포 및 모낭세포가 케라틴 단백질 생성과정에서 세포분열의 속도가 동일한 속도로 진행되어 나타난다. 황인종에게 나타난다.

㉡ 파상모 : 유전적 체질에 의해 나타나는 것으로 알려져 있으며, 모발의 단면이 타원형을 띠는 것이 특징이다. 백인에게 나타난다.

㉢ 축모 : 흔히 곱슬모 라 부르는 모발의 형태로 단면이 파상모에 비해 웨이브가 심하며, 특히 흑인종에게서 많이 볼 수 있다.

② 모발의 굵기에 따른 분류

㉠ 취모(배냇머리) : 태아에 존재하는 섬세하고 부드러운 모발 출생 무렵 탈락되고 연모로 대치된다.

㉡ 연모(솜털, vellus hair) : 피부의 대부분을 덮고 있는 섬세한 털이다.

㉢ 중간모(intermediate hair) : 연모와 성모의 중간 굵기의 모발이다.

㉣ 경모(종모, terminal hair) : 길고 굵은 털로 머리카락, 눈썹 겨드랑이 털이다.

③ 손상정도에 따른 분류

㉠ 건강모 : 건강모는 현 상태를 유지하는 것이 우선이다. 지나친 화학적 시술을 피하고, 드라이시 열에 의한 손상도 주의한다.

㉡ 손상모 : 손상모는 물리적, 화학적 원인에 의해 모발의 큐티클, 콜텍스가 손상된 모발을 말한다.

ⓐ 모발손상의 원인

- 마찰에 의한 손상 : 브러싱, 삼푸, 타올 드라이 시 외부의 자극이 과하게 되면 모발 사이에 마찰이 생겨서 모표피층이 손상을 입게 된다.

- 영양소 결핍에 의한 손상 : 편식 또는 다이어트로 인한 영양분이 결핍되면 자연적으로 모발의 성장과 기능이 약화되어 여러 가지 손상이 일어난다.
- 잘못된 커트로 인한 손상 : 가위날이 불량하여 머리카락이 뜯기는 경우가 발생하여 모발이 상하거나, 레저를 잘못 사용하는 경우 표피층 표면을 너무 벗겨내 모발이 상하게 되기도 한다.
- 자외선에 의한 모발손상 : 장시간 자외선에 노출될 경우 단백질 변성을 일으키게 된다.
- 열에 의한 손상
- 블로우 드라이나 전기 아이롱 사용에 의함이다.
- 모발이 약 120℃ 이상의 열이 가해졌을 때는 케라틴 단백질이 변성을 일으켜 모발의 기능이 약해진다.
- 모발의 수분을 증발시켜 모발이 건조하게 되어 모발손상이 더 쉽게 일어난다.

ⓑ 펌 약제에 의한 손상
- 펌의 과도한 시술시간
- 로드를 와인딩 시술 또는 스트레이트 아이롱을 할 때 너무 강하게 힘을 주게 되면 모발이 늘어나 시스틴 결합이 끊어져 모발이 손상된다.
- 로드 제거 후 샴푸 시 펌 로션의 잔여물이 조금이라도 남게 되면 단백질, 멜라닌 색소가 변성을 일으켜 머리카락이 까칠해지거나 모발의 색이 변색 된다.
- 염색, 탈색에 의한 모발손상
  - 과산화수소의 농도가 너무 강할 경우 알칼리성에 의한 모발의 결합력이 약화 되며 멜라닌 색소가 파괴된다.
  - 모발손상의 가장 큰 요인이 탈색이며, 알칼리제에 의한 모발시술은 머리카락 표피층에 많은 손상을 주게 된다. 이는 산화에 의해 모발의 횡결합이 끊어지고 특히 머리카락의 원래 색을 빼낼 때 심하게 일어난다.

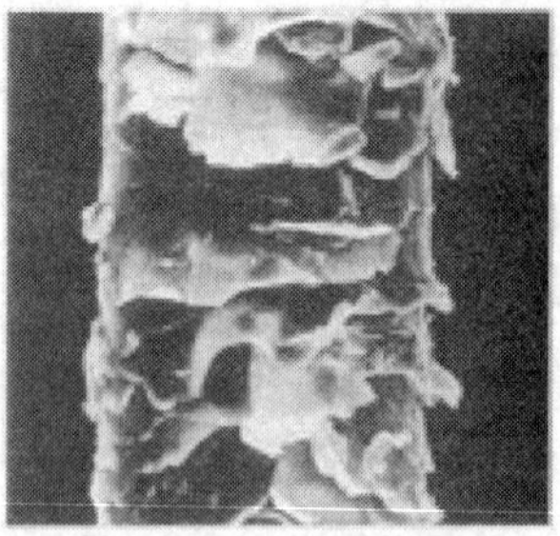

염색에 의한 모발 손상

ⓒ 기타 환경적인 요소에 의한 손상 : 헤어스프레이사용 후 불결한 상태, 매연과 먼지, 바닷물의 오염물질 등이다.

2) 모발에 따른 관리 및 방법

(1) 윤기 없고 갈라지는 머리

머리에 윤기가 없어지는 것은 큐티클층이 손상되거나 벗겨진 상태로 특히 펌이나 염색, 탈색 등이 원인이다. 모발의 큐티클층이 손상되고 단백질 구조를 뚫고 들어가는 것이기 때문에 모발의 구멍이 많이 생긴 부분들이 약해져 머리카락이 갈라지거나 끊어지게 된다.

헤어케어 법

① 끝이 갈라지는 손상된 머리카락은 표면이 다공성이므로 단백질을 주성분으로 하는 손상 모발용 영양 샴푸로 미지근한 물에 머리를 감아야 한다.
② 심하게 갈라진 모발의 경우는 잘라내는 것이 최선, 심하게 손상된 모발의 경우 여러 번의 트리트먼트로도 회복될 수 없으므로 과감하게 잘라내는 것이 좋다.
③ 머리카락에 윤기가 없고 푸석거리는 것은 유분과 수분이 부족하기 때문. 머리카락에 부족한 수분과 영양을 공급해 주기 위한 가장 손쉬운 방법은 트리트먼트 제품이나 큐티클커버 제품을 발라주는 것이다.
④ 끝이 갈라지고 뚝뚝 끊어지는 머리를 빗으로 자주 빗는 것은 좋지 않다. 빗질을 해야 하는 경우라면, 브러시 끝이 둥근 것이 좋다.

(2) 기름기 많은 머리

모발이 지성인 사람은 다른 사람들보다 더 자주 머리를 감아 주어야 한다. 두피에서 많은 양의 유분이 배출되기 때문에 하루만 안 감아도 머리에 기름기가 끼는 현상이 생기기 때문이다.

헤어케어 법

㉠ 지성 모발을 가진 사람은 매일매일 머리를 감는 것이 좋고, 유분이 많은 스타일링제를 두피 가까이에 바르지 않도록 한다.
㉡ 따뜻한 물에 샴푸하는 것이 좋다. 따뜻한 물은 두피의 모공을 열어 주어 피지를 깨끗

하게 씻어내는 역할을 한다. 막 샴푸하고 난 후, 머리카락이 뽀드득거리는 느낌이 나는 것도 이 때문이다.

㉢ 린스 대신 식초나 레몬즙을 사용해서 머리를 감는 방법도 좋다. 샴푸 후에 머리를 헹구는 과정에서 식초를 2~3방울 정도 떨어뜨리면 된다. 이 방법은 머리카락을 부드럽게 만들어 주며 유분을 제거해 주는 이중 효과가 있다. 식초 냄새가 싫은 사람은 식초 대신 레몬즙을 넣어서 머리를 헹구면 좋다.

(3) 심한 손상모

모발이 심하게 손상되었을 때는 머리카락의 큐티클 층이 파괴된 경우이므로 갈라진 부분에서 2~3cm 윗부분을 잘라주는 것이 좋다. 자른 부분에는 모발 타입에 맞는 영양제를 발라주고 평소에 브러싱을 너무 자주 하지 않는 것이 좋다.

(4) 두피가 건조하고 비듬이 많아진다.

비듬은 각질이 벗겨져 떨어지는 현상이다. 건성 비듬은 두피가 건조해서 생기며, 지성비듬은 피지가 너무 많이 분비되는 것이 그 원인이다. 날씨가 쌀쌀하고 건조해지는 겨울철에는 건성 비듬이 많아진다. 유분이 많이 함유되어 있는 오일이나 영양제로 두피 마사지를 자주해준다.

(5) 뻣뻣하고 거칠어진다.

뻣뻣하고 거친 모발은 건조한 바람에 많이 노출되면 그 증상이 더욱 깊어진다. 이런 트러블은 일단 겸용샴푸 사용은 피하고 일주일에 두 번씩 영양제를 바르고 스팀 타월을 이용해 수분과 영양 공급을 충분히 해준다.

09 _ 매뉴얼 테크닉

1. 매뉴얼테크닉 기초지식

1) 기초 및 목적

(1) 매뉴얼 테크닉이란?

마사지는 원시시대부터 통증을 경감시키기 위해 사용되었고, 고대 그리스나 로마시대의 의사들도 질병의 치료와 고통을 완화시키는 방법으로 마사지를 사용하였다. 그리스의 히포크라테스에 의하여 의학적인 효능이 입증된 것으로 추측된다. 중세시대에는 마사지의 발전이 거의 없었으나, 16세기 들어와서 프랑스의 의사 암브로이세 파레(Ambroise pave)를 통하여 다시 등장했다. 1813년 페리헤릭 링(Per Henrik ring)에 의해 스웨덴의 마사지 동작이 체계화 되었다. 오늘날 서양과 동양을 막론하고 마사지 기술이 끊임없이 발전하고 있다. 과거의 단순히 건강하고 아름다운 피부를 유지하도록 하는 것에 목적을 두었으나, 최근에는 다양해지는 욕구, 사회의 변화, 환경의 변화로 인하여 자연의학, 대체요법(Altemative therapy), 또는 보완의학(complementary medicine)과 접목되어 '아름다움을 위한 건강으로서 접근이라는 개념으로, 인체의 균형을 회복하기 위해 여러 가지 테라피적인 관리기법들이 피부미용에 응용되어지고 있다.

① 손을 이용하여 피부에 자극을 주면서 혈액순환과 신진대사를 활발히 하고 피부의 기능을 증진시키는 것이다.

② 관리와 운동 수행력 향상을 목적으로 행하는 압주기, 주무르기 등의 수기요법을 통칭한다.
③ 피부와 연령에 따라 동작의 횟수, 강약, 적용시간을 다르게 시행한다.

(2) 매뉴얼 테크닉 목적

마사지의 효과는 꾸준한 관리로 규칙적이고 체계적으로 끈기 있게 할수록 큰 효과를 기대 할 수 있다.

① 마찰에 의해 피부의 온도가 적당히 상승하면 피부의 호흡작용이 왕성해지고, 적용된 화장품의 유효물질의 경피 흡수력이 높아진다.
② 피부의 세정작용(피지, 각질, 노폐물 제거 등)을 도와 피부를 청결하게 한다.
③ 혈액과 림프액의 원활한 순환으로 피부 내 산소와 영양공급을 도와 신진대사를 촉진시킨다.
④ 근육을 이완시키고 강화시켜주며, 모세혈관 벽을 튼튼하고 혈액 및 림프순환을 원활하게 한다.
⑤ 결합조직의 긴장도가 높아지고, 탄력성 또한 커져 노화가 지연, 억제된다.
⑥ 심리적 안정감을 부여하여 피로를 회복시킨다.

2) 방법

마사지(매뉴얼테크닉)의 기본 동작은 다음과 같다.

(1) 경찰법(stroking : 쓰다듬기)

손가락의 바닥 면을 이용하여 피부를 가볍게 문지르는 방법으로 마사지 시작과 마무리 시 얼굴과 전신에 사용된다. 피부온도를 높이고 피부상층의 표피세포에 직접 작용하는 것으로 한선이나 피지선의 기능을 개선하는 효과가 있다.

(2) 강찰법(friction : 문지르기)

양손가락 끝과, 손바닥, 주먹 등을 이용하여 강하게 문지르는 방법이다. 모세혈관의 충혈을 높이고 물질대사를 촉진시켜 노폐물 제거에 효과적이다.

(3) 유연법(kneading : 주무르기)

피부와 근육을 가볍게 주물러서(폴링, 롤링, 처킹, 린징)부드럽게 해주는 방법이다. 노폐물의 배설을 돕고 정맥과 림프선의 작용을 높여서 피부를 건강하게 하는데 효과적이다.

(4) 진동법(Vibration : 떨기)

손가락이나 손바닥 전체를 이용해서 피부나 심부조직에 진동이 전해지도록 떠는 방법으로 근육을 이완시키고, 지각신경에 쾌감을 주는 동시에 혈액의 흐름을 촉진시키고 근 경직을 풀어준다.

(5) 고타법(percussion : 두드리기)

피부의 근육을 손가락 끝, 손바닥, 손등, 손날, 주먹 등을 번갈아 사용하여 상대의 피부나 몸을 리드미컬하고 가볍게 두드리는 방법이다. 고타법의 종류로는 태핑(손가락의 바닥 또는 옆면을 세워서), 슬래핑(손금 있는 부분의 바닥면으로), 커핑(손을 컵 모양으로 오목하게 구부려서), 해킹(손등), 비팅(주먹을 살짝 비틀어지고) 등이 있다. 고타법은 신경이나 근육의 기능을 높여주는 효과가 있으나 상처나 예민한 부분, 뼈가 돌출된 곳, 근육이 심하게 처진 부분은 피하는 것이 좋다.

(6) 압박법 : 누르기

손바닥, 손가락, 팔꿈치, 발바닥 등 신체의 돌출부위를 사용하여 지속적 또는 간헐적으로 인체표면에 압력을 가하여 누르는 방법으로 전신의 혈액순환을 조절하고 호르몬 분비의 기능을 강화시킨다.

2. 얼굴 매뉴얼테크닉

1) 얼굴매뉴얼테크닉 정의 및 피부분석

(1) 얼굴매뉴얼 테크닉 정의

얼굴 매뉴얼 테크닉 이란 얼굴의 노폐물을 제거하여 피부의 청정작용을 주며, 림프와 혈액순환 촉진으로 신진대사를 증진시키고, 피부조직의 긴장과 탄력성을 증가시킨다. 기분

상승 등 심리적 안정을 가져오며, 신경을 진정시켜 긴장을 풀어주고, 화장품의 흡수율을 높이는 테크닉을 말한다.

(2) 피부분석

피부분석은 피부타입별 관리방법과, 관리기기, 관리시간 등을 다르게 시술해야 하기 때문에 피부분석이 중요하다.

① 피부 종류

㉠ 정상(건강)피부 : 분석 시 고려해야 할 사항은 각질층과 표면 상태이다.

ⓐ 피부조직 뿐만 아니라 피부 생리적 기능이 정상적인 피부상태를 말한다.
ⓑ 피부 결이 균일하게 이루어져 있다.
ⓒ 각질층의 수분함유량이 10~20%를 유지한다.
ⓓ 적당한 피지 분비로 피부 표면이 매끄럽고 부드럽다.
ⓔ 피부에 탄력이 있고 혈색이 좋다.
ⓕ 모공은 작고 눈에 잘 띄지 않는다.
ⓖ 피부 결이 섬세하고 윤기가 있다.
ⓗ 혈액순환이 원활하다.
ⓘ 표피 세포의 신진대사가 원활하다.

㉡ 건성피부

ⓐ 각질층 수분 함량 10% 이하, 홍반과 균열, 인설 존재, 건조한 피부이다.
ⓑ 주름과 색소침착이 두드러지게 나타나는 피부 유형이다.
ⓒ 세안 후 또는 건조한 환경에 노출되면 피부가 심하게 당긴다.
ⓓ 피부가 거칠어 보이며 부분적으로 각질이 일어나고 심하면 버짐이 생긴다.
ⓔ 피부 조직은 비교적 곱고 얇다.

- 메이크업이 잘 흡수 되지 않고 발라도 들떠버린다.
- 입가나 눈 꼬리 등에 잔주름이 쉽게 생기게 된다.
- 표피의 심한 건조도에 비하여 피부 늘어짐 현상은 의외로 심하지 않다.

ⓖ 저항력이 약하기 때문에 피부가 조그만 상처에도 쉽게 아물지 않고 손상되기 쉬우며 노화 현상이 빨리 온다.

㉢ 지성피부

ⓐ 피지 분비량 많다.
ⓑ 끈적임과 번들거리기 쉽다.

ⓒ 피지분비에 의한 여드름 생기기 쉽다.
ⓓ 외부 자극에 대한 저항력이 비교적 강하다.
ⓔ 건성피부보다 잔주름이 잘 나타나지는 않는다.

㉣ **복합성 피부**
ⓐ 피곤하거나 스트레스를 받을 때 여드름이 발생한다.
ⓑ 눈가에 잔주름이 많이 나타난다.
ⓒ 화장품에 의한 면포(comedo)가 잘 발생한다.
ⓓ 피부에 맞는 화장품 선택이 어렵다.
ⓔ 화장이 잘 받지 않는다.

㉤ **민감성 피부** : 연령이나 피부타입과 관계없이 외부 자극에 대한 저항력이 약하다.
ⓐ 화학적, 물리적인 반응에 예민한 피부유형이다.
ⓑ 원인과 반응 : 개인에 따라 다르고 어떤 메카니즘에 의해서 발생하는지 아직 구체적으로 밝혀지진 않았다.
ⓒ 정상피부에 비하여 환경 변화에 예민하다.
ⓓ 피부 조직이 섬세하고 얇다.
ⓔ 모세혈관이 피부 표면에 잘 드러나 보인다.
ⓕ 약품이나 화장품에 민감하여 피부에 부작용을 일으킨다.

2) 얼굴 매뉴얼테크닉 실제

마사지의 방법이란 양손을 이용하는 모든 동작은 사실상 마사지 동작이 된다. 이마에서 가슴부위까지 15분 가량 고객이 가장 편안히 느낄 수 있는 마사지 방법이면 누구나가 좋은 마사지 방법을 갖고 있는 것이다. 마사지의 유의점을 인지하고 행하도록 한다.

(1) 이마

① 양손의 장지와 약지(3, 4번째 손가락)를 얼굴의 양옆 관자놀이 부위에 대고 준비 자세를 취한다.
② 왼손이 관자놀이에 머물면 오른손을 수평으로 길게 펴서 이마의 전체를 왼쪽에서 오른쪽으로 천천히 쓰다듬듯이 동작한다.
③ 양손을 바꾸어 가며 동작한다.
④ 양손을 눈썹 쪽에서 머리 쪽을 향해 반복적으로 쓸어 올리면서 교차한다.

⑤ 왼손이 관자놀이에 머물면 오른손의 장지와 약지는 이마에 원을 그리며 동작하는데 이마의 중앙 부분에서는 3번 정도 원을 그린다. 다시 제자리로 돌아온 뒤 손을 바꾸어 똑같은 동작을 반복한다.
⑥ 양 관자놀이 부위를 눌러준다
⑦ 2번과 같은 동작을 반복한다.

(2) 눈 주위

① 눈 주위를 양손의 장지로 원을 그리며 동작한다.
② 코 쪽에서 양 눈 사이와 양눈 썹 사이를 눌러주며 다시 제자리로 돌아간다.
③ 양손의 장지와 약지로 눈 주위를 가볍게 돈다.
④ 양손의 장지와 약지로 눈 주위에 원을 그리며 눈썹 부위에 오면 엄지와 검지로 눈썹을 쥐듯이 잡으면서 눌러준다.
⑤ 관자놀이 부위를 여덟(8)자를 그리며 동작한다.
⑥ 양손의 장지로 가볍게 눈썹부위에 원동작을 하며 미간을 향해 간다. 콧등에서 코끝을 지나 뺨 부위에 이르러 약지와 합쳐 다시 귀밑 쪽으로 원동작을 하며 간다.
⑦ 귀밑을 가볍게 눌러주며 제자리로 간다.

(3) 입가

① 양손이 턱의 중앙으로 와서 입주위에 원을 그리면서 코밑까지 왔다가 다시 턱 중앙으로 미끄러지듯이 내려간다.

(4) 턱

① 양손을 귀밑으로 옮겨 왼손은 귀밑에 머물게 한다.
② 오른손은 턱부위 전체를 쓰다듬듯이 쓸어준다.
③ 손을 바꾸어 동작한다.
④ 왼손이 귀밑에 머물면 오른손은 턱쪽으로 향해 미끄러지며 엄지와 네손가락으로 턱을 잡아 당기듯이 쓸어주고 다시 제자리로 돌아간다. 손을 바꾸어 동작한다.
⑤ 양손의 장지로 턱쪽을 향해 원동작을 그리며 내려가 턱에서 만나고 귀밑으로 다시 미끄러지듯이 돌아간다.

(5) 뺨

① 양손을 주먹 형태로 쥐고 양 뺨 부위를 원을 그리며 동작한다.
② 양손의 장지와 약지로 왼뺨이 부딪치지 않게 원을 그리며 교차하고 다시 반대편 오른 뺨에 반복 실시한다.
③ 양손 전체로 귀에서 코쪽으로 뺨부위를 덮듯이 수평으로 올라갔다가 두손을 깍지 끼고 다시 펴주는 방법이다. 귀쪽으로 미끄러질 때 피부를 잡아당기듯이 동작한다.

(6) 목

① 왼손은 귀밑에 머물고 오른손은 왼편으로 가서 오른쪽으로 목을 쓰다듬는다.
② 손을 바꾸어 동작한다.
③ 목의 중심점을 피하여 양손으로 오르내리는 동작을 취해 목을 쓰다듬는다.
④ 양손으로 부채살을 펴듯이 바깥쪽을 향해 쓸어준다.
⑤ 양손의 장지와 약지로 목에 원을 그리며 내려간다.

(7) 전체

① 손가락을 모두 넓게 펴서 가슴부위부터 이마를 향해 올라온다.
② 마사지 동작의 시작 부위인 관자놀이로 돌아와 약간 눌러주며 끝낸다.

10_미안술

1. 미안술의 기초지식

1) 미안술의 정의 및 기초

(1) 미안술의 정의

마사지나 팩 같은 것으로 얼굴과 피부를 부드럽고 탄력 있게 하는 미용술이다.

(2) 미안술의 종류

① 필링

피부의 불필요한 각질제거와 각질제거로 인한 영양성분의 침투를 극대화시켜 피부표면의 음, 양각을 매끄럽게 해주는데 목적이 있다.

필링이 필요한 피부 : 모공이 넓은 피부, 여드름 자국이 많이 있는 피부, 노화피부, 잔주름이 많은 피부, 색소침착이 있는 피부(기미, 주근깨, 검버섯) 피부재생 및 조기노화의 예방을 원하는 피부이다.

㉠ 필링 종류

ⓐ 물리적 필링(기계적 필링) : 각질층이 1~3층이 벗겨진다. 미세한 알갱이를 인공적으로 만들어서 사용하기도 한다. 아몬드씨, 살구씨, 조개껍질가루, 자연재료로 사용 한다.

ⓑ 크림 필링 : 물리적 필링중에서 부드럽게 크림타입으로 사용한다.

ⓒ 효소 필링 : 단백질 분해효소를 섞어서 만든 인공재료로 사용한다.

ⓓ 화학적 필링 : 여러 과일에서 추출한 무독성 과일산으로 되어있다. 거친피부를 매끄럽게 만들어서 주름을 산화 시켜주는 효능이 있다.

② 마사지 기술

㉠ 마사지의 의의 : 손이나 기기를 이용해서 크림이나 오일로 피부의 근육결에 따라 문지르거나 두드려서 피부에 자극을 주어 피부의 기능을 활성화 시키는 방법이다.

㉡ 마사지 테크닉 분류

ⓐ 경찰법 : 피부에 가볍고, 천천히 쓰다듬는 연속동작으로 혈액순환 촉진, 피부의 영양공급을 돕는다(크림도포 시, 처음 마사지 단계)

ⓑ 강찰법 : 피부를 누르면서 강하게 문지르는 방법으로 물질대사 촉진, 피하의 노폐물 제거 촉진된다. (팔, 가슴)

ⓒ 유연법(니딩 : kneading) : 주물러서 푸는 방법으로 노폐물을 조직 밖으로 배출시켜 정맥과 임파선의 작용을 높여서 피부의 건강을 양호하게 한다. (어깨, 팔, 다리).

- 풀링(fulling) : 주름 잡듯이 행하는 방법
- 런징 : 근육을 비틀 듯이 행하는 방법(팔)
- 쳐킹 : 뼈를 따라 상하운동하며 가볍게 쳐올리듯이 행하는 방법 (팔, 다리)

ⓓ 고타법(퍼커션 : percussion) : 두들겨서 행하는 방법으로 근육의 수축력 증가와 신경기능을 조절한다.

- 태핑(tapping) : 손가락의 바닥면(손의 옆면)을 사용
- 슬래핑(slapping) : 손바닥 전체를 사용
- 커핑(cupping) : 손바닥을 오목하게 사용
- 해킹(hacking) : 손의 바깥 측면과 손목을 사용
- 비팅(beating) : 주먹을 살짝 쥐고 사용
- 진동법(바이브레이션) : 손 또는 전기 진동기 사용
- 지각신경에 쾌감을 주며 혈액순환을 촉진
- 경련과 마비된 근육에 효과

2. 팩

1) 팩과 시술방법

(1) 팩(Pack)

① 팩의 역사

고대 이집트 파라오왕 시대에 이미 팩이란 용어가 나왔고 클레오파트라도 진흙으로 만든 팩을 사용한 기록이 있다. 고대 로마의 시인 오비디우스의 기록에는 양의 털에서 얻은 기름성분인 라놀린에 벌꿀, 달걀, 밀가루, 바닷새의 배설물 등을 배합하여 팩으로 사용하였으며 네로 황제의 부인도 당나귀 젖을 이용하여 팩을 즐겼다는 사실이 나타나 있다. 이후 고대 로마인들에 의해 점차 보급되기 시작한 팩은 여러 가지 천연재료의 사용으로 대중화되었으며, 천연 재료가 지닌 효능, 효과에 의해 사용방법이 다양화되었다.

② 팩의 정의

팩이란 원래 패키지 즉 "포장하다", 또는 "둘러싸다"란 뜻에서 유래된 말로써 유럽에서는 주로 마스크란 말로 통용되고 있는데 우리 나라에서는 두 가지가 거의 같은 의미로 불려지고 있다. 그러나 엄밀히 보면 팩과 마스크는 방법상의 차이가 있다. 팩은 얼굴에 바른 후 공기가 통할 수 있도록 하며 얇은 피막을 만들거나 굳어지지 않지만 마스크는 얼굴에 바른 후 딱딱하게 굳어져 외부의 공기 유입과 수분증발을 차단하여 피부를 유연하게 하고 유효 성분의 침투를 용이하게 한다.

③ 팩의 효과

팩은 얼굴뿐 아니라 다른 특정한 부위에 사용되거나 혹은 전신적으로 사용된다. 일반적으로 팩은 얼굴에 적당한 두께로 발라 일정시간 방치해 건조시킨 후 제거한다. 팩은 건조하는 과정에서 피부에 적당한 긴장감을 주고 외부로부터 공기를 차단하여 영양성분의 흡수를 용이하게 하여 피부의 온도를 높여 혈액순환을 촉진시킨다. 또한 피부 표면의 오염물, 죽은 각질세포를 제거시킴으로써 피부를 청결하게 해준다.

㉠ 얼굴에 바른 팩이 건조함에 따라 피부에 긴장감이 생기고 피부 온도가 상승하여 혈액 순환이 촉진된다.

㉡ 외부의 공기 유입을 일시적으로 차단함으로써 수분의 증발이 억제되어 각질층으로의 수분공급이 원활해지고, 팩에 함유된 유효성분의 침투가 용이해진다.

㉢ 팩의 흡착작용에 의해 피부의 노폐물이 제거되고 청결해진다.

④ 팩의 분류

㉠ 제거방법에 따른 분류

ⓐ 필-오프 타입 (peel off type, film type) : 젤 또는 액체 상태로 되어 있으며 건조되면서 얇은 필름막을 형성한다. 필름막을 떼어낼 때, 불순물 및 죽은 각질세포가 함께 제거되어 딥클렌징, 피부청정효과가 있다.

ⓑ 워시-오프 타입(Wash off type) : 크림, 젤, 거품, 클레이, 분말 등 다양한 형태로 되어 있으며 팩을 바르고 제품에 따라 10~30분의 적정시간이 지난 후 젖은 해면과 습포를 이용하거나 미온수로 세안하여 제거해 낸다.

ⓒ 티슈 오프 타입(Tissue off type) : 흡수가 잘되는 크림이나 젤 형태로 대부분 되어 있어 10~15분 후 흡수되지 않은 여분의 제품을 티슈로 가볍게 닦아내거나 굳이 닦아내지 않고 그대로 두어도 무방하다.

ⓓ 패취 타입(patch type) : 패취 형태로 되어있어 패취를 그대로 피부에 사용하는 것과 화장수나 물에 적신 후 피부에 붙여 사용하는 두 가지 형태가 있다.

㉡ 팩 재료의 형태에 따른 분류

ⓐ 크림 형태 : 사용감이 부드러우며 보습, 유연효과가 뛰어나 유분부족피부, 노화피부, 거칠고 상한피부, 민감성피부에 사용하면 좋다. 제품을 바른 후 10~20분의 일정 시간이 지나면 제품은 그대로 있고 유효성분만 흡수된다. 물로 씻어내는 워시 오프타입과 닦아내는 티슈 오프타입이 있다.

ⓑ 분말 형태 : 약초(허브) 추출물, 해초추출물, 한방재료, 효소 등 다양한 원료를 분말화한 형태로 도포직전에 물이나 화장수, 겔등의 액체와 혼합하여 사용한다. 분말형태의 팩은 크림형태에 비해 유효성분의 흡수가 느리므로 팩 위에 스팀, 온습포, 적외선 등을 이용하여 흡수를 촉진시킨다.

ⓒ 겔(젤) 형태 : 수성의 겔형태로 만들어진 팩으로 대부분 투명하고 상큼하고 촉촉한 느낌을 준다. 특히 아이겔, 알로에젤 등과 같이 보습과 진정효과를 부여하고자 할 때도 많이 사용되는 제조형태이다.

ⓓ 클레이 형태 : 진흙, 점토 등이 주성분으로 카올린, 탈크, 아연 이산화티탄 등의 분말성분과 물, 에탄올, 글리세린(보습제) 등의 보습성분을 혼합하여 만든 제품형상이다. 분말에 비해 쉽게 마르지 않고 일정 시간이 경과하면 수분이 증가하면서 조금씩 건조될 수 있다. 우수한 흡착능력은 피지 등 피부 노폐물의 제거에 효과적이므로 건성, 노화피부 보다는 복합성, 지성, 여드름성 피부에 적합하다.

ⓔ 무스형태 : 무스형태로 크림, 클레이형태의 팩에 비해 양을 많이 사용해야 하며

가벼운 느낌을 준다. 용기를 잘 흔들어 사용하고 15분 후에 제품에 따라 제거하거나 흡수시켜준다.

ⓕ 시트형태 : 콜라겐이나 다른 활성 성분을 건조시켜 시트의 형태로 제조하여 정제수 또는 특수용액에 적셔 얼굴에 덮어 사용하는 팩이다.

ⓖ 부직포 함침타입 : 부직포에 화장수, 에센스를 함침 시킨 것으로 차갑고 상쾌하며 사용법이 간단하다.

ⓗ 왁스(파라핀)형태 : 발열작용을 이용, 모공이 열리고 피지와 불순물이 배출되며 피부의 영양 흡수력이 강화되어 피부의 탄력성과 보습력이 증대된다. 중성, 건성 노화 피부에 좋고 민감성 피부와, 모세혈관 확장 피부에는 사용하지 않는다.

ⓘ 팩의 원료에 따른 분류
- 천연 팩 : 천연재료를 피부에 얹는 방법으로 과일이나 야채 등을 이용한 팩
- 제품 팩 : 화장품회사에서 인위적, 화학적으로 만든 팩
- 한방 팩 : 한방재료를 이용한 팩

㉢ 효능 효과에 따른 팩 종류

ⓐ 오일팩 : 유분부족 피부, 노화된 피부와 일광으로 손상된 피부에 효과 있다.

ⓑ 에그팩 : 계란 흰자는 세정작용 및 잔주름 예방 효과 있다. 노른자는 영양공급, 건성피부 영양공급을 한다.

ⓒ 우유팩 : 지방보급, 보습, 미백효과 있다.

ⓓ 로얄제리(벌꿀팩) : 수렴, 표백작용이 있다.

ⓔ 왁스 팩 : 잔주름제거에 효과적이다.

(2) 특수마스크

① 석고마스크

석고마스크는 얼굴의 윤곽을 만들어 준다는 의미로 고무마스크와 함께 모델링마스크(modelling mask)라고 부르기도 한다.

제품회사에 따라 다양한 색상의 분말형태로 정제수, 또는 화장수, 석고용 특수용액 등과 섞어 바르면 1~2분 후 석고가 점차 응고되며 온도가 올라가 피부에 약 10분간 열이 지속된 후 서서히 온도가 내려가 차가워진다. 얼굴, 가슴, 등, 다리, 등의 신체부위에 적절하게 사용할 수 있다. 강한 필링 시술 후 또는 방금 목욕이나 사우나를 한 고객에게는 사용을 금한다.

② 벨벳마스크(콜라겐 마스크)

송아지 진피에서 추출해 낸 순수 천연콜라겐 성분이 90%이상 함유된 것이 효과적으로 벨벳과 같은 감촉 때문에 벨벳마스크라 한다. 사용 시 마스크를 피부에 부착하기 위하여 정제수 또는 화장수로 적셔 활성 성분을 흡수 시킨다. 벨벳마스크는 보습효과가 뛰어나 잔주름개선, 노화피부, 건성, 필링 후 재생관리 등으로 사용하면 효과적이다.

③ 고무마스크(Seaweed mask, Algae mask)

주로 해조류에서 추출한 활성성분이 주성분인 마스크이며, 최근에는 허브, 한방 성분 등 목적에 따라 추가적으로 다양한 성분이 함유된 파우더 상태로 되어 있어 제품에 따라 물이나 특수용액, 젤과 혼합하여 바르면 고무막과 유사하게 응고되면서 마스크의 활성성분이 흡수된다. 일반적으로 얼굴용 마스크는 진정효과를 주어 모든 피부에 사용될 뿐만 아니라 예민 피부, 여드름 피부에도 효과적이다.

④ 패드마스크

비타민, 재생성분, 보습성분 등을 함유한 패드형태의 마스크이다.

⑤ 왁스마스크

석고마스크와 같이 발열작용을 이용하여 활성성분을 침투시키는 것이다.

3. 기기를 이용한 미안술

1) 전류와 광선을 응용한 미안술

(1) 감응전류를 이용한 피부미용기기와 관리

① 저주파를 이용한 피부미용기기와 손질

저주파는 1Hz~1000Hz 까지의 전류를 이용하는 것으로 각 제조사별로 약간의 주파수 차이는 있다. 흔히 보게 되는 저주파 장비는 교류전류를 이용한 것이며 혈액상태를 좋게 하며 세포의 신진대사를 활발하게 하여 노화를 예방하거나 지연시키는 작용을 하게 된다.

② 중주파 전류를 이용한 피부미용기기와 손질

1000Hz~10,000Hz 까지의 교류전류를 활용한 것으로 중주파는 피부의 외피를 비교적 덜 자극하며 저주파에 비해 체내에 피부저항을 적게 받으면서 들어가므로 통증이 적고 에너지손실이 적게 나타나 피부관리를 효율적으로 할 수 있다.

③ **고주파를 이용한 피부미용기기와 관리**

고주파기기는 인체내부에서 열을 스스로 만들어내어 인체에 효과적으로 작용하는 원리를 가지므로 심부발열투열 치료기라고도 불리어 진다.

고주파기기는 페이스용의 활용도를 가진 것과 지방분해용의 전신체형기의 형태로 활용되는 기기들이 있다. 이들 고주파 기기는 인체 내부에 열을 발생시켜 세포의 활성을 높여주며 노폐물의 배출과 영양, 산소, 혈액순환의 원활함을 증가시켜준다. 또한 내분비선과 피지선의 활성화를 도와 피부 관리에 효과적이며 산소, 영양소, 백혈구, 항체의 증가, 정맥순환 증진으로 염증성 삼출물의 흡수를 도와 화해 과정을 촉진한다. 이러한 고주파기기는 피부관리 시 Special Eye Care, 다크 서클, 림프 드레나쥐 Care, Lip Care에 효과적이다.

(2) 갈바닉(GALVANIC)전류를 이용한 피부미용기기와 관리

갈바닉은 지속적이고 규칙적인 흐름을 가진 전류로 피부 내피층까지 영양 유효성분의 침투를 효율적으로 돕거나 피부내부에 있는 물질이나 노폐물을 피부 밖으로 배출해내는데 활용할 수 있는 기능을 가진 전류로서 이온토포레시스(Iontophoresis)와 디스인크러스테이션(Disincrustation)의 방법을 취한다. 이온관리법은 음극에서 혈액순환을 증가시켜 영양과 산소의 공급을 촉진하여 불순물을 제거한다. 또 피부의 톤을 살려주며 피부의 상태를 개선시키고 세포의 신진대사를 증가시킨다. 양극에서는 산이 피부 층을 단단하게 해주고 산소의 분비가 조직을 활성화 시켜 준다. 극간에서 일어나는 효과는 직접적인 효과 이외에도 조직전체의 혈액순환의 증가로 영양분과 산소가 공급되어 신진대사가 더욱 빨리 일어나며 림프의 순환이 증가하여 노폐물이 더욱 빨리 제거된다. 세포벽의 투과성이 증가하여 세포의 신진대사가 증가되고 세포 내의 화학적인 성분들은 이온화되어 제거가 더욱 용이해진다.

(3) 정현파 전류와 격동전류

신경자극에 이용되는 정현파 전류는 시간에 따라 일정하게 변화되는 원리의 전류를 이용한 것으로 피부관리 시 감응전류와 비슷한 효과를 가지며 안면의 순환촉진과 신경의 이완, 근육세포의 릴렉스를 돕는 기능을 한다. 격동전류는 전류나 전압의 변화 폭이 커서 통증이나 마사지 시에 효과적으로 활용되기도 한다.

(4) 광선을 이용한 피부미용기기와 피부관리

① **적외선을 이용한 기기와 피부관리**

적외선을 이용한 기기들은 온열작용으로 인해 혈관이 팽창하여 혈액순환이 증가되고 림프순환을 촉진하여 노폐물과 독소배출 등을 원활하게 하고 영양분의 흡수를 촉진해준다. 팩을 할 때에도 고객의 피부상태에 따라 기기사용을 조절하여 피부 관리시 활용한다. 원적외선을 활용한 마사지기기나 사우나 시설들도 활용되고 있으며 대표적으로 활용되어지고 있는 적외선램프 등이 있다.

적외선 램프의 조사 시에는 사용상의 부주의로 인해 현기증이나 화상이 일어나지 않도록 하며 눈에 직접 조사하지 않도록 유의하여 기기를 사용하도록 한다.

② 자외선을 이용한 기기와 피부관리

일반적으로 자외선은 피부에 흡수되어 비타민 D의 자체생성을 도와 구루병의 발병을 억제하며 살균력이 강한 에너지로 알려져 있다. 이러한 자외선은 가시광선의 외측으로 UVA, UVB, UVC 로 분류되어지는데 노화의 원인이 되기도 하며 피부암이나 피부손상의 원인이 되므로 피부의 노출 시에 주의하도록 한다.

자외선의 효능을 활용하여 피부관리를 하게 되는 기기들에는 자외선램프, 자외선 소독기, 선탠기 등이 있으며 이들은 항생효과를 가지고 있어 여드름의 치료에 도움이 되며 홍반이 생기거나 이후에 나타날 수 있는 색소침착이 있고 태닝(Tannaing)의 효과를 가지기도 한다.

자외선은 세포와 조직을 손상시켜 노화를 촉진시키기도 하며 암을 유발할 수 있으므로 자외선 노출에 유의하며 아이패드를 착용하여 눈에 직접 조사되지 않도록 한다.

③ 컬러테라피 기기를 활용한 피부관리

인간은 빛이 없이 살 수 없으며 이 빛의 에너지를 통해 우리 몸과 마음의 치유가 가능해진다. 빛이 주는 색채의 효과는 매우 다양하고 적용되는 분야 또한 크다.

각 색들이 저마다 가지고 있는 고유의 색채가 주는 심리적인 작용이나 에너지로서 적용되어지는 육체적인 효과 등도 색채치유의 적용학문이나 활용이 활발해지면서 피부미용분야에서의 컬러테라피를 이용한 관리는 피부에 다양하게 접목되어지며 발달하고 있다. 화학적 방법 등을 활용하지 않으므로 인체가 자체 면역력을 스스로 강화시킴으로서 치유력을 가진다. 컬러테라피로 관리 시에 한 가지 색상만 사용해야 하는 것은 아니며 치유 받고자 하는 부위를 청결히 한 후에 빛이 고정되어 조사 될 수 있도록 각도와 위치를 안정적으로 조절하여 사용한다. 광선을 조사하는 시간은 일회에 10분~15분 정도로 하며 처음부터 너무 강한 강도의 빛을 조사하지 않도록 유의하여 컬러빛에너지의 조사량을 점차적으로 늘려나가며 피부증상의 정도나 부위별에 따라 적절히 변화시켜서 기기를 조절하며 지속적인 관리가 이루어져야 효과적이다. 이러한 컬러테라피가 사람의 증상이나 질환에 따라 다양한 효과를 볼 수 있다는 장점이 있으나 임산부나 광알러지피부를 가진 경우, 열이 심하거나 피부에 포진이나 염증, 신장기능장애 등의 질환이 있는 경우에는 컬러테라피를 적용하지 않도록 한다.

2) 기타 기기를 이용한 미안술

(1) 우드램프

특수한 광선을 이용한 확대경으로서 피부상태의 정확한 판단 시에 도움을 준다. 육안으로 진단이 어려운 피지분포나, 색소 침착, 트러블 등을 확인하여 피부관리 시 도움이 된다.

(2) 확대경

피부를 5배정도 확대해서 자세히 보는데 도움을 주는 확대경으로 피부관리 이전 피부를 정확하게 진단할 수 있는 역할을 하고 여드름 등의 뾰루지, 트러블을 압출할 때에 편리하게 이용할 수 있다.

(3) 미세필링기

피부의 우둘두툴한 상태나 튼살, 잔주름, 기미, 주근깨, 여드름이나 흉터 등의 개선에 도움을 주는 역할을 한다.

(4) 스팀기

강력한 초미립자 증기를 이용하여 피부에 온열효과를 주며, 노폐물 분비 등 신진대사를 원활하게 도와준다. 오존을 분무하는 스티머의 경우 세균이나 박테리아 제거에도 도움이 되나 얼굴에 팩이나 크림도포 시에는 오존 스티머는 사용하지 않도록 유의한다.

(5) 진공흡입기(석션)

딥클렌징의 필수로서 림프 및 혈액 순환 촉진, BUST / HIP UP 관리, BODY 셀룰라이트 관리, 긴장된 근육의 릴렉싱 마사지, 피부에 이완 수축 반복 운동으로 탄력과 유연을 증강시키고 발관리에도 활용한다. 여드름 피지 제거의 역할을 하여 신진대사를 원활히 돕고 피부노화방지에도 도움을 준다.

(6) 프리마돌

천연양모 브러쉬를 다양한 속도로 피부에 사용하여 클렌징, 딥클렌징, 필링, 마사지의 효과를 얻을수 있는 피부관리기기이다. 딥클렌징에 기계를 이용하는 경우는 프리마돌이라 불리우는 회전 브러시를 이용하는데 브러시의 크기가 다양해 얼굴, 이마같은 넓은 부위, 콧망울같은 좁은 부위, 바디브러시까지 활용이 가능하다.

(7) 림프마사지기

공기의 흡입과 압박을 통해 림프배출로 몸 전체순환을 원활히 하며 피부의 신진대사를 진하여 노화된 피부에 도움을 준다.

(8) 리프팅기

전극봉이나 초음파를 이용한 리프팅기기를 이용하면 손마사지보다 수백배 빠른 진동으로서 주름살부위에 적용하면 콜라겐과 엘라스틴을 활성화시켜 탄력감을 회복시키므로 주름제거와 개선효과가 있고 노폐물제거로 피부결이 정돈되고 맑아진다.

(9) 적외선램프

적외선 등의 국소효과로는 땀샘의 자극으로 땀이 나고 혈류량이 증가하고 혈액순환이 원활해진다. 전신효과로는 신진대사의 활성화, 색소침착, 근육이완, 혈압감소 그리고 땀샘의 활동이 증가되는 효과가 있다.

(10) 이온토포레시스(Iontophoresis)

이온토포레시스는 이온 영동법으로, +극이나 −극의 용매를 전류를 통하여 피부조직으로 이동시켜 활성물질을 침투시키는 작용을 한다. 직류전류의 작용을 받으면, 삼투작용으로 인해 인체 내의 이온도 함께 이동하여, 활성물질을 쉽게 세포막으로 투과 시킨다. 이온화가 될 수 있는 고농축 활성제품(앰플, 특수크림)을 사용하여, 피부에 산성이나 알칼리성의 효능을 주며 일반관리로는 미칠 수 없는 피부 깊은 층까지 활성물질을 도달시킨다.

(11) 자외선 멸균기

여러 피부관리 시에 쓰이는 소도구를 소독 및 보관할 때 사용하는 기기

(12) 자외선 램프

살균력이 강력하고 비타민 D 생성 및 구루병예방에 효과가 큰 광선이다.

11 _ 퍼머넌트 웨이브

1. 퍼머넌트 웨이브 기초 지식

1) 퍼머넌트웨이브의 역사

① 고대 이집트인들은 B.C 3000년경부터 나일강 유역의 진흙(점토)의 알칼리 성분을 가는 막대를 이용하여 모발을 감고 그 위에 발라 태양열을 쬐어 모발의 화학적 변화를 달리하여 웨이브를 만드는 것에서 시작하였다.

② 그리스·로마시대는 불로 가열한 철 막대기를 이용하여 웨이브를 만들었다.

③ 19C에는 석유램프의 열로 가온하여 웨이브를 만들었다.

④ 1875년에는 프랑스 파리 모발을 만지는 사람, 마샬그라또(Marcel grateau)가 고안한 헤어 아이롱(Iron)을 이용하여 웨이브를 만들었다.

⑤ 1905년 영국 런던의 이발사인 찰스 네슬러(Charles Nessler)라는 독일인이 알칼리제로 붕사와 열을 이용하여 열펌(Heat wave)시술을 개발하였다. 1908년 특허를 취득했다(네슬러 웨이브). 이 방법은 모발에 클립을 데고 와인딩 한 후 붕사와 물을 페이스트(paste)상으로 혼합하여 모발에 바른 다음 은박지 등으로 감싼 후에 열을 가하여 웨이브를 만든다.

⑥ 1926년에 아스트버리, 스피크맨이 케라틴의 분자 구조를 해명했다.

⑦ 1927년 웰라사에서 105°~110℃로 가온하여 웨이브를 만드는 핫 웨이빙 기구를 개발하였다.

⑧ 1930년대 아스트버리(astbury)나 스피크만(J.B speakman) 등의 학자에 의해 전기를

이용하지 않는 방법으로 약품인 아유산 수소나트륨의 화학반응에서 얻어지는 40℃의 반응열을 이용한 콜드 퍼머넌트 웨이브가(Cold Permanent Wave)가 고안되었고 이것은 기존의 높은 열을 사용하지 않고 실온보다 조금 높은 온도에서 퍼머넌트웨이브가 가능하다는 것을 입증하였다.

⑨ 1930년대 이후 모발과 웨이브에 대한 많은 연구를 하여 모발의 화학적 구조를 알면서 모발의 결합을 절단, 결합하는 연구가 지속되었다. 모발의 결합을 절단, 결합하는 약품으로 석유화학물이나 강한 알칼리제, 시안화물이나, 하이드로 설파 등을 모발에 사용하였으나 인체에 해가 나타나 안정성문제로 1941년 미국의 뉴 조지아주에서 사용이 금지 되었다.

⑩ 1941년 시스틴을 절단하는 연구 결과 미국인 맥도노프(mcdonough)등이 치오글리콜산을 환원제로 하는 웨이브제를 최초로 제조 하였다.

⑪ 1950년대에 와서는 완전히 콜드 퍼머넌트 웨이브(Cold Permanent Wave)로 자리를 잡았다. 현재 사용되는 퍼머넌트 웨이브란 이 콜드 퍼머넌트 웨이브를 말한다. 또한 염색, 탈색 등의 시술에 의해 모발의 손상이 심해 모발의 손상을 덜 주면서 웨이브를 얻을 수 있는 pH가 산성인 산성 퍼머넌트 웨이브제도 시판되고 있다. 그러나 이 산성 퍼머넌트 웨이브제는 컬 형성력이 알칼리제품 보다 잘 형성되지 않는 단점이 있다.

⑫ 1960년대는 볼륨 스타일로 단순한 스타일에 식상한 대중은 가발 붐이 일이나 탑부분에 포인트 주는 스타일이 유행했다. 또한 듀오라인의 이사도라던컨에서 유래한 이사도라 스타일이 유행했으며, 타이고르 테일이라 하여 사자의 꼬리처럼 만든 스타일이 유행했다.

⑬ 1970년대는 쉐기컷트, 매스컷트, 숏트 플라잉컷이 유행 하며 강렬한 질감의 특성을 살려 좀더 대칭적으로 균형을 이룸. 전체적으로 약간의 컬. 후두부에서 프론트까지 내츄럴하게 하였다.

⑭ 1980년대는 80년대 초에는 여대생이나 직장여성들을 중심으로 펑크헤어 또는 디스코머리 같은 중성적인 헤어스타일이 유행하였으나 80년대 중반에는 퍼머의 전성시대였다. 중반 이전에는 자연스럽게 풀어헤친 웨이브 스타일이 중반 이후에는 상고스타일의 단발에 웨이브를 넣어 앞머리를 세우거나 롱 레이어 스타일에 웨이브를 넣고 가르마를 중심으로 양 옆머리를 세우는 스타일이 크게 유행하였다. 80년대 중반 이후에는 영국의 황태자비인 다이애나비의 상고형 커트머리에 앞이마를 약간 가린 듯한 바람머리가 선풍적인 인기를 모았다. 이 스타일은 여학생들에서부터 젊은 여성들 사이에서도 크게 유행하였다. 앞머리의 효과를 극대화하기 위해 핀컬 퍼머를 하기도 했는데 이 퍼머넌트는 젖은 상태에서는 약간의 웨이브가 있으나 모발을 건조시킬 경우 자연

스럽게 층을 이루면서 뒤로 넘어가는 효과가 있었다. 핀컬 퍼머는 80년대 후반까지도 여학생, 젊은 여성들과 남성들 사이에서 인기를 모았다.

⑮ 1990년대는 웨이브 스타일의 강세는 90년대 초반까지 이어졌으나 80년대의 일반 롯드에 의한 기본 웨이브 스타일이었던 것에 반해 90년대 초반 이후에는 다양한 형태의 특수 로드가 개발 되면서 다양한 변형 형태의 웨이브 스타일이 유행하게 되었다. 로드의 종류와 컬의 형태에 따라 그 종류도 다양했는데 레게퍼머, 다이어트퍼머, 뿌리퍼머, 부메랑 퍼머, 나이아가라 퍼머, 폭탄 퍼머 등 다양한 웨이브 스타일이 공존했다. 다양한 종류의 로드가 개발 되면서 나타난 것이 스트레이트 퍼머이다. 그것은 젊은 여성들을 중심으로 급속히 퍼져나가 90년대 중반 이후 웨이브보다 자연스러운 스트레이트 머리가 유행하면서 여성들에게 선풍적인 인기를 모았다. 90년대 후반 이후 스트레이트 퍼머는 다양한 형태로 변모를 거듭하여 일자형으로 반듯하게 펴기도 하고 롤스트레이트퍼머라 하여 끝부분만 자연스럽게 안쪽으로 향하게 하는 스타일이 나타났다. 90년 말에 나타난 매직 아이롱은 스트레이트 퍼머가 유행 이였다. 60년대 아이롱(고데기)을 넓고 크게 변형된 형태로 만들어진 매직스트레이트 기구는 마치 '다리미'처럼 곱슬거리는 웨이브 모발을 찰랑거리는 스트레이트 모발로 바꾸어 놓았으며, 드라이어 대용품으로 발전해 갔다.

1990년대는 또한 아이롱이 다시 등장하였고, 후반부터는 아이롱을 비롯한 열퍼머가 시작되었다.

⑯ 2000년대 퍼머넌트 스타일은 열 퍼머, 디지털 퍼머 활성화 시대이다.

디지털시대에 맞게 헤어분야에서의 퍼머 기기가 다양화되고 활성화 되었다.

열 퍼머기기, 디지털 퍼머기기가 다양하게 출시되고 있다. 이러한 기기의 다양화와 성능에 힘입어 굵은 웨이브의 형성이 보다 쉽게 시술 할 수 있게 되었다.

또한 형태나, 질감, 디자인과 관련된 퍼머넌트 스타일이 계속 유행하고 있다.

점보 롤 파마는 요즘 헤어 트렌드는 단연 웨이브. 쭉쭉 뻗는 스트레이트도, 뽀글거리는 아줌마 파마도 아닌 굵직하게 말려 떨어지는 내추럴한 웨이브로 부드러우면서 세련된 스타일이고. 프린지 웨이브 앞머리는 그대로 남겨두고 뒷머리와 옆머리를 심하게 레이어드 커팅해 웨이브를 넣은 것. 머리 뿌리 부분은 남겨두고 머리 중간 부분부터 웨이브가 들어가는 것이 특징이다. 텍스처 파마는 굵게 꼬이면서 말리는 내추럴 웨이브 이다. 여성스러움을 강조 베이비 펌은 여성스러움을 최대한 살려주며 무겁지 않은 느낌을 주는 웨이브이다.

2) 퍼머넌트 웨이브 원리

모발의 주성분인 케라틴을 구성하고 있는 폴리 펩타이드는 모발의 세로 방향으로 주로 연결되어있고 이 펩타이드결합은 수소결합. 염(鹽)결합 시스틴결합(이황화결합, S-S) 등의 측쇄 결합으로 연결되어 있다. 이러한 결합 중 퍼머넌트 웨이브와 관계가 많은 시스틴결합의 위치를 변경하여 재결합함으로서 영구적인 웨이브가 형성된다. 일반적인 콜드웨이브 이용되고 있는 원리이다.

(1) 퍼머넌트 웨이브 1제의 환원작용

① 환원이라는 것은 수소와 결합하는 것

② 환원제는 자신은 산화되면서 상대 물질을 환원시키는 물질로 반응 중 산소를 잃거나 전자를 얻는다.

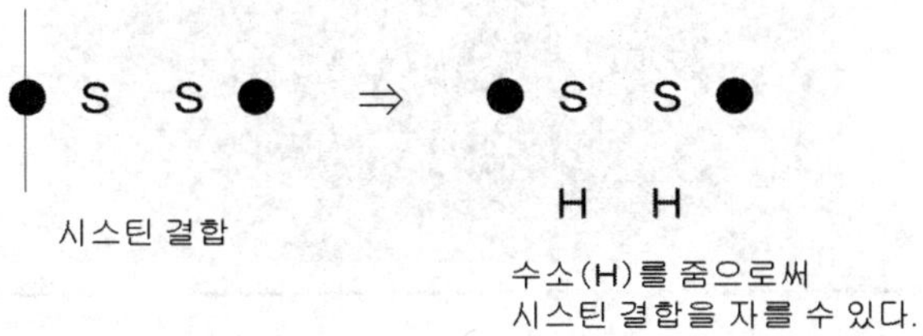

그림 11-1 ▌환원제 작용

(2) 퍼머넌트 웨이브 2제의 산화작용

① 산화는 산소와 결합하는 것

② 산화제는 상대를 산화 시키는 물질로 환원되는 물질이다. 여기서는 산화제가 산소이다.

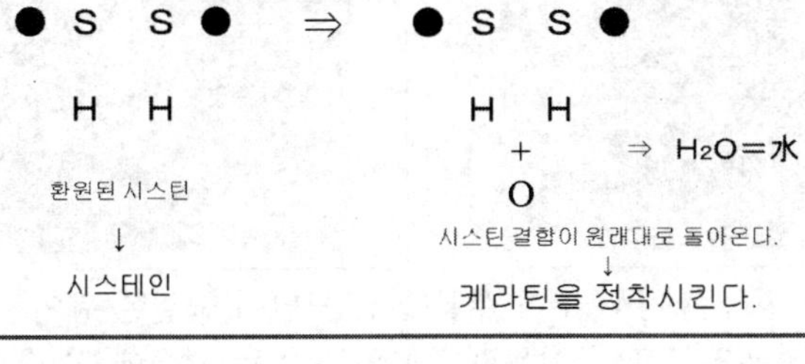

그림 11-2 ▌산화작용

3) 퍼머넌트웨이브의 도구 및 웨이브제의 분류

(1) 퍼머넌트웨이브의 도구

① 로드(Rod)

로드는 퍼머넌트 웨이브 시술시 모발을 로드에 와인딩 한 후, 로드아웃을 하면 웨이브를 만드는 도구이다.

㉠ 기본로드 종류와 특징 : 미용실에서 가장 많이 사용하는 로드로서 로드의 굵기에 따라 "호"로 나뉘어져 있다. 로드 굵기에 따라 웨이브의 크기를 다르게 할 수 있다.

그림 11-3 ▎로드

㉡ 특수 로드 종류와 특징

표 11-1 ▎로드와 특징

빅 로드	롱 로드
	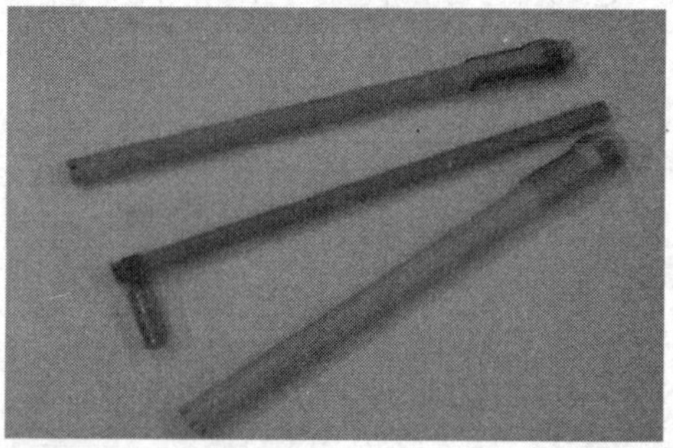
전체적으로 큰 웨이브를 원하는 경우 뿌리 부분의 방향성을 원하는 등 기본으로 많이 이용된다.	긴 모발에 균일한 웨이브를 형성하는 등 스파이럴로 마는 경우에 많이 이용된다.

원추로드	U자 로드

모선·뿌리 부분의 웨이브 컬 크기에 변화를 주고 싶거나, 모선을 강하게 또는 뿌리 부분을 강하게 하는 등 디자인 성이 강한 스타일 등에 많이 이용된다.	U자에 모속을 8자를 그리듯 마는 것이 기본적인 마는 방법. S상의 컬보다도 예각으로 말아 Z상에 가까운 릿지가 형성되어진다.
아이롱 로드	쉐기 매직 퍼머로드
	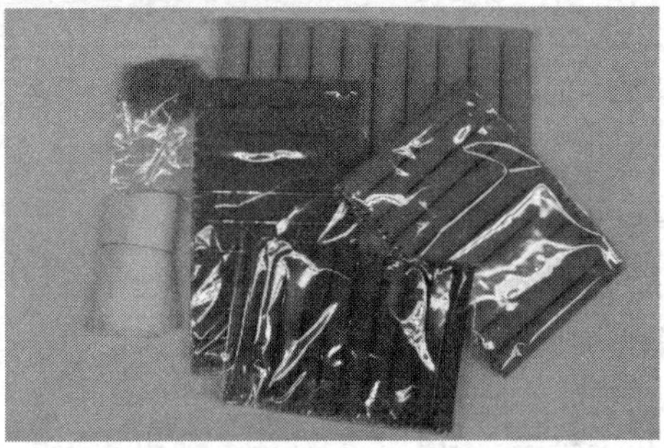
일반적으로 굵은 웨이브를 원할 때 직경이 굵은 특수 로드를 사용한다.	

ⓒ 롤

- 롤 스트레이트를 할 때 사용하는 도구이다. 대·중·소로 나뉘어져 있다.
- 핀을 사용하여 고정하는 것과, 고무줄로 고정하는 타입이 있다.
- 롤은 굵은 웨이브 흐름을 원할 때. 모선부분의 방향성을 원할 때 사용한다.

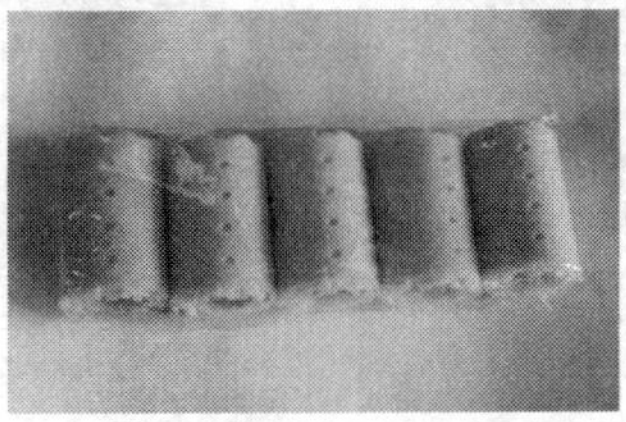

그림 11-4 ▌롤

㉣ 스트레이트 판

판 스트레이트 시술 시 사용하는 도구이다. 이는 곱슬모, 파상모를 직모로 변형할 시 사용한다. 모발을 스트레이트 판에 팩을 이용하여 곱게 빗질하여 붙혀 고정시킨다.

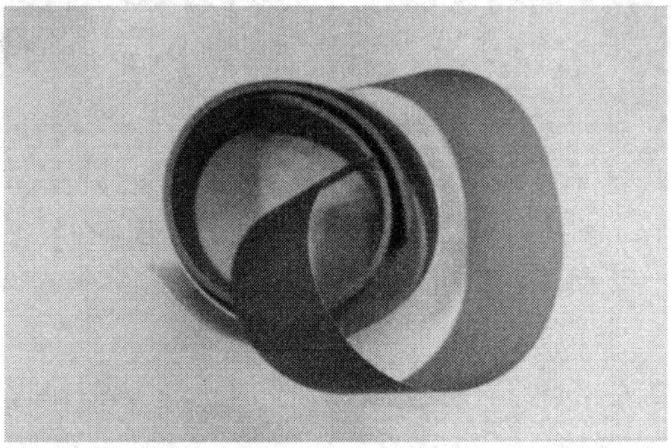

그림 11-5 ▌스트레이트판

② 파지(페이퍼/Paper)

파지 또는 페이퍼라고도 한다. 이는 퍼머넌트웨이브 시술시 머리카락을 로드에 와인딩할 때 모발의 끝을 정리해주고, 와인딩을 쉽게 할 수 있도록 도와준다.

③ 고무줄, 스틱

와인딩이 끝난 모발의 두피에 고정 시키기 위해 고무줄을 사용한다.

고무줄로 밴딩하는 방법은 크게 두 가지로 나뉜다.

퍼머넌트가 끝난 고무줄은 반드시 깨끗한 물로 잘 세척 후 보관해야 잘 끊어지지 않는다.

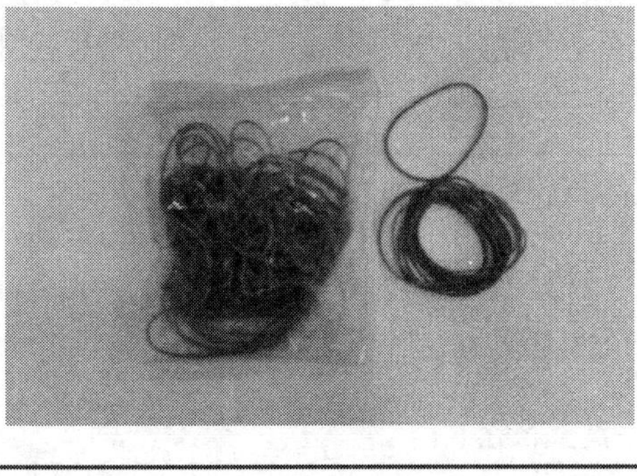

그림 11-6 ▌고무줄, 페이퍼

④ **꼬리빗**

꼬리빗은 한쪽 끝은 빗 부분이고 반대 편은 모발을 쉽게 파팅, 섹션, 판넬을 나뉠수 있게 길게 막대기 모양으로 된 빗이다.

(2) 웨이브제의 분류

① 퍼머넌트 웨이브제의 종류(분류)

표 11-2 ▌퍼머제 분류

<table>
<tr><th colspan="3">분 류</th><th colspan="5">퍼머넌트 웨이브제</th></tr>
<tr><th colspan="3">분류 / 규격치</th><th>치오계콜드 이욕식 퍼머제</th><th>시스계콜드 이욕식 퍼머제</th><th>치오계가온 이욕식 퍼머제</th><th>시스계가온 이욕식 퍼머제</th><th>치오계콜드 이욕식 퍼머제</th></tr>
<tr><td rowspan="3">제 1 제</td><td colspan="2">PH(25°)</td><td>4.5～9.6</td><td>8.0～9.5</td><td>4.6～9.3</td><td>4.0～9.5</td><td>9.4～9.6</td></tr>
<tr><td colspan="2">알칼리(ml)</td><td>7ml 이하</td><td>12ml 이하</td><td>5ml 이하</td><td>9ml 이하</td><td>3.5～4.6ml</td></tr>
<tr><td colspan="2">시스틴이외 전부 치오글리콜산</td><td>2.0～11.0%</td><td>시스틴 농도 3.0～7.5%</td><td>1.0～5.0%</td><td>시스틴 농도 1.5～5.5%</td><td>3.0～3.3%</td></tr>
<tr><td rowspan="5">제 2 제</td><td rowspan="2">브롬산 염류</td><td>PH</td><td colspan="4">4.0～10.5</td><td rowspan="5"></td></tr>
<tr><td>산화력</td><td colspan="4">3.5 이상</td></tr>
<tr><td rowspan="3">과산화 수소</td><td>HP</td><td colspan="4">2.5～3.5</td></tr>
<tr><td>산화력</td><td colspan="4">0.8～3.0</td></tr>
<tr><td>H_2O_2</td><td colspan="4">2.5% 이하</td></tr>
<tr><td colspan="3">사용시 온도</td><td>실온 1～30°</td><td>실온 1～30°</td><td>60° 이하</td><td>60° 이하</td><td>실온 1～30°</td></tr>
</table>

표 11-3 ┃ 퍼머제의 조성

<table>
<tr><th colspan="3">효능, 효과</th><th colspan="3">퍼머넌트웨이브제</th><th colspan="3">축모교정제</th></tr>
<tr><th colspan="3" rowspan="2"></th><th colspan="3">치오계 제1제 사용시 조정
발열 이욕식 퍼머제</th><th rowspan="2">치오계 내
냉이욕식
축모
교정제</th><th rowspan="2">치오계
가온이욕식
축모
교정제</th><th rowspan="2">치오계
가온아이롱
사용
이욕식
교정제</th></tr>
<tr><th>제1제
의(1)</th><th>제1제
의(2)</th><th>제1제의
(1).(2)제
혼합액</th></tr>
<tr><td rowspan="4">제
1
제</td><td colspan="2">PH(25°)</td><td>4.5~9.6</td><td>2.6~4.5</td><td>4.6~9.4</td><td>4.5~9.6</td><td>4.5~9.3</td><td>4.5~9.3</td></tr>
<tr><td colspan="2">알칼리(ml)</td><td>10ml 이하</td><td rowspan="3">과산화
수소농도

2.7~3.0%</td><td>7ml</td><td>7ml 이하</td><td>5ml 이하</td><td>5ml 이하</td></tr>
<tr><td colspan="2" rowspan="2">시스틴이외
모두
치오글리콜산</td><td rowspan="2">8.0~19.0%</td><td>디치오
농도
3.2~4.0%</td><td>2.0~11.0%</td><td>2.0~5.0%</td><td rowspan="2">1.0~5.0%</td></tr>
<tr><td>2.0~11.0%</td><td>점도4,
CPS이하</td><td>점도4,
CPS이하</td></tr>
<tr><td rowspan="5">제
2
제</td><td rowspan="2">브롬산
염류</td><td>PH</td><td colspan="5">4.0~10.0</td><td></td></tr>
<tr><td>산화력</td><td colspan="5">3.5 이하</td><td></td></tr>
<tr><td rowspan="3">과산화
수소</td><td>PH</td><td colspan="5">2.5~4.5</td><td></td></tr>
<tr><td>산화력</td><td colspan="5">0.8~3.0</td><td></td></tr>
<tr><td>H_2O_2</td><td colspan="5">2.5% 이하</td><td></td></tr>
<tr><td colspan="3">사용시 온도</td><td colspan="3">1제는 약 40°
2제는 30°</td><td>실온
1~30°</td><td>60° 이하</td><td>60° 이하
아이롱
180° 이하</td></tr>
</table>

② 퍼머넌트 웨이브제의 조성

퍼머넌트 웨이브제는 주목적인 모발의 구조를 변화시켜 웨이브를 형성하거나, 곱슬 모발을 직모로 변화시켜야한다. 그러나 이러한 화학적 변화로 모발은 손상을 입기가 쉽다. 퍼머넌트 웨이브제의 요소는 웨이브력과 트리트먼트력을 동시에 갖출 수 있는 성분을 함유해야 한다.

㉠ 퍼머넌트 웨이브 1제(환원제)

- **환원제** : 치오 글리콜산, 치오 글리콜산암모늄(암모늄 치오글리콜레이트) L-시스테인, DL-시스테인, 시스테아민, 아세틸 시스테인 등이 있다.
- **알칼리제** : 암모니아, 모노에탄올아민, 탄산수소암모늄 등이 있다.
- **첨가제** : 안정제, 킬레이트제, pH 조절제, 계면활성제, 트리트먼트제 등이 있다.

ⓐ 환원제의 역할 : 모발의 시스틴 결합을 자르는 작용을 한다.

치오 글리콜산은 침투력이 높고, 웨이브를 만드는 폭이 넓다.

시스테인은 모발을 구성하는 성분과 같으며, 부드러운 질감을 얻을 수 있다. 반면 침투력이 낮고, 모발로의 작용은 치오계보다 약한 단점이 있다. 현재 많이 사용 중인 시스테아민은 치오계나 시스테인계에 비해서 웨이브의 형성력이 큰 것이 특징이다. 비교적 저배합량이라도 효율성 있게 컬을 형성 수 있는 장점이 있다. 또한 반복해서 시술을 해도 모발 본래의 탄력이나 윤기가 유지되며, 다른 성분에 비해서 모발의 팽윤이 적고, 손상의 정도가 적다.

ⓑ 치오글리콜산계 종류(thioglycollic acid)

치오 글리콜산은 무색의 액체로 특히 냄새가 있으며, 강한 환원작용을 한다. 환원작용이라는 것은 산소를 빼앗는 반응 혹은 수소를 주는 화학반응으로서 그 작용에 의해서 모발 단백질(케라틴)인 시스틴 결합을 절단시킨다. 환원작용이 강하다고 하는 것은 산화시키기 쉽다는 것이고, 공기 중의 산소에 의해 치오글리콜산이 산화되어 디치오글리콜산(Dithioglycollic acid)으로 되면 환원작용을 잃어버린다. 그래서 보존할 때는 용기를 밀봉해 그늘에서 보관해야 한다. 또 철이나 동 등의 금속과 같이 있으면, 한층 산화되기 쉬우므로 치오 글리콜산과 금속의 반응이 일어나기 때문에 치오 글리콜산의 농도는 95% 이상이고 암모니아나 모노에탄놀아민은 5%정도 사용된다.

- **치오글리콜산** : (퍼머제의 주제로 알칼리제로 중화하여 사용) pH는 산성(1.5)
- **치오글리콜산암모늄** : 암모니아로 중화한 것이다.
- **치오글리콜산에탄올아민** : 모노에탄올아민으로 중화한 것이다.

ⓒ 시스테인계 종류

모발이나 새의 깃털을 원료로 가수분해하여 추출한 시스틴을 환원시켜 수소(H)를 첨가한 것이 시스테인이다. 모발은 케라틴이라는 경단백질로 화학적 결합으로 이루어져 있다. 모발을 산 또는 알칼리로 가수분해하면 약 18종류의 분자량 75～250정도의 작은 amino acid로 나누어진다. 시스틴은 모발 아미노산 가운데 가장 많이 함유되어 있는 아미노산이고 모발의 특징을 나타내는 중요한 성분으로 되어있다. 시스테인은 이 시스틴을 전기분해로서 환원해 수소(H)를 준 환원제이지만, 치오글리콜산과 같이 퍼머넌트 웨이브제인 제1제의 주성분으로 첨가되어 제도되고 있다.

- **L－시스테인(천연아미노산)** : 중성아미노산으로 모발을 구성하는 아미노산과 동일하며, 산화되어 시스틴을 생성하기 쉽다.

- DL-시스테인(합성 아미노산) : D-체와 L-체의 같은 양 혼합물로 L-시스테인에 비해 시스틴을 생성하기 어렵다.
- 염산 L-시스테인(천연아미노산) / 염산DL-시스테인(합성아미노산) : 염산염을 중화해야하므로, pH조절제 등의 알칼리제를 과잉으로 사용해야 하는 단점이 있다.

㉡ 알칼리제의 역할

pH를 높이고 모발을 팽윤, 연화시켜서 퍼머제의 침투를 높이고 환원제의 작용을 활발하게 만든다. 암모니아, 모노에탄올아민, 탄산수소암모늄 등이 있으며 배합하는 종류에 따라서 퍼머제의 작용이 달라진다.

표 11-4 ▎알칼리제 특성[알칼리제의 차이에 따른 콜드계 1제의 특성]

구분	특성
〈암모니아계〉 암모니아수	- 휘발성, 자극적 향이 강하고 알칼리 잔류가 적다. - 오버 타임이 적다. - 배합량에 따라 pH상승이 현저하며 웨이브 형성력이 강하다.
〈아민계〉 모노에탄올아민 트리에탄올아민 등	- 불휘발성, 자극적 향이 적고 알칼리 잔류가 많다. - 오버 타임이 적고 팽윤이 낮다. - 배합량에 따라 pH상승이 현저하므로 웨이브 형성이 강하다.
〈중성염계〉 탄산수소암모늄 중탄산암모늄등	- 불휘발성, 자극적 향이 적고 알칼리 잔류가 많다. - 오버 타임은 비교적 적다. - 배합량을 증가해도 pH상승이 어려우므로 웨이브 형성이 약하다.
〈염기성아미노산계〉 아르기닌	- 알칼리성 아미노산으로 잔류해도 손상이 적다. - 특이취, 팽윤성이 낮다. - 모발과의 친화성은 높으나 반응은 약하다.

③ 퍼머넌트 웨이브 2제(산화제)

- 산화제 : 브롬산나트륨, 브롬산칼륨, 과산화수소
- 첨가제 : 1제와의 상승효과를 가져다주는 배합성분이 사용되고 있다.

㉠ 산화제의 역할

1제에 의해 잘라진 시스틴 결합을 재결합시키는 작용을 한다. 과산화수소는 반응이 빠르고 산화력이 강하며, 방치시간이 브롬산나트륨에 비해서 시간의 단축이 가능하며, 웨이브의 형태를 고정하고 유지시켜주는 작용은 브롬산 나트륨 타입이 일반적으로 많이 사용되고 있다.

2제는 산화력의 차이만이 아니라 처리 후의 모발의 pH, 질감, 헤어 컬러의 퇴색에도 영향을 주므로 목적에 맞추어 잘 사용해야 한다.

㉡ 산화제의 종류

ⓐ 브롬산나트륨(브롬산소다 / $NABRO_3$)

브롬산염의 제2제는 브롬산나트륨(취소산나트륨)을 주성분으로 하는 액상인 것이 대부분이고, 분말상인 제2제의 경우에는 주로 브롬산칼륨(취소산칼륨)이 사용된다. 브롬산나트륨과 브롬산칼륨의 차이는 화학식으로서 $NaBrO_3$와 $KBrO_3$로 Na(나트륨)과 K(칼륨)의 차이고 산화작용 역시 브롬산칼륨의 쪽이 용해도가 적고, 0℃에서는 물 1000ml에 대해 약 3g이지만, 브롬산나트륨에서는 약 28g이면 9배도 잘 녹고, 20℃에서는 브롬산칼륨 약 7g에 대해 브롬산나트륨의 경우는 약 35g이면 5배의 용해도를 가지고 있다. 그러므로 브롬산나트륨 쪽이 상온에서 잘 녹아 수용액으로서 사용되어지고, 제2제의 처리시간도 짧게 끝낸다는 장점이 있다. 현재 시판되고 있는 액상의 제2제에서는 5~20%정도까지의 브롬산나트륨이 포함되고, 제조 시에 3~5배 정도로 물로 희석해 사용한다. 사용되는 농도는 5~6%로 되어 있는 것이 많다. 제2제의 pH는 기준에 의하면 1인 1회분의 양을 물 또는 미온수 200ml에 녹여서 25℃에서 측정했을 때에 4.0~9.0의 범위에 들어가야만 한다. 브롬산염의 경우에는 산성범위에서 안정한 상태를 유지하는 것이 어려우므로 시판되는 액상타입으로서 제2제의 pH는 5.0~7.5정도가 많다. 산화작용은 약하며 모발의 손상과 변색이 적다. pH 5~7이고 방치시간은 10~15분 전·후이다.

ⓑ 과산화수소(H_2O_2)

과산화수소 제2제의 경우에는 과산화수소가 산성범위에서 안정하고, 알칼리범위에서는 매우 불안정하므로 pH는 낮게 설정하고 있고 2.5~4.5의 범위이다. 시판품의 PH는 2.5~3.5 정도가 가장 많으며 H2O2는 브롬산염에 비해 화학적으로 불안정하고 햇빛이나 미량의 중금속의 존재에 따라서 비교적 간단히 분해하기 때문에 처방에 대해서는 특별히 조심할 필요가 없다. 산화작용은 강하며 모발의 손상과 변색이 크다. pH 2.3~3.5이고 방치시간은 5~7분 전·후이다.

④ 첨가제

퍼머넌트 웨이브제의 모발 침투를 좋게 하거나 안정성, 사용감, 냄새 등을 개선하기 위해 1제나 2제에 첨가하는 성분이다.

침투제로 계면활성제, 트리트먼트제, 향료 등이 첨가된다.

2. 퍼머넌트 웨이브 종류 및 실제

1) 퍼머넌트 웨이브의 종류

(1) 퍼머넌트 웨이브제성분과 가온여부에 따른 종류

① 치오글리콜산 및 그 염류를 주성분으로 하는 냉 2욕식
② 시스테인 및 그 염류를 주성분으로 하는 냉 2욕식
③ 치오글리콜산 및 그 염류를 주성분으로 하는 냉 2욕식 축모교정용
④ 치오글리콜산 및 그 염류를 주성분으로 하는 가온 2욕식
⑤ 치오글리콜산 및 그 염류를 주성분으로 하는 냉 1욕식

(2) 퍼머넌트 웨이브제의 사용방법에 따른 종류

① 1욕법

one step wave라고도 한다. 보통의 콜드 웨이브는 2욕식이 많으나 1욕식 콜드 웨이브는 퍼머넌트 웨이브 용액이 1종류만을 사용하는 방법이다.

치오글리콜산의 농도와 알칼리제의 양이 2욕식 보다 낮게 설정되어 있다. 제2액의 산화제를 사용하는 대신에 공기 중의 산소와 린스제의 수중 산소로써 자연 산화를 이용해서 시스테인을 재결합 시켜 퍼머넌트 웨이브를 형성한다. pH는 9.4～9.6 이다

너무 장시간에 걸쳐 웨이브가 완성되면 웨이브 형성력이 낮아 미용실용으로 적합하지는 않다.

② 2욕법

two step wave라고도 한다. 가장 일반적으로 많이 사용하고 있고, 1단계인 환원제와 2단계인 산화제의 2종류로 이루어져 있다. 퍼머넌트 웨이브를 형성하거나, 모발을 직모로 만들 때 사용한다. 환원제와 산화제로 상온에서 시술하는 방법과 약 60° 정도 가온하여 시술하기도 한다.

③ 3욕법

three step wave라고도 한다. 모발이 경모이거나 강한 모발에 사용하거나 심하게 손상된 모발에 탄력있는 웨이브를 형성하기 위해 사용한다.

3가지 단계에서 첫 단계는 특수 활성제라고 하여 모발을 팽윤 · 연화시키기 위해 와인딩

전에 모발에 도포한다.

두 번째 단계는 2욕법의 1제와 같은 역할을 하고, 3단계는 2욕법의 2제와 같은 역할을 한다.

(3) 환원력에 따른 분류

① 치오글리콜산 퍼너먼트 웨이브

치오글리콜산이 주성분이며 알칼리에서 강한 환원력을 가지고 있으면, 환원력이 강하기 때문에 건강모, 경모 등의 웨이브 형성에 사용된다. 치오글리콜산 함량은 2~7%정도이고, pH는 회사별로 차이가 있다.

② 시스테인 퍼머넌트 웨이브

모발의 손상을 감소시키고 시술 후 모질의 개선을 위해 사용하며, 웨이브 형성력이 치오글리콜산보다 떨어져 로드사용 등에 주의해한다. 환원력이 약하므로 손상이 된 모발의 웨이브 형성에 사용한다.

(4) pH에 따른 종류

① 치오글리콜산, 시스테인 알칼리성 퍼머넌트 웨이브제

치오글리콜산과 시스테인을 주성분으로 하는 퍼머넌트 웨이브제이며 pH 범위를 알칼리 범위에서 제조한다. 알칼리성이 되기 위해 암모니아 또는 모노에탄올아민 등을 첨가한다. 이러한 이유는 닫혀 있는 모표피를 열어 퍼머넌트 웨이브제의 침투를 용이하게 하기 위함이다.

② 산성 퍼머넌트 웨이브

약산성 퍼머넌트 웨이브제로서 치오글리콜산이 주성분이며 모노에탄올아민 등과 같은 알칼리제 대신 계면활성제들 첨가하여 제조한다.

산성 퍼머먼트 웨이브라고 부르는 것은 두발의 손상을 줄이기 위해 개발된 것으로 pH 4~6정도의 약산성으로 제조된 것이다.

모표피의 팽윤 · 연화 작용이 약하기 때문에 약액의 침투가 쉽지 않다. 이러한 이유로 환원력이 떨어져 웨이브 형성 시 로드 등을 고려하여야 하고, 환원력이 약하기 때문에 손상모등의 웨이브 형성에 유리하다.

(5) 가온여부에 따른 퍼머넌트 웨이브 종류

① 가온식 퍼머먼트 웨이브

치오글리콜산을 주성분으로 하는 가온 2욕식과 시스테인을 주성분으로 하는 가온 2욕식 퍼머넌트 웨이브가 있다.

제 1액을 도포한 후 헤어 스티머 등을 사용해서 60℃ 이하의 열을 와인딩 부분에 가하는 방법이다. 열에 의해 약액의 반응이 촉진되므로 제 1액의 치오글리콜산과 알카리제, 시스테인의 농도 등 콜드식 퍼머넌트 웨이브제 보다는 낮은 배합으로 되어 있다. 제 2액은 2욕식 퍼머넌트 웨이브에 사용되어 있는 것과 같으며 2제 도포 후 에도 가온을 하여 반응을 촉진 시킬수 있다.

② 냉(콜드) 퍼머넌트 웨이브

퍼머넌트 웨이브제 1제, 2제를 도포한 후 가온을 하지 않는 시술이다.

2) 퍼머넌트 웨이브의 방법

(1) 시술 전 단계

① 모발진단

퍼머를 하기 전에 모발의 손상을 줄이고 효과적인 약제를 선택하기 위하여 모발의 상태를 체크하는 진단을 실시한다. 모발진단 결과에 따라 퍼머의 종류, 전처리제품, 파마액 등 퍼머 시술시 사용되는 모든 제품과 과정을 선정한다.

㉠ 건조한 모발 : 큐티클 층이 얇고 유분과 수분의 함유량이 적다. 그러므로 모자라는 수분을 보충하기 위하여 정상적인 모발에 비해 흡수성이 높게 나타난다. 또한 수분만 아니라 퍼머액의 흡수도 빠르게 진행되므로 와인딩 할 시 중간 스프레이로 물을 뿌려주어 지나친 퍼머용액의 흡수를 막아주는 것이 좋다.

㉡ 지성 모발 : 유분이 많아 수분을 밀어내는 특징이 있다. 서로 잘 섞이지 않는다. 퍼머액의 지성 모발인 경우에는 퍼머 전체 과잉 피지를 씻어내기 위한 샴푸를 해주어야 흡수가 느려지게 되어 퍼머의 효과가 빨리 나타날 수 있다.

㉢ 손상 모발 : 다공성이거나 큐티클 층이 파괴되어 화학 약품의 반응이 고르게 나타나지 않기 때문에 퍼머의 결과가 좋지 않거나 얼룩이 생기기 쉽다. 그러므로 손상 모발에 퍼머를 할 때 2차 손상을 막으려면 전처리를 하여 큐티클 층을 정리해 준 후 퍼머를 하거나 단백질 성분이 포함된 퍼머액을 사용하는 것이 좋다.

② 전처리 샴푸

시술 전 모발의 헤어스타일링제나 지나친 유분을 깨끗이 제거함으로서 펌제의 흡수를 돕고 형성을 용이하게 하는 단계이다. 주의할 점은 펌으로 인한 모발 및 두피가 자극으로부터 최대한 보호하기 위해 두피자극이 없고 알칼리가 높지 않는 제품을 사용하며 샴푸 시 두피를 자극하거나 모발을 지나치게 당기지 말아야 한다.

③ 타월 드라잉

샴푸 후 두발에 수분이 남게 되면, 체온이 떨어져 피부가 거칠어진다던지, 탈모증, 피부병의 원인이 될 수 있으므로 건조 타월 등을 이용해 모발에 수분을 털어내는 것이다.

④ 사전처리

사전처리란 펌 웨이브제를 사용하기 전에 모발손상 방지 및 모질을 개선해서 균일한 웨이브를 얻기 위해 행해지는 전반적인 시술처리를 의미한다.

㉠ 발수성 모발 : 트리트먼트 크림과 퍼머1제를 섞어 바르고 스팀 10분정도 가한 후 더운물로 헹구어 내고 1제를 바른 후 와인딩한다.

㉡ 지성모 : 샴푸를 여러 번해서 퍼머 1제를 도포한 후 스팀을 5~6분 정도 가온 후에 더운물로 헹구고 1제를 바른 다음 와인딩한다.

(2) 시술 단계

① 고객이 미용실에 방문하면, 헤어디자이너는 고객과의 상담을 통해, 웨이브의 크기, 퍼머넌트의 종류 등을 정한다. 이 때 헤어디자이너는 고객의 머릿결 상태 등을 고려하여 로드의 크기, 퍼머제 선택을 하여야 한다.

② 프레샴푸 : 직원은 고객에게 가운을 입히고 고객의 샴푸 여부를 확인하여, 프레 샴푸를 한다. 이때는 머리를 가볍게 헹군다는 느낌으로 샴푸를 하면 되고, 두피를 자극하면 안 된다.

③ 프레 샴푸가 끝나면 시술의자에 고객을 앉히고 퍼머보, 수건 등을 어깨에 씌운다.

④ 준비된 퍼머제 1제를 모발을 파팅하면서 전체적으로 도포한다. 이때 모발 손상부위와 신생모 부위, 손상도 정도에 의해 도포위치와 도포량을 고려한다.

⑤ 버진헤어일 경우는 모발이 연화가 될 수 있도록 방치타임을 둔다. 헤어디자이너마다 다르지만 대개 5~10분 정도 방치 타임을 둔다.

* 히팅캡을 사용하기도 한다.

손상모일경우는 방치 타임 없이 준비된 로드로 와인딩 시술을 한다.

⑥ 방치타임이 끝난 후에 머리카락을 살며시 잡아 당겨서 잘 늘어 나면 연화가 충분히

되었으니 준비된 로드로 와인딩을 시작한다.

⑦ 와인딩 시술시 디자인에 따른 파팅을 하고 먼저 와인딩 할 부분부터 섹션을 나누고 그 판넬에 로드로 와인딩을 한다.

⑧ 전체적으로 와인딩 시술 후에 다시 한번 퍼머제 1제를 도포한다.
고무줄에 의해 모발이 끊어지는 것을 방지하기 위해 스틱을 밴딩된 고무줄에 끼워 준다.

⑨ 스틱작업이 끝나면 비닐캡을 씌우고 다시 그 위에 히팅캡을 씌운다. 이때 모발의 손상정도와 퍼머의 종류에 따라 히팅캡을 사용하지 않을 수 있다.

⑩ 방치타임이 끝난 후 웨이브를 테스트 한다. 탑부분, 골덴부분의 로드 몇 개를 로드아웃해서 컬의 형태를 확인한다. 이때 컬을 살며시 잡아 당겼다가 놓아도 컬이 형성되어야 한다. 컬이 형성되지 않았으면 다시 로드로 와인딩 한 후 가온 또는 자연방치를 하거나 다시 퍼머제 1제를 도포하여 방치 타임을 한다.

⑪ 테스트에 의해 컬이 형성되었으면 헤어디자이너에 따라 다르나 중간세척을 하기도 한다. 중간세척을 하는 이유는 알칼리에 의한 모발 손상을 방지하고, 물에 의한 산화제 역할을 한다. 세척을 하지 않고 2액을 도포하게 되면 1액과 2액이 희석되어 산화 작용이 제대로 이루어 지지 않을 수 있어 웨이브 고정력이 떨어지고, pH조절이 되지 않으므로 모발의 손상을 유발시키므로 유의해야한다.

⑫ 중간세척이 끝나면 모발을 수건이나 드라이기로 물기를 어느 정도 닦아 낸다.

⑬ 그 다음 퍼머제 2제를 와인딩 된 두상에 전체적으로 고루 고루 1차 도포한다. 그리고 방치타임을 10분정도 둔다.

⑭ 퍼머제 2제의 1차 도포가 끝난 후에 다시 2차 도포를 한다. 다시 10여분정도 방치 타임을 둔다.

⑮ 방치 타임이 끝나면 로드 아웃을 한다.

⑯ 샴푸대에서 샴푸를 한다. 이때 샴푸제를 사용하면 안 된다. 왜냐하면 머리가 풀릴 수 있기 때문이다. 컨디셔너 등으로 샴푸를 한다.

⑰ 머리카락의 컬이 풀리지 않도록 컬을 만들면서 드라이기로 머리를 말리면서 스타일을 낸다.

(3) 퍼머넌트 웨이브 시술 시 주의 사항

① 고객의 모발이나 두피의 상태, 원하는 스타일을 잘 이해하고 스타일을 결정 한다.

② 모발 진단을 통해 시술 방법을 결정하고 시술 전 가벼운 플레인 린스(plain rinse)를 한다.

③ 디자인에 따른 로드 선정을 해야 한다.
④ 고객의 옷이나 얼굴에 퍼머제가 묻지 않도록 세심한 주의를 기울인다.
⑤ 스틱을 이용하여 고무밴드에 의한 모발절단이나 자국이 남지 않도록 한다.
⑥ 산화제 도포 시 로드 전체에 고루 도포하도록 한다.
⑦ 퍼머제를 사용할 때는 손의 보호를 위해 고무장갑을 착용한다.
⑧ 고객관리를 위해 시술 후 고객 카드를 작성하여 관리한다.
⑨ 가정에서의 손질 및 관리법을 설명한다.
- 퍼머넌트 웨이브 후 48시간 내에 샴푸하지 않는다.
- 염색 후 퍼머넌트 웨이브는 최소한 1~2주 후에 한다.
- 퍼머넌트 웨이브 후 염색은 1~2주 후에 한다.
- 사우나를 삼가고 저녁에 시술했을 경우 완전히 건조 후에 취침한다.
- 뜨거운 물로 샴푸하면 쉽게 풀린다.

⑩ 와인딩 시 주의사항
- 각도는 두상과 퍼머기법에 따라 정확하게 잡는다.
- 로드 와인딩시 흔들거리면 안 된다. 긴 머리 와인딩시에는 좌・우 움직이면서 와인딩하여 양 옆 가장자리가 느슨하게 와인딩 되지 않도록 한다.

12_헤어컬러링(염발)

1. 헤어컬러링의 기초

1) 컬러링의 역사

(1) 고대시대

고대와 중세 B.C 2000년경 이집트인들이 로우소니 라는 풀의 잎을 갈아서 헤나가루를 사용하였다. 르네상스시대 이탈리아에서 블론드 머리색이 유행 소라나(solana)라는 모자를 사용. 벌꿀을 사용하였다. 고대 이집트에는 흰머리를 위한 처방으로 검은 암소의 피와 거북이 등껍질 그리고 새의 목부분을 기름에 익힌 것을 사용하였고 모발염색을 위한 방법으로 새끼 사슴뿔을 기름에 데운 것 게의 담즙 운하에서 잡은 올챙이로 말려서 기름에 넣고 분쇄한 것, 고양이의 자궁과 새의 알을 함께 기름에 데운 것 등이 사용 되었다고 한다. 중동아시아 및 앗시리아인은 화장품, 모발 염색제를 사용하는데 있어서는 이집트인 못지않았다고 전해진다.

남녀 모두 눈썹과 속눈썹을 까맣게 칠하거나 염색을 하고 눈에는 분말의 안티모니아로 아이라인을 그려 넣었다. 여자들 때때로 남자들도 백납으로 얼굴을 화장하였고 입술과 볼을 까마게 칠하고 손톱과 손바닥 에는 헤나를 사용 염색 하였다. 아스르바니 팔왕은 BC7세기에 살았는데 진하게 화장하고 향수를 뿌렸다. 페리시아 왕자들은 헤나로 수염과 두발을 그리고 눈썹을 물들였다. 눈썹을 짙게 만들기 위해 로마인들은 안티모니, 납 등으로 만든 것을 사용하였다. 납은 공기 중의 산소에 의해 산화되면서 점차적으로 색상이 어두워진다.

납을 머리카락에 바르고 빗질을 한 후 방치시켜 모발을 염색하였다. 한편 지방을 정복한 후에 로마로 금발미녀를 잡아갔다. 그 광경은 검은 머리카락을 가진 로마 여성들에게 큰 충격을 가져다주었다. 그로 인해 그들은 잡아온 고을 금발여성의 모발을 잘라서 가발을 만들었다. 이것도 한계에 다다르자 기름과 재를 혼합해 그들의 모발을 탈색 하였다.

(2) 중세시대

비록 중세의 여인들이 얼굴에 화장하고 머리를 염색했지만 당연히 자연미가 대세로 남자들과 시인들에 의해 찬미 되었었다 그러나 헤어스타일은 화장기법에 있어서의 변화보다 더 빨리 발전하였다. 앵글로 색슨족은 푸른 머리를 선호 하는 경향이 있었다. 그 당시 색의 장식에 있어 일관성 있게 남녀 모두의 머리가 푸른색으로 칠해져 있는 것으로 봐서 실생활에서는 염료나 분말로 염색되었으리라 추정 된다.

(3) 이탈리아 르네상스 시대

1548년 휘렌주올라는 "여성의 아름다움에 관한 대화"라는 책을 출판 하면서 르네상스 시대의 이상적인 미인에 대해 상당히 정확 하게 묘사를 해주었다. 여기서 모발에 대한 묘사는 "모발은 꿀벌과 같이 금빛으로 반듯이 가는 금발이며 태양의 빛나는 빛과 번쩍임같이 물결치고 풍성한 숱을 지녀야 한다"고 했다.

베네치아 여성들은 금발머리를 좋아했던 성향이 있어서 캡이 없는 모자를 쓰고 온종일 햇볕아래 나와 앉아 있었다. 그들은 매일같이 모발에 부식성 용액에 적셔서 가장 더운 시간에 2~4시간에 밖에 나와 앉아 있었다. 이것은 붉은 금발 색조이다.

(4) 엘리자베스 여왕시대

1595년 출판된 스티븐 고슨 목사 책에는 "곤두선 머리털이 불타는 듯한 머리를 가진 이들"여기서 불타는 듯한 머리들은 여왕의 빨간 머리 가발에 어울리도록 물들인 것이다. 그 당시 모발염색제가 사용되었고 1602년 휴 플랫은 그의 독자들에게 30분 만에 머리칼이나 수염을 밤나무 색으로 염색하는 법을 지도하였다 .

(5) 17세기

17세기에는 남자머리의 길이가 격심한 논쟁의 핵심이 되었다. 둥근 붉은 입술과 큰눈에 짙은 눈썹과 짙은 머리색 그리고 이중 턱을 한얼굴이 인기였다. 17세기의 남성들은 금발머리 여인을 선호 하지 않았다. 검은색 또는 밤색머리에 어울리는 피부색을 갖춘 사람을 찾았다.

(6) 18세기

18세기초반 유럽에서는 여자들의 헤어스타일이 머리위에 천을 3층~4층으로 쌓아 올리고 두꺼운 리본을 수도 없이 길게 늘어트려 1야드 높이로 쌓아 올렸다. 진짜모발을 덮는 이 장치는 가짜모발과 섞어서 만든 것이며 이들 모발은 이같이 혼합 된것을 감추기 위해 굉장히 파우더를 많이 뿌렸다. 다이아몬드. 진주, 노랑, 초록, 빨간 돌들로 만들어진 것으로 모발에서 2~3인치 튀어 나와 있는 큰머리 핀들이 머리를 장식했다. 1785년에 모발의 색을 바꾸려면 머리를 샘물에 가서 씻고 주석 기름에 빗을 담가서 햇볕아래에서 빗어야 했다. 이 책에서는 아마 빗으로 머리를 염색하는 액에 대한 제조법이 포함되어 있고 또 모발을 여러 가지 방법으로 다루는 법 즉 염색하는 법, 염색을 제거 하는 법, 계속 유지시키는 법 등이 실려 있다.

(7) 19세기

19세기 들어서도 여전히 모발염색은 진행되었는데 미국의 한수입 업자는 그의 회사에 방문한 여성들에게 '붉거나, 회색 모발이 여러 가지 아름답고 유연한 자연스런 색조의 갈색과 검정으로 변한 견본을 볼 수 있을 것'이라 하여 모발이 회색으로 변한 많은 여성들이 시술하게 되었다. 19세기말 모발을 위한 화장품은 얼굴에 사용된 화장품보다 빨리 받아졌다.

(8) 20세기

20세기에는 금발, 짙은 색, 백발 등 다양한 색상이 유행했다 1920년대 이전 인조합성 염모제는 흰머리 커버용이었다. 1931년 미국에서는 초록의 뉘앙스가 인기를 끌면서 미국여성의 75% 가 염색을 했고, 특히 핑크빛 오렌지가 인기였다. 1940년 불리치와 일시적인 염모제 사용이 일반화되었고 1980년대에는 보색 테크닉과 하이라이트테크닉 등 20세기의 모발염색은 유행과 모델, 배우들이 헤어스타일의 모발색상에 영향을 입혀 점차 대중적이 되었다.

(9) 21세기

다양한 칼라, 다양한 염색제의 제조로 염색의 다양화가 이루어진 시기이다. 염모제에 의한 모발 손상이 있어 트리트먼트제의 시장도 발전 하였다. 염색시 모발의 손상을 줄이기 위한 다양한 방법이 연구되고 있고, 천연성분이 함유된 염모제들이 출시되었다.

2) 모발색채이론

손님의 모발에 염색제품을 사용하기 전 반드시 염색소에 관한 이론을 이해하여야 한다. 색상에 관한 이론 지식만이 색상 문제의 해결에 있어 각 상황에 맞는 올바른 색의 공식을 적용하여 표현할 수 있다.

색이란 빛의 광선의 움직임에 의해 생기는 것이다. 염색과정을 통해 모발에 착색된 인공색소나 모발에 있는 자연색소에 의해 광선이 흡수되거나 반사되었을 때 생긴다. 자연적인 모발 색은 멜라닌에 의한 빛의 흡수나 반사에 의해 일어난다. 멜라닌(Melanin)은 모피질(Cortex)에서 발견되는 색소이다. 멜라닌의 크기, 양, 분포가 모발의 색을 결정짓는다. 모피질에 분포되어 있는 큰 멜라닌 분자들의 양이 많을수록 짙은 색을 띄게 되고 작은 멜라닌 분자들이 적은 양으로 분포되어 있을수록 밝은 색이 나타나게 된다.

멜라닌의 크기, 양, 그리고 분포에 있어서 무수한 결합가능성이 모든 자연 모발 색을 만들어낸다. 이러한 자연현상을 모발 염색과정에서 모방하여 자연의 것과 거의 비슷한 색을 만들어낸다. 어떤 색소분자가 빛을 선택하여 흡수하거나 반사함으로써 이 세상의 모든 색이 만들어진다는 것이다.

예를 들어 우리가 빨간 색을 본다는 것은 노랑, 빨강 그리고 주황빛이 눈에 반사되는 한편 파랑, 초록 그리고 보랏빛은 색소에 의해 흡수됐다는 것을 의미한다.

색을 연구하는 학자들은 이러한 현상을 빛의 반사와 흡수에 관한 어떤 법칙을 세우는 기반으로 사용했었다. 이 법칙은 색의 법칙(Laws of Color)이라 알려져 있고 그 기본 개념들은 색을 다루는 모든 사람들이 어떻게 다른 색들이 형성되어지는 지도 이해하게 된다.

(1) 색의 법칙

색의 법칙은 다른 색들을 만들기 위해서 염료와 색소가 섞이는 것을 조절한다. 이는 과학에 기초하고 있고, 예술에 적용된다. 색의 법칙은 조화로운 색의 혼합을 위한 지침이 될 것이다.

① 원색(기본색 : Primary colors)

기본색이란 다른 색을 혼합하여 만들어낸 것이 아닌, 기초적인 순수한 색들이다. 3가지 기본 색은 빨강(Red), 노랑(Yellow), 파랑색(Blue)이다. 다른 모든 색들은 차 색의 혼합에 의해 만들어진다.

② 2차색(등화색 : Secondary colors)

등화색은 원색 두 가지를 같은 양으로 혼합하여 얻어지는 색이다. 같은 양으로 혼합했을 경우, 노랑(Yellow)과 파랑(Blue)은 녹색(Green), 파랑(Blue)과 빨강(Red)과 보라(Violet), 그리고 빨강(Red)과 노랑(Yellow)은 주황색(Orange)을 만들어낸다. 2가지색을 혼합하면 여러 가지 색을 만들 수 있다. 삼원색을 전부 혼합하면 무채색이 된다.

③ 3차색(Tertiary colors)

3차색은 기본색 한가지를 이에 근접한 등화색(2차색)중 하나와 같은 양을 혼합했을 경우 얻을 수 있다. 3차색은 노랑과 녹색을 혼합했을 경우 연두색(Green-Yellow), 파랑과 녹색은 청록(Blue-Green), 파랑과 보라는 남색(Blue-Violet), 빨강과 보라는 자주(Red-Violet), 빨강과 주황은 다홍(Pale yellow red), 그리고 노랑과 주황은 귤색(Pale red yellow)이 만들어진다.

④ 4차색(Quaternary colors)

이것은 앞에서 묘사되지 않았던 어떠한 색이라도 만들어 낼 수 있는 다른 모든 색의 배합을 포함한다.

⑤ 보색(Complementary colors)

보색이란 색상환(Color Wheel) 안에서 서로 반대되게 위치해 있는 어느 두 가지 색을 말한다. 이들 둘은 혼합하면 이들은 서로를 중화시키는 작용을 한다. 예를 들면 같은 양의 빨강과 녹색은 서로를 중화시켜서 갈색(Brown)을 만들어 낸다. 주황과 파랑도 서로를 중화시키고, 노랑과 보라 역시 서로를 중화시킨다. 보색(Complementary colors)은 항상 기본색 하나와 등화색 하나로 이루어진다. 보색의 한 조는 항상 3가지 원색으로 이루어지게 되는 것이다. 예를 들어 색상환을 보면 빨강(기본색 = 원색)의 보색은 녹색(등화색 = 2차색)이다. 녹색은 파랑과 노랑으로 이루어져 있다. 이들은 모두 원색 = 기본색이다.

보색관계 : 빨강 - 청록, 바이올렛 - 노랑, 블루 - 오렌지

(2) 색의 3속성

① 색상(Hue)

유채색은 각기 색감과 성질을 달리하고 있다. 이들 색을 구별하는데는 색의 이름을 필요로 한다. 색명으로 구별되는 모든 색들은 모두 감각으로 느낄 수 있고 이러한 색의 속성을 색상이라고 한다.

- 명도, 채도와 상관없이 어떠한 색깔을 띄는가 구별하는 성질

- 색상의 계열은 크게 3가지로 나뉨(계절과도 관계 있음)

㉠ 난색계열 : 2차색상이 주황색을 중심으로 한 주변의 색상, 따뜻한 느낌을 줌 (주황색, 구리색, 붉은색, 황금색, 장미색)

㉡ 한색계열 : 1차색상인 파란색을 중심으로 한 주변의 색상, 차가운 느낌을 줌 (파란색, 재색, 은색 등)

㉢ 중성계열 : 녹색 및 보라색 주변의 색상, 차거나 따뜻한 느낌이 없는 중간계열 (보라, 적포도주색)

② 명도(Value)

무채색과 유채색의 공통점은 밝음과 어두움을 가지고 있다는 점이다. 밝음과 어두움을 가지고 있는 것을 밝기의 정도로 표시하는 것이 명도이다. 흰색(White)과 검정(Black) 사이에 명도(Value)가 다른 회색(Grey)의 단계를 균등하게 등분하여 차례로 표현한 것이 명도의 단계이다. 이 명도의 단계는 무채색을 모두 11단계로 구분하여 모든 빛깔의 명도 기준으로 한다.

③ 채도(Chroma, Saturation)

색의 순도, 색의 선명도 즉 색채의 강하고 약한 정도를 말한다. 동일 색상 중에 채도가 가장 높은 색을 순색(Pure color)이라 하고 선명치 못하며 채도가 낮은 것을 탁색(Dull color)이라 한다.

3) 모발색의 이해

표피의 기저층에 존재하는 멜라닌 세포내에서 티로신이라는 아미노산이 산화 되면서 멜라닌이 형성, 멜라닌은 멜라노 사이트라고 불리는 모유두 하부층에 존재하는 특수세포로 생성된다. 멜라닌 세포는 자외선에 의해 자극을 받으면 멜라닌 색소의 생성을 촉진하게 된다. 이처럼 자외선과 같은 외부원인이나 각화과정이 비정상적으로 길어지며 티로신의 산화반응이 촉진되어 피부에 색소 침착이 일어나거나 피부색에 변화를 준다.

(1) 멜라닌(Melanin)종류

① 이유멜라닌(Eumelanin)

검정과 갈색 색조와 같은 모발의 어두운 색을 결정, 많을수록 어두워진다. 크기가 크고, 주로 동양인에 많다. 동, 코발트, 철이 다량 함유하여 입자형색소라도고 한다.

생성은 도파퀴논에서 도파크롬의 경로를 거쳐 흑갈색의 이유 멜라닌이 된다.

② 페오멜라닌(Phomelanin)

붉은색과 노란색과 같은 좀 더 밝은 색조를 담는다.

모발의 밝은 색 결정, 많을수록 모발색은 밝아진다.

색입자가 작고 모발 전체에 퍼져 있다. 분사형 입자, 탈색 시 잘 빠지지 않다.

서양인에게 많다. 생성은 도파퀴논이 케라틴 단백질에 존재하는 시스테인(cysteine)과 결합한 후 적갈색의 페오멜라닌 생성 된다.

(2) 자연모 레벨(base level)

멜라닌 종류의 양에 의해 결정된다.

① 흑색(black)
② 아주 어두운 갈색(very dark brown)
③ 어두운 갈색(dark brown)
④ 갈색(brown)
⑤ 밝은 갈색(light brown)
⑥ 어두운 황갈색(dark blonde)
⑦ 황갈색(medium blonde)
⑧ 밝은 금발(light blonde)
⑨ 아주 밝은 금발(very light blonde)
⑩ 아주 아주 밝은 금발(extry light blonde)
⑪ 매우 아주 밝은 금발(very extry light blonde)

각각의 레벨은 분사형과 입자형의 멜라닌을 함유하고 있다. 입자형의 멜라닌의 크기와 밀도에 따라 달라 보이는 것을 레벨로 표시한 것이다.

밝은 갈색의 명도는 크고 굵은 입자형의 멜라닌이 적은 양이 들어 있으며, 어두운 금발의 경우는 입자형의 멜라닌의 크기가 작으며 밀도가 높다.

2. 헤어컬러링의 원리

1) 염 · 탈색의 유형별 특징

(1) 염색의 지속성에 따른 분류

① Temporary color(일시적 칼라)

모발표면에 색을 입히는 것으로 입자가 크기 때문에 표피층을 뚫고 들어가지 못하고 한 번의 샴푸로 완전히 씻겨 나간다.

특징

- 일시적 착색만 가능하며 여러 가지 칼라로 하이라이트를 줄 수 있고 흰머리를 일시적으로 커버한다.
- 염료가 모표피에 물리적으로 강하게 흡착되어 색소를 씌운다.
- 헤어의 명도를 높일 수 없다.
- 사용하기가 편하다.
- 암모니아나 산화제가 들어가 있지 않다.
- 예 : 헤어마스카라, 컬러 스프레이, 컬러무스, 컬러젤 등이 있다.

② Semi-permanent color

반영구적인 염색으로 코팅칼라, 산성칼라가 여기 속하며 제1제만으로 구성되어서 직접 칼라(direct color)라고도 한다.

특징

- 염색 도포 후 4~6주 정도 지속된다.
- 밝은색으로 변환이 되지 않는다.
- 염색분자 입자가 작은 분자 큰분자가 혼합되어 작은 분자는 큐티클 안에 침투하여 조금 오래간다.
- 백모는 10~30% 커버한다.
- 색상이 선명하다.

- 단점 : 염색종류가 한정되어 있다.
- Ph는 2.5~4 정도이다.
- 이온결합하여 색이 나온다.
- 휘발성보다는 염착성이 강하다. 암모니아가 거의 없다.

Semi-permanent color 원리

- 약액을 도포하면 산성염료가 침투제의 작용으로 모발에 침투한다.
- (−)이온의 색소가 모발 내부의 (+)부분과 이온결합 한다.

③ Demi-permanent color

암모니아가 없는 산화 염모제, 중성칼라라고도 함, Ph는 6~8정도, 다운전용이다.

특징

- 색상은 6~8주 정도 지속된다.
- 제1제와 2제를 혼합해서 사용한다.
- 백모카바는 50% 정도이다.
- 산화제(3%)와 암모니아가 약하여 탈색작용은 활발하지 않아 모발은 밝아지지 않는다.
- 컬러 작용은 색조만 입히고 어둡게 염색되며 밝게는 할 수 없다.
- 자연적으로 색이 퇴색되어 바랜 모발에 색상의 선명도와 윤기를 주려고 할 때 사용한다.
- 명도는 바꾸지 않고 햇빛에 보이는 색조(반사빛)를 원할 때 한다.

④ Permanent color

산화염모제, 알칼리염모제. Ph는 9~10정도이다.

특징

- 1제인 염모제와 2제의 산화제의 혼합으로 사용
- 지속력은 영구적이다.
- 백모카바 100%이다.
- 1제에 암모니아 함유한다.
- low light, high light 가능하다.

2) 염 · 탈색의 원리

① 1제의 알카리성 성분(암모니아)이 모발의 큐티클을 팽윤 연화 시킨다.
② 큐티클이 열린 사이로 1제와 2제의 혼합액이 침투한다.
③ 산화제(2제)의 과산화수소가 멜라닌을 파괴하고 산소를 발생 한다. 이 때 1제의 암모니아수는 과산화수소의 산소 발생을 촉진시킨다. 멜라닌을 탈색시켜서 새로운 모발 색상을 위한 바탕색을 만든다.
④ 발생한 산소는 1제의 염료와 중합반응을 일으켜 고분자의 염색분자가 된다. 고분자 염료는 샴푸 시 분자가 커서 큐티클 밖으로 빠져 나오지 못한다.

3. 헤어컬러링의 종류 및 실제

1) 헤어컬러링의 종류

화학적 조성 즉 pH에 따른 분류이다.

<table>
<tr><th></th><th>알카리 칼라</th><th>로우 알카리 칼라</th><th>염기계 칼라</th><th>산성 칼라</th><th>브릿지</th></tr>
<tr><td rowspan="2">발색구조</td><td>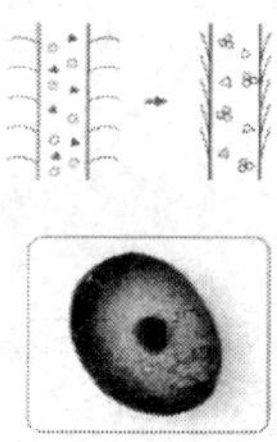</td><td>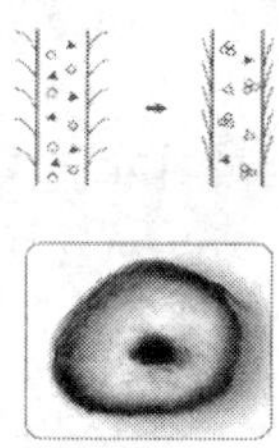</td><td>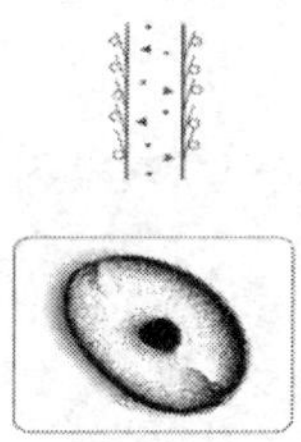</td><td>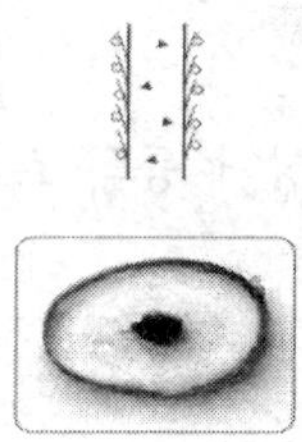</td><td>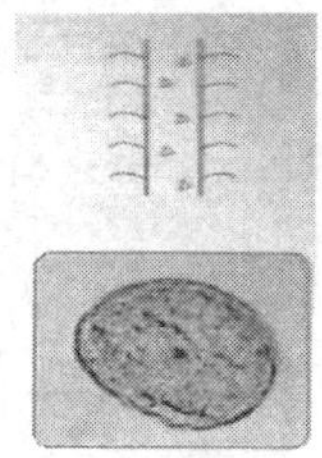</td></tr>
<tr><td colspan="2">열린 큐티클 사이에서 염료가 들어와 모발 내부에서 발색한다. 동시에 모발의 멜라닌 색소도 표백되어 간다.</td><td>큐티클의 표면에 흡착하여 모발의 내부로 침투하여 염착한다.</td><td>큐티클 표면에 이온 흡착한다.</td><td>모발의 멜라닌 색소를 표백한다.</td></tr>
<tr><td>pH</td><td>9.0~12.0</td><td>7.0~9.0</td><td>5.0~9.0</td><td>2.0~4.0</td><td>9.0~11.0</td></tr>
<tr><td>리프트력</td><td>중간</td><td>낮다</td><td>리프트력 없음</td><td>리프트력 없음</td><td>높다</td></tr>
<tr><td>손상</td><td>중간</td><td>적음</td><td>매우 적음</td><td>손상 없음</td><td>높다</td></tr>
</table>

	알카리 칼라	로우 알카리 칼라	염기계 칼라	산성 칼라	브릿지
색유지	매우 좋다	좋다	나쁘다	중간	
구분	의약부외품		화장품	화장품	의약부외품
주의점	폭넓은 색표현이 가능하지만 알레르기 반응을 일으킬 염려가 있으므로 사용 전에 패치 테스트가 필요하다.		피부에 부착되기 어려운 특징이 있지만, 분자가 작아서 색유지 감은 그다지 좋지 않다.	피부병에 대한 염려는 적지만, 피부에 닿으면 잘 지워지지 않으므로 주의하여야한다.	알레르기 반응은 일으키지 않지만, 피부에 자극을 주지 않도록 주의하자.
염료의 종류	• 산화염료 • 직접 염색		• HC 염료 • 염기성염료	• 산성염료	

2) 헤어컬러링의 방법

(1) 카운슬링

* 모발, 두피진단

칼라링을 하기 전에 다음 사항에 대하여 주의 하자.

두피 체크

습진, 피부염, 상처 등의 트러블이 없는 지 주의하여야 한다.

모발 체크

1. 문진 : 손님에게 묻는다.
2. 시진 : 눈으로 보고 확인한다.
3. 촉진 : 만지고 확인한다.

(2) 색 결정

고객의 희망을 듣고 그에 어울리는 제안을 하여야 한다.

색 선택의 힌트

눈동자의 색, 피부 색등은 색을 선택할 때의 힌트가 된다.

* 눈동자의 색 → 홍채의 색을 본다.
  멜라닌 색소의 색을 체크한다(언더 칼라 예측).

* 피부색 →
  [블루 베이스의 피부(핑크계)]
  피부의 색을 돋보이게 한다. → 오렌지빛, 구리빛, 레드빛
  피부의 색에 어울리게 한다. → 에쉬빛, 바이올렛, 레드빛
  [옐로우 베이스의 피부(오클계)]
  피부의 색을 돋보이게 한다. → 메트계, 에쉬빛, 구리빛
  피부의 색에 어울리게 한다. → 골드빛, 오렌지빛, 메트계

(3) 테크닉의 결정과 시술

사용 약제와 기술 결정

사용할 약제와 싱글 프로세스, 더블 프로세스, 디자인 칼라 등의 기술을 결정한다.

프레 처리

모발 손상 정도에 맞추어, 프레 처리를 한다.

시 술

스피디하게, 정성스러운 시술을 유념하자.
시술이 결정되면 정보가 있는 칼라를 도포하여 간다.

애프터 처리

프레인 린스 후 애프터 샴푸를 한다. 칼라용 샴푸로 한다.
애프터 처리에서 P.P.T.를 하여 트리트먼트를 한다.

(4) 칼라 링을 하기 위한 준비

* 먼저 손님에 대한 준비를 한다.

- ○ 두피 체크를 한다.
- ○ 옷을 더럽히지 않도록 목 부분에 랩을 하고, 타올을 목에 감는다.
- ○ 칼라 크로스 위에도 타올을 걸친다.
- ○ 얼굴 주위에 보호 크림을 바른다.

*** 패치 테스트**

염색하기 전에 반드시 염모제에 피부염이 있는 체질인가를 조사하는 패치테스트(피부시험)를 하여야 한다.

*** 패치 테스트의 방법** <염색 2일 전(48 시간 전)에 다음 순서에 따라 시술 한다>

1. 사용하는 색 번호의 1제와 2제를 1제 : 2제 = 1:1 (12레벨 이상은 1:2) 로 혼합하여, 테스트액을 만든다.
2. 팔 안쪽에 10원 동전 크기로 얇게 바르고, 자연스럽게 건조시킨다.
3. 그대로 건드리지 말고 48시간 방치한다.
   약제를 바른 부분에 부기나 수포, 가려움 등 피부 이상이 있을 시에는 바로 씻어 내고 테스트를 중지하며 염색을 금하여야 한다.
   문제가 없을 시에는 바로 염색을 한다.

(5) 도포 시 주의점

* 도포 시의 주의 점은 다음과 같다.

- 시 간 : 시간에 따라 염착이 좌우된다.
- 온 도 : 온도가 높으면 반응이 빨라진다.
- 도포량 : 많을 수록 잘 염착된다.

(6) 블로킹과 슬라이스

원만한 시술 작업을 위해 미리 블로킹을 하여 둔다.

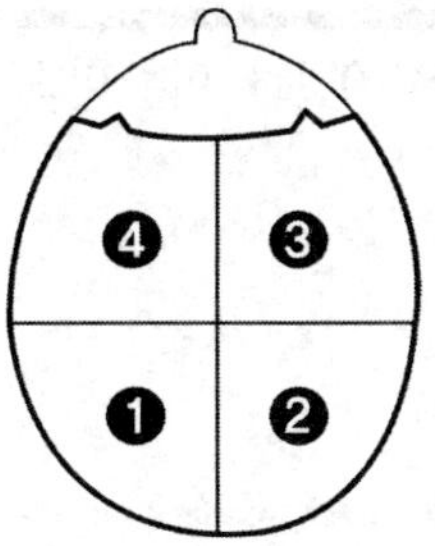

〈4블록〉

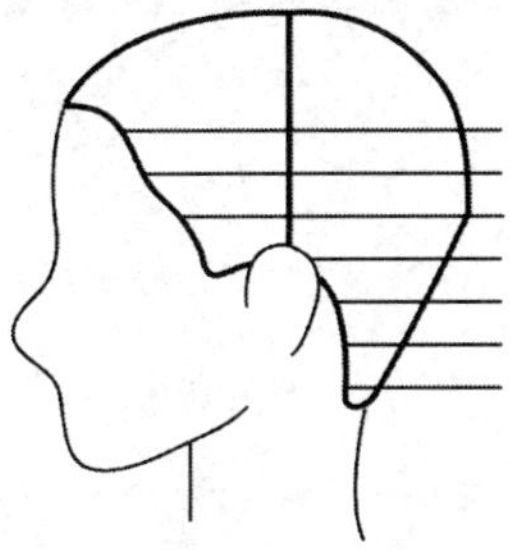

가로 슬라이스

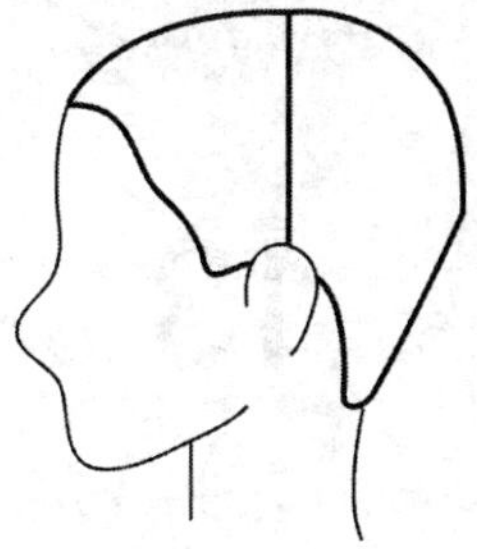

세로 슬라이스

(7) 염색 도포를 하기 위한 기본 테크닉

각각의 포인트에 주의하면서 작업하자.
<중간~모선 도포> 위에서 아래로 한다.

① 슬라이스(2~3cm)를 잡아, 잘 빗질하고 모발을 정리한다.
② 스템은 두피에 대해 90도가 되도록 한다.
③ 뿌리로 부터 1~1.5cm떨어뜨려 도포하여 갑니다.
슬라이스 뒤까지 약제가 골고루 발라지도록 확실하게 눌러 바른다.
④ 손가락으로 약제를 균등하게 정리한다.
⑤ 뿌리 부분을 살짝 띄워 방치한다.
⑥ 뿌리 부분의 도포는 약제가 겹쳐 발라지지 않도록 빗을 세워서 도포한다.
(슬라이스 1~1.5)
* 핸드 팔레트를 사용하여 도포량을 조절한다.
⑦ 크로스 체크를 하여, 도포 얼룩이 없도록 빗으로 도포량을 조절한다.
⑧ 방치한다.

13 _ 가발

1. 가발의 종류 및 사용

1) 가발의 종류

(1) 가발 용도에 따른 분류

① 패션(멋내기)가발

개인의 헤어스타일 변화를 주고 싶을 때 가발을 이용하여 이미지 변화를 한다.

㉠ 통 가발(위그) : 두상의 형 전체를 감싸는 가발로 긴 머리용, 짧은 머리용이 있다.

㉡ 부분 가발(헤어피스) : 두상의 어느 부분에 착용하여 헤어스타일 변화를 주는 가발이다.

② 기능성(탈모형)가발

주로 탈모가 있는 분 들이 착용하는 가발로 탈모부위를 커버하기 위해 사용한다.

㉠ 통 가발 : 탈모가 심한 분들이 주로 착용한다.

㉡ 부분 가발 : 탈모가 있는 부분에 착용하는 가발이다.

ⓐ 착탈식 : 필요시에 가발의 탈부착이 가능하다.

ⓑ 고정식 : 가발을 머리에 고정 시켜서 한 달에 한번 정도 관리만 받으면 되는 형태이다.

③ **붙임머리**

짧은 모발에 가닥 가닥의 모발을 잇는 것을 말한다. 부분 염색을 하기도하고, 염색이 된 모발가닥을 사용한다. 실리콘을 이용해 모발과 모발을 이어준다.

(2) 가발 소재에 따른 분류

① **인모**

인모는 사람의 머리카락으로 만든 가발이다. 인모 가발의 큰 특징은 머리의 윤기나 모질이 자연스럽고, 퍼머넌트, 염·탈색이 가능하다, 스타일링을 하기도 쉽다는 장점이 있다. 그러나 인모가발은 각별한 주의가 요구되는 단점은 가발을 세척할 때 엉킴이 잦고 빠지기도 쉬워 관리가 소홀할 경우 가발의 수명이 짧아지기 쉽다.

② **인조모**

인조모는 일종의 합성섬유로 제조하여 사람의 머리카락과 유사하게 만들어 낸 가발이다. 인조모 가발의 장점은 관리가 쉽고, 세척 시 엉키거나 빠지지 않아 세척이 용이하다. 이로 인해 수명이 길다. 단점은 인조모 이므로 퍼머넌트, 염·탈색이 안 되고, 스타일링이 잘 되지 않고, 모발색, 모발의 질감이 인모보다 떨어진다.

2) 가발의 사용법

(1) 가발 착용 방법

① 가발의 스타일을 정리 정돈, 잘 빗는다.
② 가발이 위치할 부분의 모발을 정리 정돈한다.
③ 가발을 착용할 위치에 가발의 용도에 따라 착용한다.
④ 가발과 기존 모발과의 스타일을 연결한다.

(2) 가발 세척 방법

① **고정식(부착식)** : 보통 테이프식과 접착제식, 결속식(머리카락 잇기)이 있다.

㉠ 가발에 물을 골고루 분무한다. 물은 조금 따듯한 것이 좋으나 차가운 물도 무관하다.

* 뜨거운 물에 샴푸나 린스를 하면 원래의 컬과 형태가 손상되고 헤어가 수축이 되어 회복이 안 되므로 뜨거운 물의 사용은 피한다.

ⓛ 적당한 양의 샴푸를 덜어서 거품을 낸 후 모발을 한 방향으로 쓸어 내리 듯이 가볍게 씻어 준다. 이 때 가발을 비비거나 문지르면 수명이 단축 되므로 유의한다.

* 세탁기나 탈수기를 사용하면 헤어가 엉키게 되고 컬의 손상으로 망가지므로 사용을 금지한다.

ⓒ 샴푸로 감은 가발은 충분히 물로 헹구어 준다.

ⓓ 마지막으로 린스를 이용하여 가발을 감아주며, 가발에 윤기가 남도록 한다.

ⓜ 가발을 수건으로 가볍게 눌러 약 70~80% 정도만 물기를 제거한 상태에서 원하는 스타일을 창출한다. 닦아 낼 경우에도 절대 비비지 않도록 주의한다.

* 직사광선이나 헤어드라이어 온풍기, 열풍기 등의 사용은 헤어가 수축되는 원인이 되므로 피한다.

② **착탈식** : 가발을 썼다가 벗는 방식이다.

ⓖ 가발을 충분히 물로 적신다.

ⓛ 샴푸로 거품을 낸 후 가르마 앞부분을 중심으로 하여 브러쉬로 한 방향으로 쓸어 담듯이 빗어 준다.

ⓒ 깨끗한 물로 샴푸기를 완전히 제거한다.

ⓓ 샴푸기를 완전히 제거한 다음 린스를 한다.

ⓜ 린스로 감은 가발을 흘러내리는 물로 2~3번만 헹궈 가모에 윤기가 남도록 해야 한다.

ⓑ 수건으로 꾹꾹 눌러서 어느 정도의 물기를 제거한 다음, 가볍게 털어준다.

ⓢ 말린 가발은 잘 건조시켜 살짝 빗어 정리한다.

ⓞ 다음 착용 시 스타일을 연출할 때는 분무기로 물을 가볍게 뿌려주면 빗질이 쉽게 된다.

(3) 가발 빗질 방법

브러싱은 일반적으로 모질을 관리하기 위한 방법이고, 빗질은 특정 스타일링을 위한 방법이다. 인조, 인모에 관계없이 브러싱은 일반 브러쉬를 사용하고, 빗질은 여러 가지 가발 전용 스타일링 빗을 사용하면 된다. 빗질을 했을 때 촉감이 부드러워 서로 엉키지 않고 빗질이 잘 되는 것이 좋은 가발이다.

오랜 수명을 유지하기 위해서는 자연스럽게 적게 힘을 주고 빗질하는 것이 가장 중요하며 분무기에 약간의 린스를 혼합하여 전체 물을 뿌린 다음에 손으로 가볍게 털어주고, 빗질을 하면 웨이브가 풀리지 않고 오래 유지할 수 있다.

(4) 가발 사용 시 주의 사항

① 샴푸 시 빗질을 하거나 거칠게 비비는 것은 컬이 망가지므로 피해야 한다.
② 바람이 많이 불거나 비바람이 치는 날엔 가발사용을 하지 않는다.
③ 정전기를 발생시키거나 손으로 자주 만지는 것은 삼간다.

3) 홈케어 관리

가발을 장시간 사용하지 않을 시에는 먼지와 불순물의 접촉을 삼가 해야 오랜 수명을 유지 할 수 있다. 습기가 없고 온도가 높지 않으며 통풍이 잘되는 곳에 가발 전용 스탠드에 걸어서 보관하는 것이 가장 좋다. 혹은 습기를 잘 흡수하는 신문지를 가발 안에 넣은 후 가지런히 가발 망을 씌우고 상자에 넣어 보관해도 된다.

2. 가발제작

제작과정은 상담 → 가발착용결정 → 패턴제작 → 가발착용방법 → 가발제작 → 가모 패턴제작으로 이루어진다.

1) 가발 디자인

고객과의 상담을 통해 모발상태와 두피상태를 파악하여 제작한다. 제작 시 고려할 내용은 두상의 크기, 모발 굵기, 모발 색, 나이, 직업, 얼굴형, 가르마 등을 고려한다. 가발의 디자인은 용도에 따라 다르게 제조 한다. 탈모 커버를 위한 가발, 패션 가발, 부분가발을 제조한다. 소재로는 맞춤가발은 인모와 합성섬유모를 사용하는데, 인조모도 발전하여 인모와 비슷한 정도이다.

탈모 가발, 패션가발은 통 가발 또는 부분 가발(헤어피스)을 제조한다. 탈모가발은 구입 후 고객의 모발 색과 스타일에 맞게 염색, 커트를 하여 착용하는 경우가 많다. 패션가발은 화려한 컬러, 웨이브 다양한 디자인으로 제조 되어 고객의 기호에 맞게 구입하여 착용한다.

2) 패턴 제작

패턴작업은 고객의 두상에 맞게, 개인별 탈모 형태에 따른 패턴을 만드는데 패턴은 개인별로 머리모양과 굴곡, 부위가 다르기 때문에 꼭 필요한 작업과정이다. 가발의 용도에 맞게 가발을 제조하기 위한 가장 중요하고 기초적인 작업이다. 모발의 굵기와 모발의 양이 중요하고, 현 모발의 색과, 굵기와 모발 결 등과 잘 어울리게 하여야 한다.

PART 2

공중보건학

14_공중보건학 총론

1. 공중보건학의 개념

1) 공중보건학의 정의

(1) Winslow의 정의

1920년에 공중보건학이란 조직적인 지역사회의 노력을 통하여 질병을 예방하고 생명을 연장시키며, 신체적 · 정신적 효율을 증진시키는 기술이며 과학이다. 즉 환경위생 향상, 전염병 관리, 개인위생에 관한 보건교육, 질병의 조기발견 · 조기진단을 위한 의료와 간호봉사의 조직화, 모든 사람들이 자신의 건강유지에 적합한 생활수준을 보장받도록 사회제도를 발전시킴으로써 건강과 장수라는 생득권을 실현할 수 있도록 하는데 있다.

(2) 보건의료의 새로운 개념

① **일차보건의료** : 지역주민 모두가 수용할 수 있는 지역사회보건의 실천적 원리이며, 새로운 보건의료질서이고, 전 세계적인 보건의료전략의 핵심이라고 할 수 있음. 따라서 일차보건의료 활동으로는 예방접종사업, 식수위생관리사업, 모자보건사업, 보건교육사업, 지방병 관리사업, 경미한 질병의 일상적 치료사업, 주민의 영양개선사업 등이 중심이 된다.

② **포괄적 보건의료** : 질병의 치료뿐만 아니라 예방, 재활, 건강증진 및 건강보호 활동 등 인간의 전 생애적 생활 개념의 건강관리를 목적으로 하는 포괄적 보건의료의 개념이 대두됨. 자연과학과 사회과학의 통합과학으로서 질병의 조기발견, 조기치료, 무능력화 예방, 재활 및 건강 증진활동 등 건강 확보를 위한 포괄적인 접근이라 할 수 있다.

③ **지역사회보건평가** : 지역단위의 건강수준이나 보건수준의 정도를 나타내는 수량적 표시로서 영아사망률, 평균수명, 모성사망률, 비례사망지수, 유아사망률, 사인별 사망률, 결핵이나 기생충 감염률, 질병이환율, 보통사망률, 평균 연령 등의 건강지표가 사용됨. 그 밖에 종합건강 지표로서는 비례사망지수, 평균 수명, 보통 사망률이 사용되고, 특수건강지표로서는 영아사망률, 전염병 사망률이 사용되며, 보건봉사활동 지표로서는 의료봉사자수 및 병상 수 등의 평가지표가 이용됨. 국가간이나 지역사회간의 보건수준을 비교하는데 여러 가지 지표가 사용되지만 대표적3대 지표로 사용되는 것은 영아사망률, 비례사망지수, 평균 수명 등이다.

2) 공중보건학의 범위

① **환경보건분야** : 환경위생, 식품위생, 환경보전과 공해문제, 산업환경
② **질병관리분야** : 역학, 전염병 관리, 기생충질병관리, 성인병관리
③ **보건관리분야** : 보건행정, 보건영양, 인구보건, 가족보건, 모자보건, 학교보건, 보건교육, 정신보건, 보건통계

2. 건강과 질병

1) 건강과 질병의 정의

(1) 건강의 개념

건강이란 단순히 질병이 없고 허약하지 않은 상태만을 의미하는 것이 아니고, 육체적 · 정신적 건강과 사회적 안녕이 완전한 상태를 뜻한다.

2) 질병의 발생과 예방

(1) 질병의 예방단계

① **1차적 예방단계** : 병인, 숙주, 환경 등에 의해서 질병발생의 자극이 있는 시기로서, 인간의 생활환경 개선, 건강증진 활동, 안전관리 및 예방접종 등의 질병발생의 억제 또는 방지적 예방활동이 필요한 단계이다.

② **2차적 예방단계** : 숙주의 병적 변화가 있는 시기로서, 질병의 조기발견, 조기치료 등의 치료의학적 예방활동이 필요한 시기로서 질병의 악화를 예방하는 단계이다.

③ **3차적 예방단계** : 질병의 재발 방지, 잔여기능의 최대화. 재활활동 등의 재활의학적 예방활동 및 사회복귀 활동이 필요한 단계이다.

3. 인구 보건 및 생명표

1) 인구이론의 변천

John Graunt는 1662년에 처음으로 출생과 사망에 대한 인구의 수량적 분석을 시작한 인구학의 시조라 할 수 있지만 인구론을 독립적으로 논의한 사람은 영국의 고전 경제학자 인 Thomas R. Malthus가 주장한 말더스주의가 그 효시이다.

① **말더스주의** : 인구증가는 기하급수적이고, 식량증가는 산술급수적이기 때문에 인구의 증식을 식량과 연관하여 인구론을 전개하였다.

㉠ 규제의 원리
㉡ 증식의 원리
㉢ 인구파동의 원리

② **신말더스주의**

㉠ Francis Place는 피임에 의한 산아조절을 주장했다.
㉡ 적정인구론 : 최고의 생활수준이 주어질 때 실질소득을 최대로 할 수 있다는 적정 인구론을 주장하였다.

③ **말더스주의의 문제점** : 만혼을 인구 억제책으로 함으로써 성범죄와 같은 사회악을 유발하는 원인이 되었으며 인구의 억제를 생활수준에 둔 것이 아니라 식량에만 국한했던 것이 문제이다.

2) 인구조사

(1) 인구정태와 동태

① 인구정태

조사 시점에 있어서 인구의 상태를 인구정태라고 한다.

② 인구동태

- 어느 기간에 인구의 변동요인은 출생, 사망, 전입 및 전출 등에 의해서 끊임없이 변동되는 것이 인구동태이다.
- 출생, 사망, 혼인, 이혼 등의 출생통계나 사망통계 등의 보건 통계는 동태통계에 해당한다.
- 우리나라의 인구동태조사는 신고(출생, 사망, 혼인, 이혼)자료에 의해 실시된다.

(2) 국세조사

① 국세조사의 의미

- 최초로 실시한 나라는 스웨덴
- 근대적 의미로 국세조사를 실시한 최초의 국가는 1790년 미국
- 근대적 의미의 국세조사는 1925년의 간이 국세 조사가 처음이라 할 수 있는데, 매 5년마다 실시되고 있으며, 1980년부터는 11월 1일을 기준으로 실시하였다.

② 국세조사 방법

- 인구조사의 기준은 1년 중 제일 중앙일인 7월 1일 0시를 기해서 조사한 연양인구를 그 지역 및 그 날의 인구로 하며 기타 일에 조사한 인구의 경우는 반드시 조사일 표시한다.

3) 생명표

출생과 사망에 의한 생명현상을 표시하는 방법으로 사용되는 생존수, 사망수, 생존율, 사망률, 사력, 평균여명 등 6종의 생명함수로 표현하는 것이다.

생명표 한 동시 출생 집단에 대한 생존과 사망현상을 일정시간으로 나타내는 것이다.

6종의 생명함수

① 생존수(lx)

- 일정한 출생수(10만명)가 어느 연령에 도달했을 때까지 생존할 것으로 기대되는 수이다.
- 동시 출생자가 절반(1/2 lx)으로 감소되는 때를 반감기라 한다.
- 일반적으로 (1세)이후부터 노년기에 갈수록 남자보다 여자가 많아지는 경향이 각국의 공통된 현상이며 반감기는 선진국의 경우는 60~70세 이후로 나타나고 있지만 후진국에서 40~50세에서 나타난다.

② 사망수(dx)

- x세의 사람 중 "x+1"세에 도달하지 못하고 사망한 자의 수를 x세에서의 사망 수이다.

③ 생존율(Px)

- x세의 사람 중 x+1세에 도달할 수 있는 자의 비율을 x세에서의 생존율이라 하며, 생존율은 x세의 사람이 2년간 생존하는 확률이다.

④ 사망률(qx)

- x세의 사람 중 x+1세에 도달하지 못하고 사망하는 비율이다.

⑤ 사력

- x세에 도달한 자가 그 순간에 사망할 수 있는 확률이 1년간 계속된다고 가정한 것이다.

⑥ 평균여명

- x세의 생존자수가 x세 이후 생존할 수 있는 연수의 평균을 x세에서의 평균여명이라 한다.
- 평균수명이란 출생 직후 평균여명
- x세에 도달한 자가 앞으로 평균 몇 년을 더 살 수 있는가의 기대수명을 말하며 x세의 사람이 장래 생존하는 총 연년수를 생존수로 나눈 것이다.

4. 보건지표

1) 인구구조 지표

(1) 성비

성별 구성비를 표시한 방법을 성비라 한다.

(2) 연령구성비

각 연령대별 구성비를 말한다. 인구구성은 1세 미만의 영아인구, 1～14세까지의 소년인구, 15～64세 까지의 생산인구, 65세 이후의 노년인구로 분류한다. 소년인구를 유아인구, 학령기 전, 학령기로 세분하기도 하며 생산인구는 청년인구, 중년인구, 장년인구로 구분하기도 한다.

(3) 부양비

인구구성에 있어 사회, 경제적으로 의미가 있는 지표로서 부양비가 있다. 부양비는 생산능력을 가진 인구(15～64)에 대한 생산능력이 없는 어린이(0～14세)와 노인인구(65세 이상)의 비를 의미한다.

$$\text{부양비} = \frac{\text{14이하의 인구수} + \text{65세 이상의 인구수}}{\text{15～64세 인구수}} \times 100$$

2) 사망력 지표

(1) 보통사망률

보통사망률은 인구 1,000명당 1년간의 발생 사망수로 표시하는 비율이다.

$$\text{보통사망률} = \frac{\text{그 연도의 사망 수}}{\text{어떤 연도의 연중 인구}} \times 1000$$

(2) 연령별 특수 사망률

연령별 특수사망률은 1년간 어떤 연령의 인구 1,000명당 발생한 사망수를 표시하는 비율이다.

$$\text{연령별 사망률} = \frac{\text{그 해의 같은 연령의 1년간 사망수}}{\text{어떤 연도의 한 연령의 연중 인구}} \times 1000$$

(3) 영아 사망률

영아사망률은 어떤 연도 중 출생한 0세 사망수이다.

$$\text{영아사망률} = \frac{\text{그 연도중 0세의 사망수}}{\text{어떤 연도의 한 연령의 연중 인구}} \times 1000$$

3) 출산력지표

(1) 보통 출생률

보통 출생률은 어느 지역의 1년간 출생 수(사신은 제외)를 그 지역의 연중 인구로 나누어준 것이다.

(2) 연령별 특수출생률

연령별 특수출생률은 어떤 연도에 있어서 한 연령의 여자 인구 1000명에 대한 같은 연령의 여자가 출생한 정상 출생수이다.

15_ 질병관리

1. 역학

1) 역학의 정의 및 역할

(1) 역학의 정의

① 인간집단을 대상으로 한다.
② 질병의 발생이나 분포 및 유행경향을 밝히고, 그 원인을 규명한다.
③ 질병에 대한 예방대책을 강구할 수 있도록 하는 데 목적을 둔 학문이다.

(2) 역학의 역할

① 질병발생의 원인 규명 역할을 한다.
② 질병발생과 유행의 감시 역할을 한다.
③ 보건사업의 기획과 평가자료 제공 역할을 한다.
④ 질병의 자연사를 연구하는 역할을 한다.
⑤ 임상분야에 활용하는 역할을 한다.

2. 전염병 관리

전염병이란 한 환자 또는 일정 전염원으로부터 새로운 환자를 만들 수 있는 질병이다.

1) 전염병 관리의 발달사

① **종교설 시대** : 선악신설 시대라고 할 수 있다.
② **점성설 시대** : 종교적 신벌설을 전혀 믿지 않은 것은 아니지만 별자리 이동으로 전쟁의 발생, 전염병의 유행, 사망 등을 예단하던 시대이다.
③ **장기설 시대** : 나쁜 공기가 전파한다고 생각했기 때문에 질병발생 강고에 대한 연기 소독법이 시행했다.
④ **접촉 전염설 시대** : 사람과 사람의 접촉에 의해 전파된다는 사실이 알려져 질병 전파의 이론적 새싹이 트기 시작했던 시기이다.
⑤ **미생물 병인론 시대** : Louis Pasteur시대에는 특히 미생물 병인론 연구가 많이 진전되었다. 질병의 발생은 현미경적 미생물에 기인한다는 사실이 증명되었다.

2) 전염병의 발생과정

(1) 전염병 유행의 6대 요소

병원체 → 병원소 → 병원소로부터 병원체의 탈출 → 전파 → 새로운 숙주의 침입 → 감수성 숙주의 감염 등으로 연결되는 일련의 연쇄과정이다.

(2) 병원체

① **세균** : 콜레라, 장티푸스, 디프테리아, 결핵, 한센병, 백일해 등이다.
② **바이러스** : 소아마비, 홍역, 유행성 이하선염, 일본뇌염, 광견병, AIDS, 유행성 간염 등이다.
③ **리케치아** : 발진티푸스, 발진열, 양충병 등이다.
④ **기생충** : 회충, 구충, 간디스토마, 유구조충, 이질 아메바, 말라리아, 사상충 등이다.

병원체의 병독성과 전염성의 관계

- 병원체의 전염성은 전염병 전파에 작용하는 중요 요소인데 병원체의 침입기관이나 병인성 및 병원체의 증식양식 등에 따라서 전염성은 달라진다.
- 결핵균은 병인성과 병독성이 다 낮은 반면에, 홍역 바이러스는 병인성은 높으나 병독성이 낮으며, 광견병 바이러스는 병인성과 병독성이 다 높은 종류이다.
- 병인수 = 환자 수 / 총 감염자 수
- 병독성(환자의 중증도) = 중환자수 + 사망자수 / 환자 수

(3) 병원소

병원체가 증식하면서 생존을 계속하여 다른 숙주에 전파시킬 수 있는 상태로 저장되는 일종의 전염원으로서, 결국은 종국적 전염원이라 할 수 있다.

인간 병원소(환자, 보균자), 동물 병원소(소, 말, 돼지, 개 등), 토양 등이다.

① 환자

㉠ 환자의 역학적 의미

ⓐ 은닉환자

ⓑ 간과환자

ⓒ 전구기 환자

ⓓ 현성환자 등

㉡ 전염병의 감염형태

ⓐ 현성감염 : 임상적 증세가 있는 감염상태이다.

ⓑ 불현성감염 : 임상증세가 없는 감염상태이다.

ⓒ 혼합감염 : 2종 이상의 병원균이 함께 침입되어 있는 경우이다.

ⓓ 중감염 : 감염되어 있는 상태에서 동일 병원균이 다시 침입한 경우이다.

ⓔ 자가감염 : 자신이 가지고 있는 병원균에 의해 자기 자신이 다시 감염되는 경우이다.

② 보균자

㉠ 보균자의 역학적 의미

자각적으로나 타각적으로 임상증상이 없는 병원체 보유자로서 전염원으로 작용하는 감염자이다.

㉡ 보균자의 종류와 해당 전염병

ⓐ 병후 보균자(회복기 보균자) : 전염성 질환에 이환 되었다가 그 임상증상이 완

전히 소실되었는데도 불구하고, 병원체를 배출하는 보균자로서 세균성이질, 디프테리아 감염자 등이다.

ⓑ 잠복기 보균자 : 어떤 전염성 질환의 잠복기간 중에 병원체를 배출하는 감염자로서 디프테리아, 홍역, 백일해 등의 감염자가 그 경우이다.

ⓒ 건강보균자 : 감염에 의한 임상증상이 전혀 없고, 건강자와 다름이 없지만 병원체를 보유하는 감염자로서 디프테리아, 폴리오, 일본뇌염 등에 감염된 보균자가 그 경우이다.

③ 동물 병원소

㉠ 소 : 결핵, 탄저, 파상열, 살모넬라증

㉡ 돼지 : 살모넬라증, 파상열, 탄저, 일본뇌염

㉢ 양 : 탄저, 파상열

㉣ 개 : 광견병, 톡소프라스마증

㉤ 말 : 탄저, 유행성뇌염, 살모넬라증

㉥ 쥐 : 페스트, 발진열, 살모넬라증, 렙토스피라증, 양충병

㉦ 고양이 : 살모넬라증, 톡소프라스마증

④ 토양

⑤ 병원소로부터 병원체의 탈출경로

㉠ 호흡기계 탈출 : 호흡기계 전염병이 주가 되는데 해부학적으로는 코, 비강, 인후, 기도, 기관지, 폐가 중심 → 주로 예방접종을 통해

㉡ 장관 탈출 : 소화기계 전염병 → 환경위생 철저

㉢ 비뇨기관 탈출 : 성병은 소변이나 성기 분비물로 탈출 → 적출자 색출

㉣ 개방병소로 직접 탈출 : 화농성 질병 → 나병

㉤ 기계적 탈출 : 말라리아, 사상농충 등은 곤충의 흡혈에 의한 탈출, 주사기를 통한 탈출 등이다.

㉥ 태반을 통한 모체 감염 : 매독, 풍진

(4) 전파방법

① 직접전파

㉠ 성병, 나병 및 피부질환 등과 같은 환자로부터 탈출한 병원체가 전파체의 중간역할 없이 감수성 보유자에게 직접 전파만으로 전염이 성립되는 경우이다.

ⓛ 홍역, 인플루엔자와 같이 입에서 튀어나온 비말이 새로운 숙주에 직접 전파되는 경우이다.

② **간접전파**

환자로부터 탈출한 병원체가 각종 전파체에 의하여 전파됨으로써 전염이 성립되는 경우이다.

㉠ 간접전파의 성립요건

ⓐ 병원체를 옮기는 전파체가 존재

ⓑ 병원체가 병원소 밖으로 탈출하여 일정 기간 생존능력이 있을 때만 가능

㉡ 전파체(매개체)의 종류

ⓐ 활성전파체 : 매개역학을 하는 생물

ⓑ 비활성 전파체 : 무생물 전파체(물, 식품, 공기, 생활용구, 완구, 수술기구 등) 손수건, 완구, 의복, 헌책 등은 매개물 또는 개달물이라 하며, 매개물에 의한 전염병의 전파를 매개물 전염이라 한다.

③ **공기전파**

㉠ 비말전파 : 재채기, 기침, 대화 때에 전염원인 환자의 입과 코에서 비산한 비말의 수분이 증발하면, 그 미소 잔류물이 공기 중에 부유하는데, 이것을 흡입함으로써 감염이 성립되는 경우를 공기 전파이다.

㉡ 병원체를 내포하고 있는 미소 잔류물을 비말핵(droplet nuclei), 이 비말핵이 감수성 보유자의 흡기에 의해서 폐 등에 들어가서 감염이 성립되는 전파를 비말전파, 대화 중에 배출되는 포말에 의한 전파를 포말전파이라 한다.

④ **절지동물 전파**

㉠ 기계적 전파

ⓐ 매개곤충의 다리나 체표에 부착되어 있는 병원체를 아무런 변화 없이 전파하는 경우이다.

ⓑ 병원체가 아무런 변화 없이 전파되는 경우는 장관 비호전파이다.

㉡ 생물학적 전파

ⓐ 증식형 전파 : 곤충체 내에서 세균, 바이러스 등이 수적으로 증식한 후 곤충이 피부 교자시 감염되는 전염형태로, 페스트는 벼룩, 뎅구열과 황열은 모기, 재귀열은 이가 전파한다.

ⓑ 발육형 전파 : 수적증식은 없지만 생활환의 일부를 경과하면서 발육하여 전파하는 형태로, 사상충증은 모기, 로아 사상충증은 흡혈성침파리가 전파한다.

ⓒ 발육증식형 전파 : 곤충체 내에서 생활환의 일부를 거치면서 수적 증식을 하여 전파되는 형태로, 말라리아는 모기, 수면병은 Tse-tse파리가 전파한다.

ⓓ 배설형 전파 : 피부의 상처부위나 호흡기계 등으로 전파되는 형태로서 발진티푸스는 이, 발진열과 페스트는 벼룩이 전파한다.

ⓔ 경란형 전파 : 곤충의 난자를 통해 다음 세대까지 전달되어 전파되는 경우로 로키산홍반열과 재귀열은 진드기가 전파한다.

(5) 숙주의 감수성

① 감수성 지수

㉠ 숙주에 침입한 병원체에 대항하여 감염이나 발명을 저지할 수 없는 상태를 감수성이 있다고 한다.

㉡ 감수성에 관해서 Gottstein은 접촉에 의하여 전파되는 급성 호흡기계 전염병에 있어서는 감수성 보유자가 감염되어 발병하는 율이 대체적으로 일정하다고 하여 이를 감수성지수(접촉감염지수)라고 하였다.

㉢ De Rudder는 이를 %로 표시하였는데, 두창 95%, 홍역 95%, 백일해 60~80%, 성홍열 40%, 디프테리아 10%, 폴리오(소아마비) 0.1%로서 두창과 홍역이 가장 높다.

㉣ 감수성 지수 = 발병자 / 환자와 접촉환자

(6) 숙주의 면역

① 면역의 종류

㉠ 선천적 면역 : 인종, 종속, 개인 특이성

㉡ 후천적 면역

- 능동면역 : 자연능동면역, 인공능동면역
- 수동면역 : 자연수동면역, 인공수동면역이 있다.

② 선천면역과 후천면역

㉠ 선천성 저항력에는 종속 저항성, 인종 저항성, 개인 저항성 등이 있다

㉡ 후천성면역(획득면역)은 전염병 이환 후나 예방접종 등에 의해서 후천적으로 형성되는 면역이다.

③ **능동면역과 수동면역**

㉠ 능동면역

ⓐ 숙주 스스로가 면역체를 형성하여 면역을 지니게 되는 것이다.

ⓑ 항원 : 어떤 물질 또는 생균이나 사균제제에 의해 신체를 자극하여 항체를 산출하게 할 수 있는 것이다.

ⓒ vaccine은 생균이든 사균이든 균자체가 항원으로 작용할 수 있는 것을 말한다.

ⓓ 자연능동면역 : 각종 전염병에 감염된 후 형성되는 면역이다.

ⓔ 인공능동면역 : 생균 vaccine, 사균 vaccine 및 순화독소 등의 예방접종으로 얻어지는 면역이다.

㉡ 수동면역

ⓐ 다른 숙주에 의하여 형성된 면역체를 받아서 면역력을 지니게 되는 경우이다.

ⓑ 자연수동면역 : 모체로부터 태반이나 수유를 통하여 받는 면역이다.

ⓒ 인공수동면역 : ɣ-globulin이나 antitoxin 등 인공제제를 접종하여 얻게 되는 면역이다.

ⓓ 인공능동면역 방법과 질병

ⓔ 자연능동면역 되는 질병

3) 전염병의 예방 및 관리대책

(1) 전염병 유행의 관리대책

전염병의 관리는 전염병의 생성과정 6개 요소 중, 어느 한 개 또는 몇 개의 요소를 집중 공격하여 이를 제거함으로써 그 전파의 연쇄가 이루어지지 않도록 하는 것이 원칙

전염병관리 접근방법은 전염원 및 전염경로 대책, 숙주대책, 환자대책

① **전파 예방(전염원 및 전염경로 대책)**

㉠ 전염병의 국내침입 방지(검역) 대책

ⓐ 검역과 격리의 차이

- 검역 : 전염병 유행지역에서 입국하는 사람이나 동물 또는 식품 등을 대상으로 실시하는데, 전염병 감염이 의심되는 사람의 강제 격리가 중요하다.
- 격리 : 현재 이환중인 개방성 환자의 격리를 의미하는데, 유행성 일본뇌염, 파상풍, 발진티푸스(이의 구제후), 파상열, 양충병, 기생충병 등은 격리하여 관리할 필요는 없는 전염병이다.

ⓑ 검역 전염병의 관리방법

- 13개 검역소가 설치되었으며, 6개 공항과 20개 항구 등 26개 검역항이 있다
- 검역의 목적은 전염병이 국내외로 전염되는 것을 방지하기 위한 것이다.
- 격리와 감시내용
- 콜레라 : 120시간 페스트 및 황열 : 144시간

② 전염병의 전파 예방대책

㉠ 병원소의 제거 및 격리

ⓐ 병원소로 되어 있는 인축 공통 전염병(광견병, 우형결핵, 페스트, 탄저 등)은 감염된 가축을 제거함으로써 전염병의 전파를 예방한다.

ⓑ 이 병원소인 전염병(결핵, 나병, 콜레라, 페스트, 디프테리아, 장티푸스, 세균성 이질 등)은 인간 병원소를 일정기간 격리하거나 치료함으로써 전파예방을 한다.

㉡ 환경위경생 관리

ⓐ 소화기계 전염병은 환자의 배설물이나 오염된 물건들을 소독하여야 하며, 그 밖에 구충, 구서, 음료수 소독, 식품의 위생관리 등의 조치가 필요하다.

ⓑ 호흡기계 전염병은 이런 환경 위생적인 방법으로는 예방될 수 없기 때문에 객담의 소독이나 환자와의 접촉 기회를 차단한다.

ⓒ 곤충매개 전염병은 매개곤충의 구제가 중요하다.

③ 법정 전염병의 분류와 관리 – 법정 전염병은 총 57종으로 규정한다.

㉠ 법정전염병의 특성에 따른 분류

ⓐ 제1군 전염병 : 전염속도가 빠르고 국민 건강에 미치는 위해가 매우 커서 유행 즉시 환자격리 등 예방대책을 수립해야만 하는 전염병으로 콜레라, 페스트, 세균성이질, 장티푸스, 파라티푸스, 장출혈성대장균 감염증 등 6종류로 규정한다.

ⓑ 제2군 전염병 : 예방접종으로 예방 또는 관리가 가능한 종류로서 예방접종사업 대상으로 하고 있는 전염병으로 디프테리아, 백일해, 파상풍, 홍역, 유행성이하선염, 풍진, B형간염, 폴리오, 일본뇌염 등 9종류로 규정한다.

ⓒ 제3군 전염병 : 간헐적 유행 가능성이 있어 지속적인 발생 감시를 위한 모니터링 및 예방을 위한 홍보활동 등이 요구되는 전염병으로 말라리아, 결핵, 한센병, 성병, 성홍열, 수막구균성수막염, 레지오넬라증, 비브리오패혈증, 발진티푸스. 발진열, 쯔쯔가무시병, 렙토스피라증, 브루셀라증, 탄저, 공수병, 신증후군출혈열(유행성 출혈열), 인플루엔자, 후천성면역결핍증 등 18종류로 규정한다.

ⓓ 제4군 전염병 : 국내에서 새롭게 발생하는 신종 전염병이나 유행이 종식되었다가 재출현하는 전염병 또는 해외에서 유행되어 유입 가능한 전염병 등 발생 가능성이 있을 때, 긴급 방역대책이 요구되는 전염병으로 황열, 뎅기열, 마버그열, 에볼라열, 라싸열, 리슈마니아증, 바베시아증, 아프리카수면병, 크립토스포리디움증, 주혈흡충증, 요우스, 핀타, 두창, 보툴리누스중독증, 신종전염병증후군 등 15종류로 규정한다.

ⓔ 지정전염병 : 제1~4군 이외의 전염병 중 유행 여부에 대한 조사 및 감시활동이 요구된다고 보건복지부 장관이 지정하는 전염병으로 A형 간염, C형 간염, 반코마이신내성황색포도상구균(VRSA)감염증, 갸사스병, 광동주혈선충증, 유극악구충증, 사상충증, 포충층, 크로이츠펠트야콥병 등 9종류로 규정한다.

㉡ 전염병 예방법상의 전염병 관리 규정

ⓐ 전염병 환자 발견자의 신고

ⓑ 의사 등의 신고(제4조) : 의사 또는 한의사가 전염병 환자를 진단 또는 시체를 검안하였을 때는 환자 또는 동거인에게 소독 및 전염방지 방법을 지시하고 제1군, 제2군, 및 제4군의 전염병의 경우는 즉시로, 제3군 및 지정전염병의 경우는 7일 이내에 관할 보건소장에게 신고한다고 규정한다.

ⓒ 제4군 전염병 중 신종전염병증후군 : 급성출혈열 증상, 급성호흡기 증상, 급성설사증, 급성황달 증상, 급성신경증상 등의 질병이다.

④ 예방접종

㉠ 정기 예방접종 전염병

디프테리아, 백일해, 파상풍, 결핵, 폴리오, 홍역, B형간염, 유행성이하선염, 풍진, 기타 보건복지부 장관이 전염병 예방을 위하여 필요하다고 인정하여 지정하는 전염병이다.

㉡ 성인의 예방접종

ⓐ 인플루엔자(독감) : 폐렴의 발병 가능성이 큰 전염병이기 때문에 노인, 만성 폐질 환자, 심장질환자, 신부전증 환자 및 당뇨병 등의 환자의 경우는 독감 유행 2개월 전인 9~10월경에 매년 1회 접종하는 것이 바람직하다.

ⓑ 풍진 : 임산부 여성은 결혼 전 또는 임신 3개월 전에 예방접종이 필요하다.

ⓒ B형간염 : 미 접종자나 항체가 없는 성인의 경우 예방접종이 필요하다.

ⓓ 파상풍 : 흙과 접촉이 많은 직업은 10년에 1회씩 예방접종 필요하다.

ⓔ 신증후군 출혈열 : 경기북부와 강원도 등 출혈열의 유행지역 주민이나 전방의 군인 등은 출혈열 예방접종이 필요하다.

3. 기생충질환관리

1) 기생충 질환의 정의

기생충이란 우리의 몸 안팎에 살며 자신들의 생존을 위한 영양분을 우리에게서 취해가는 생명체들이다. 크기와 위치에 상관없이 우리의 몸을 이용해서 살아가며 해를 끼치는 것들은 모두 기생충에 속한다. 기생충은 소장이나 대장에만 사는 것이 아니다. 간, 뇌, 폐, 몸통, 피부와 근육사이, 혈액 속 등 인체의 어느 부분에도 기생충은 있다. 현미경으로 보이는 것을 포함해서 기생충의 종류는 약 120여 종류가 있다(바이러스와 박테리아는 제외). 하나의 생물이 독립해서 생활하는 경우와 다른 생물의 체표면 또는 체내에서 영양분을 섭취하며 생활하는 경우가 있는데 전자는 자유생활이라고 하고 후자를 기생생활이라 한다. 기생생활이란 생물체(기생충)가 다른 생물체(숙주)에게 신진대사적으로 종속되어 있는 상태라고 한다. 기생충질환이란 이러한 기생충에 의해 숙주에서 발생하는 질병을 말한다.

2) 기생충 질환의 분류

(1) 기생물 감염경로 증상 및 예방

① 선충류

㉠ 회충증

- 회충은 전 세계적으로 분포되어 있으며 우리나라에서는 가장 높은 감염률을 나타내는 기생충이다.
- 전파 : 감염 75일이면 성충이 되어 산란한다.
- 감염증 : 전신증세로 권태, 미열이 있고 소화장애, 식욕이상, 이미증, 구토, 변비, 복통, 빈뇨, 두드러기증, 충양돌기염, 췌장염, 유충성 폐렴 등도 있을 수 있다(장폐쇄 등).

㉡ 구충증

- 십이지장충과 아메리카구충이다.
- 전파 : 인체의 소장에 기생하면서 인체감염 4~5주 후면 산란을 해서 분변으로 탈출한다.

- 감염증 : 구충의 유충이 손, 발 등의 노출된 피부로 침입하는데, 침입된 부위는 소양감, 작열감을 일으킨다.

㉢ 요충증

- 전파 : 경구적으로 침입되어 소장 상부에서 부화하여, 맹장부위의 점막 내에서 성충이 될 때까지 발육하는데, 직장 내에서 기생하다가 45일 전후이면 항문 주위에 나와 산란한다.
- 감염증 : 항문 주위의 소양증이 있으며, 긁게 되면 습진이 생기고 세균의 2차 감염에 의한 염증을 일으킬 수도 있다.
- 예방대책 : 집단적 구충을 실시하고, 내의와 손 및 침실의 청결이 필요하다.

㉣ 말레이 사상충증

- 사상충증은 상피병이라고도 한다.
- 전파 : 사상충의 매개체는 모기로서 감염자의 혈류에서 사상충 자충을 흡혈하며 2~3주 후면 filaria형으로 되어 흡혈할 때 인체에 침입되면 림프조직에서 기생하게 되는데, 감염 1년이 되면 자충을 태생한다. 말레이사상충증이 자충은 주로 밤 10시부터 새벽 2시 사이에 혈류에 정기적으로 출현하기 때문에 야간 정기출현성 사상충이라 한다.

② **흡충류**

㉠ 간흡충증

- 긴다스토마는 우리나라 낙동강, 영산강, 금상, 한강 등의 강변지역 주민이 많이 감염되며, 민물고기를 생식하는 생활습관을 가지고 있는 지역 주민이 특히 많이 감염 된다.
- 전파 : 성충이 숙주의 담도 내에 기생하면서 담도를 통해 장관을 거쳐서 분변으로 충란이 배출되면 제 1중간 숙주인 쇠우렁에 섭취되어 식도에서 부화하여 제2 중간 숙주인 잉어, 참붕어, 피래미, 모래무지 등의 피하조직에서 피낭유충이 된다. 감염된 민물고기를 생식한다든지 조리과정 중에서 조리 기구를 통해서 다른 음식물을 거쳐 경구감염 된다.

㉡ 폐흡충증

- 우리나라 산간지역에 많이 분포
- 전파 : 제1 중간 숙주인 다슬기에 침입하여 제2 중간 숙주인 가재, 게 등의 아가미, 간장, 근육 내에 침입. 제2 중간 숙주를 생식하면 소장 상부에서 탈낭하여 소장 중부 또는 하부에서 장벽을 뚫고 복강으로 나와 복벽 근육에 침입, 다시 복상으로 나와 횡경막을 뚫고 폐에 침입한다.

- 예방대책 : 민물게와 가재의 생식을 금한다.

③ **조충류**

㉠ 유구조충증(갈고리촌충)

- 돼지고기를 생식하는 지역주민에 많이 발생한다.
- 전파 : 유충은 돼지의 장벽을 뚫고 들어가 2~3개월이면 유구낭충이 된다.

㉡ 무구조충증(민촌충)

- 전파 : 오염된 풀을 중간숙주인 소가 먹으면 소의 장관에서 부화하여 유충이 된다.

㉢ 광절 열두 조충증(간촌충)

- 주로 북반구에 많으며 우리나라에서는 희귀하게 발견된다.
- 전파 : 제1중간숙주인 물벼룩에 섭취 제2중간숙주인 송어, 연어 등이 섭취하고 사람이 감염된 송어나 연어를 생식하면 인체에 감염된다.

㉣ 왜소조충

- 인체기생충 중 가장 작은 것, 쥐에 주로 감염되나 사람에게도 가끔 감염된다.

④ **원충류**

㉠ 이질아메바증

- 감염증 : 아메바성 이질의 증세에는 급성이질, 아급성 또는 만성이질, 간, 폐, 뇌농양과 합병증 등이 있는데, 급성이질은 점혈변을 배설하며 심한 복통을 호소한다.

㉡ 기타 원충류

- 편모충류에 람불편모충, 질트리코모나스, 섬모충류에는 대장바란티듐, 포자충류에는 말리리아 등이다.
- 질트리코모나스는 일종의 제4성병이라고 할 수 있는 성기전파를 한다.

(2) 기생충질환

① **소화기**

㉠ 변비 : 기생충은 그 모양과 크기 때문에 총담관과 소화기관을 막아버리는 경우가 있다. 크나큰 기생충들이 모여 작고 가느다란 관을 막아버리면 배변이 어려워진다.

㉡ 설사 : 원충류의 기생충은 세포조직에서 발견되는 프로스타글란딘을 생성시키는데 이 물질이 나트륨과 염소를 고갈시켜 설사를 유발시키는 것이다. 그러므로 기생충 감염 시에 생기는 설사는 일반 감염물질을 배설시키는 인체의 반응이라기보다 기

생충의 작용이라고 볼 수 있다.

㉢ **가스와 복창만** : 어떤 기생충은 소장 상부에 사는데 거기서 염증을 유발하여 배속에 가스와 더부룩한 증상을 일으킨다. 이런 상황은 콩, 설익은 과일과 채소 등 소화가 어려운 음식을 섭취했을 때 더욱 심각해진다. 복부 창만이 계속되면 몰래 침입한 기생충들 때문에 생긴 증상으로 생각하면 틀림없다. 이런 소화기 증세는 기생충을 제거하지 않는 한 몇 달 혹은 몇 년씩 간헐적으로 지속된다.

㉣ **하복통** : 아랫배 좌측에는 에스장 결장이란 것이 위치해 있다. 여기는 큰 기생충들이 영주하는 곳이다. 흡충, 회충 기타 수많은 기생충들이 살기를 원하는 장소이기 때문이다. 배변을 자주하면(하루 2, 3회가 정상) 거기서 사는 기생충의 숫자를 많이 줄일 수 있다. 설사를 하면 기생충이 있다는 뜻도 되지만 기생충을 많이 배출시킨다는 의미도 된다. 기생충과 함께 대장균들도 함께 하복통을 일으킨다.

㉤ **맹장염** : 하복부 우측에는 대장과 소장을 이어주는 회맹부라는 곳이 있고, 거기에 밸브 가 있다. 때때로 이 부위에 큰 기생충이 끼어있다. 항문에 가려움을 유발시키는 요충은 보통 여기에 숨어 있다. 이 소장과 대장을 이어주는 회맹부 바로 아래 충수돌기가 붙어있고 여기가 바로 요충이 가장 살기 좋아하는 부위가 된다. 이곳에 요충이 세균과 함께 가득 번식하고 있으면 통증과 염증이 생길 수 있다.

㉥ **장과민증후군** : 기생충은 장을 과민하게 하거나 염증을 일으키며 장벽에 달라붙어 갖가지 소화기 증상을 유발시키고 필수영양분, 특히 지방물질의 흡수를 방해 한다. 영양불량은 많은 양의 지방변을 일으킨다. 음식 때문이라고 생각되면 아이스크림, 치즈, 요구르트 등을 먹지 않는 것이 좋으며 우유는 끓여 먹어야 한다.

② 통 증

㉠ **관절통** : 기생충이 관절로 이동하여 거기서 포낭을 형성할 때 통증이 생기는데, 이 통증 은 관절염과 상관관계에 있기도 하다. 관절에 생기는 통증과 염증은 기생충(회충, 십이지장충, 분선충, 선모충)에 의해 조직이 파손되거나 인체의 면역반응이 약해질 때 비롯된다.

㉡ **섬근육통** : 선모충 트리키넬라가 근육속에 깊이 들어가 포낭을 형성하고 살 때 생기는 통증이다. 십이지장충이나 분선충 기타 연쇄상구균이나 포도상구균 그리고 캄필로 박터 등이 함께 작용하기도 한다.

㉢ **심통** : 심전도로는 파악되지 않아도 가끔 심장부위에 통증이 생길 수 있다. 이는 보통 견사상충에 의해 생기고 또 다른 기생충으로는 역시 사상충 계통에 의해 생긴다.

㉣ **두통 / 편두통** : 분선충은 현미경으로 보일 만큼 가는 실처럼 생겼다. 주로 말의 질

병에 관여하나 사람들과 애완동물들도 쉽게 옮는다. 많은 경우의 두통에 분선 충이 원인이 되지만 특히 편두통 환자들에게는 100% 예외없이 분선충이 발견된다.

ⓜ 목통(눈의 통증) : 눈은 편모충, 선모충, 원생충, 십이지장충, 주혈흡충, 톡소플라스마 같은 기생충들이 살기 좋아하는 장소 중 하나이다. 이들을 죽이면 눈의 통증이 며칠 내에 사라진다.

ⓑ 복부중앙의 통증 : 이것은 자궁, 방광 또는 장에서 비롯된 것이다. 특히 방광벽에 살기를 좋아하는 주혈흡충과 기타의 기생충들도 배출되는 것을 싫어하여 방광으로 숨는 경우가 많고 거기서 통증을 유발시키기도 한다.

③ 여성 질환

㉠ 자궁내막증 : 자궁내막증은 불임의 원인이 되기도 한다. 이때 장흡충이 자궁에 있을 수 있다. 때로 양간흡충이나 간디스토마, 췌장흡충 등이 자궁내막에 기생하기도 한다. 기생충들이 뜻밖의 장소에서 발견되는 것은 화학용해물 때문이다.

㉡ 자궁경부 : 자궁경부는 통증을 잘 느끼지 않는 곳이라 그냥 지나치는 경우가 많다. 그러나 남성의 전립선과 같이 문제가 많은 곳 중의 하나다. 때로 바늘로 찌르는 것 같은 통증이 있어 문제를 알려주어도 무관심으로 지나치기 쉬운 곳이 바로 이곳이다. 기생충이나 박테리아, 독성물질이 이곳에 들어있을 때 가느다란 통증이 있게 된다.

㉢ 불임 : 불임의 경우 자궁, 난소 그리고 자궁경부의 기생충이나 화학 독성물질들을 제거 하여 해결하기도 한다. 임신한 사람이 기생충치료를 하는 것은 태아에 영향이 있을 가능성도 있으므로 전문가와 상의하는 것이 좋겠다.

㉣ 방광염 : 60～70%가 대장균인 이콜라이에 의해 유발되지만 여기에 분선충도 포함된다.

④ 호흡기

㉠ 천식 : 천식은 100% 작은 회충과 연관된다. 음식이나 먼지로 들어온 기생충알이 위장에서 부화되는 순간 그 유충이 대장으로 가지 않고 폐로 올라간다. 거기서 천식을 유발한다. 천식 환자는 꽃가루나 짐승털, 담배연기 등 오염된 공기에 알러지를 일으킨다.

㉡ 알러지 : 기생충은 인체의 과민반응을 일으키고 때로는 장벽을 뚫고 들어가 그곳으로 소화가 되지 않은 굵은 음식입자를 끌어들인다. 이때 인체의 면역반응이 활성화되어 백혈구의 한 종류인 호산구의 숫자가 증가된다. 호산구는 조직세포를 흥분시켜 알러지 반응을 일으킨다. 알러지와 마찬가지로 기생충도 면역글로블린 E의 생성을 촉진시킨다.

⑤ **피 부**

㉠ **여드름** : 여드름은 세균과 관계가 있는데 이 세균은 청소년들의 지방피부로 인해 더욱 번성하기도 한다. 또한 회충 종류인 선모충이 원인이 된다. 선모충은 보통 근육이나 횡경막에서 살지만 여드름의 경우에는 피부에서 발견된다.

㉡ **건선/습진** : 건선이나 습진 모두 회충 때문에 생긴다. 회충은 애완동물에서 쉽게 옮기 기 때문에 항상 재발의 우려가 있다.

㉢ **기타** : 기생충은 피부 두드러기, 담마진, 습진, 백납 등 기타 피부 알러지 반응을 일으 킨다. 피부궤양, 부종, 소양증 등은 모두 원충의 침입에 의해 생긴다.

⑥ **기타 증상**

㉠ **당뇨** : 췌장흡충에 의해 생긴다. 동물의 췌장에서 사는 이 흡충은 인체에 들어와 원래 살던 곳과 유사한 환경을 찾아 사람의 췌장으로 들어가 기생한다. 거기서 인슐린을 분비하는 베타 세포를 망가뜨리게 되고 결국, 인슐린의 분비를 저해하는 까닭에 혈중 당이 조절되지 않는 것이다. 난치병 부분에서 더 설명된다.

㉡ **치매** : 치매환자에게서는 뇌에서 화학오염물질인 자일렌과 톨루엔이 나타나고 있다. 이 화학용해물들은 여러 종류의 음료수에서 발견되는데 오염물질과 기생충의 관계는 밀접하다는 것은 이미 설명했다. 치매환자의 뇌에서는 수은, 탈륨, 카드뮴, 프레온 등이 축적되어 있는 것을 보는데 특히 알루미늄은 예외 없이 나타나고 있다. 동시에 뇌에서 4가지 일반 흡충이 발견된다.

㉢ **우울증** : 기생충이 뇌속에서 신경전달물질의 생산을 방해하거나 또는 그것의 균형을 무너뜨려 우울증을 유발시킬 수 있다. 보통 개나 고양이 회충, 선모충, 분선충 그리고 십이지장충 등이 관계한다.

㉣ **간질** : 간질은 항상 회충의 유충이 뇌에 있을 때 발생된다. 사실 회충이 뇌에 들어가 있는 것은 비정상이다. 그들은 보통 위장과 폐 사이를 왕래하는 것이다. 회충의 유충은 개, 고양이, 말, 돼지 기타 흙 속에 먼지 속에 얼마든지 있어 감염이 쉽게 되므로 조심해야 한다. 회충은 항상 박테로이드 프라질리를 지니고 다니는데 회충과 함께 뇌에 들어온 이 박테리아가 뇌 종양 속에 들어있는 것을 보게 된다. 뇌종양은 기생충과 박테리아 등이 죽어 없어지기 전에는 줄어들지 않는다.

㉤ **빈혈** : 어떤 기생충은 장의 점막에 달라붙어 인체의 영양분을 빨아먹는다. 기생충의 숫자가 많아지면 피를 다량 유출시켜 철분부족의 치명적인 빈혈을 일으킨다.

㉥ **육아종** : 육아종은 종양 같은 종괴를 말하는데 그 속에 기생충 알을 품고 있다. 육아종은 주로 대장이나 직장 벽에 생기나 폐, 간, 복막, 자궁 등에서도 발견된다.

㉦ **신경과민** : 기생충의 대사물질과 독성물질은 중추신경에 자극을 줄 수 있다. 때때

로 불안, 초조, 근심 등은 기생충 감염에 의해 발생된다.

ⓞ 수면장애 : 새벽 2시에서 3시 사이에 자주 깨는 것은 인체의 독성이 간을 통해 배출되는 것이 원인일 수 있다. 한의학에서 그 시간은 간과 관련된 시간이다. 또한 기생충의 대사물질인 암모니아가 뇌에 축적되면 불면이 생긴다. 한편, 기생충이 야밤에 항문을 통해 바깥으로 나오려는 바람에 가려움과 불편함이 발생해 잠을 설치는 경우도 있다.

ⓩ 알치증 : 의학용어로 알치증이란 비정상적으로 이를 간다든지, 깨문다든지, 악무는 것을 뜻한다. 이 경우도 기생충에 의한 감염에서 비롯된다는 것이 확인되었다. 이 증상은 수면 중인 어린이들에게서 가장 많이 발견된다. 알치증은 체내의 이물질의 자극에 대한 신경의 반응이라고 생각되고 있다. 현대의학에서 알치증의 원인은 아직 논란의 대상으로 남아있다.

ⓩ 만성피로 : 피곤, 나른함, 무기력, 우울증, 집중력부족, 기억력퇴보 등의 증세는 모두 만성 피로증후군으로 포함된다. 기생충은 이 신체적, 정신적, 정서적 증상을 몰고 오는데 기생충들이 단백질, 탄수화물, 지방, 특히 비타민 A와 B12의 흡수를 방해하기 때문이다.

ⓚ 면역기능저하 : 기생충은 면역글로블린 A의 분비를 방해하여 면역기능을 약화시킨다. 기생충이 몸에 있을 때 면역기능은 계속 방해를 받게 되고, 따라서 인체는 박테리아와 바이러스에 속수무책으로 개방될 수 밖에 없게 된다.

ⓣ 암 : 기타 현대의학이 지적하고 있는 많은 종류의 발암인자 가운데 기생충은 빼놓을 수가 없는 부분이다. 1997년도에 출판된 기생충학 서적에는 최소한 5가지 종류의 기생충이 암의 원인이 될 수 있음을 명시하고 있다.

4. 성인병관리

1) 성인병의 정의 및 종류

(1) 성인병정의

성인병이란 35~40세 이후 주로 중년 이후에 많이 발생하는 질환의 총칭이다. 주로 발생하는 질병의 총칭으로서 순환기계 종류인 동맥경화, 고혈압, 심근경색증 등, 악성신생물의 종류인 폐암, 위암, 간암, 전립선암 등, 비감염성질환의 종류인 폐기종, 당뇨병, 백내장 등을 의미한다. 성인병의 주된 것은 고혈압, 악성종양, 당뇨병 등이다. 성인병은 일반적으로 노화 현상과 결부되고 있으며 신체기능의 노화와 대사기능의 저하, 생활환경, 식생활 습관, 노동 조건 등 여러 가지 요인이 복잡하게 관련된 것으로 특정의 병인이 있는 것은 아니다. 따라서 특별한 예방 방법은 없고 정기적인 건강 진단 등 건강관리가 성인병 대책으로 중요하다.

(2) 성인병 종류

① 고혈압

혈압은 심장의 박출력으로 혈액을 말초혈관까지 보내기 위한 펌프 작용이 혈관벽에 미치는 압력이다. 심장은 수축, 이완을 계속하기 때문에 수축하여 혈압을 내보낼때의 압력을 수축기혈압 또는 최고혈압이라 하고 혈액이 심장으로 돌아올 때의 압력을 최저혈압 또는 이완기혈압이라 한다.

세계보건기구(WHO)에서 정하였는데, 현재 세계의 여러 나라에서 이 기준에 따라 혈압 상태를 규정하고 있으며 그 4단계는 다음과 같다.

㉠ 저혈압(hypotension)이라 함은 최고 혈압(수축기압)이 100mmHg 이하이고, 최저 혈압(확장기압)이 60mmHg이하인 경우.

㉡ 정상혈압(normotension)은 최고 140mmHg 이하, 최저가 90mmHg 이하인 경우.

㉢ 경계역고혈압(borderline hypertension)은 최고가 140~160mmHg, 최저가 90~95mmHg인 경우.

㉣ 고혈압(hypertension)은 최고가 160mmHg이상, 최저가 95mmHg 이상인 경우이다.

위험요인 크게 일차성(원발성 또는 본태성) 고혈압과 이차성(또는 속발성)고혈압으로 나뉘는데 어떤 병의 증상으로 고혈압이 나타나는 경우는 이차성 고혈압이다.

② 동맥경화증

동맥혈관은 심장의 박동에 의해 혈액을 전신에 수송하는 역할을 한다. 혈관의 탄력성과 유연성이 상실되어 혈압을 견디지 못하는 상태를 동맥경화증이라 한다.

위험요인으로는 콜레스테롤이 주요 원인의 하나로 알려져 있다. 즉 고지혈증이 가장 중요 위험인자로 알려져 있다. 예방 및 관리는 흡연, 음주, 스트레스 등을 피하고 꾸준한 운동을 하여야 한다.

③ 뇌졸중

뇌졸중은 동맥경화증과 고혈압증의 합병증으로 주로 발생하는데, 뇌의 급격한 순환장애에 기인한다.

㉠ 뇌출혈

ⓐ 원인 : 뇌실내의 세동맥 파열로 혈액이 주위의 신경조직을 손상시킴으로써 지각 및 운동기능 마비를 초래하게 된다. 기온의 급변, 급격한 충격, 과로, 배변시의 복압에 의한 혈압의 급상승이다.

ⓑ 증상 : 의식장애, 반신불수

㉡ 뇌혈색전증 : 혈관 내 혈전 현상의 원인으로 60세 이상의 노년층에서 많이 발생한다.

㉢ 뇌막하출혈 : 뇌표면막의 혈관이 출혈해서 급격한 두통, 구토, 의식장애 등을 일으킨다.

④ 당뇨병

인슐린은 분비되지만 저항성으로 인해 포도당이 세포 내로 들어가지 못해 혈중의 포도당 농도가 상승하여 발생하는 병을 말한다.

치료는 주기적인 인슐린 주사와 식이요법을 병행해야 한다. 예방 및 관리는 평소 꾸준한 운동과 절제된 식이방법들이 권장된다.

⑤ 관상동맥(경화)성 심장질환(Coronary heart disease)

관상 동맥(경화)성 심장질환(Coronary Heart Diseases)은 심장을 관처럼 둘러싸고 있는 관상동맥의 내강이 좁아지면서 심근으로 가는 혈행에 지장을 주어 심근에 빈혈현상이 초래케 되는 것인데, 이런 경우 임상적으로는 운동시 흉통 발작을 일으키는 협심증이라 부른다. 그리고 동맥혈관의 죽상경화증이 심하여 거의 혈행이 차단되면 그 이하 부위의 심근이 괴사 되어 임상적으로는 (급성)심근경색증이 나타나는 것이다. 따라서 의학적으로는 협심증, 심근경색증을 각각 구별하여 부르지만 그 근본이 되는 병변은 관상동맥의 경화증이 대부분이므로 보통 광범위하게 관상동맥성, 또는 허혈성 심장질환이라 부른다.

⑥ 협심증(Angina pectoris)

협심증은 앞에서 말했듯이 관상동맥의 경화성 또는 경련성병변으로 심근에 공급되는 혈행에 지장이 있어서 심근에 빈혈을 초래하여 나타나는 것으로 운동 시 흉통을 호소케 되는 것이 보통이다. 즉, 빨리 걷거나 높은 곳에 올라가거나 노작을 할 때 가슴 한 가운데가 조이는 듯한 통증이 생겨서 움직이지 못하게 되며, 쉬면서 안정하면 대개 5분 이내에 통증이 소실되는 것이 보통이다. 운동, 노작 이외 에도 차가운 날씨에 노출되거나 식사 후 또는 감정이 격화하는 경우에 발작되는게 보통이다. 대부분 이러한 특이한 병력으로 쉽게 판단이 되며, 통증이 애매한 경우에는 Master's exercise나 treadmill test로 운동을 시켜 흉통발작

유무와 심전도의 변화를 관찰함으로써 쉽게 진단할 수 있다. 치료는 우선 위험 인자가 있는 경우 이에 대한 제거 등의 조치를 하고, 통증치료를 위해선 통증 발작시 Nitroglyc erine 등을 투여한다. 예방을 위해서는 장기간 작용제인 isosorbide dinitrate와 β-blocker인 propranolol이나 calcium antagonist인 Nifedipine 등을 투여한다. nitroglycerin을 또한 진단 목적으로도 사용하기도 하는데, 즉 통증이 애매한 경우 그 통증이 nitroglyc erin투여로 바로 소실되면 협심증에 의한 통증으로 생각할 수 있으나 통증에 아무 영향을 주지 않는다면 이는 다른 질환에 의한 통증일 가능성이 많은 것이다.

2) 성인병의 관리

(1) 음주와 건강관리

① **문제 음주** : 음주 행위로 인해 본인 자신이나 주변의 타인에게 신체적, 정신적, 경제적 영향이나 사회 문화적 폐해를 일으키는 경우이다.

② **문제 음주의 원인** : 알코올이 지니고 있는 공과의 양면성으로의 인해, 음주로 인한 폐해가 가해자와 피해자간의 구분이 불명료하고, 음주 행위는 개인적 요소와 사회적 요소가 혼재되어 그 구분이 불명료하다.

③ **개선되어야 할 우리나라 음주행위의 특성** : 권위주의적 음주행위, 의례주의적 음주행위, 집단 지향적 음주행위

(2) 흡연과 건강관리

① **니코틴의 유해작용** : 진정작용, 현휘, 두통, 오심, 흥분, 불면증, 피부혈관을 수축시켜 말단부위의 피부온도를 하강시킨다.

② **건강흡연 방법**

㉠ 21세가 될 때까지는 금연.

㉡ 1일 5개피 이하.

㉢ 연기는 깊이 들여 마시지 말 것.

㉣ 자주 흡연하지 말 것.

㉤ 권련의 반 이상은 피우지 말 것.

㉥ 식사 후 흡연하고, 이른 아침의 흡연은 금할 것.

㉦ 필터가 있고 니코틴과 타르가 적은 담배를 피울 것.

㉧ 연중 1개월은 금연할 것.

㉨ 정기적인 신체검사를 받을 것.

(3) 체중관리

㉠ **평균체중** : 인구집단의 산술평균에 의한 중앙체중을 평균체중이라고 한다.

㉡ **이상체중** : 연령에 따라 가장 장수할 수 있는 체중을 이상체중이라고 한다.

ⓐ 남자의 경우 : 신장(cm) × 0.57 − 37

ⓑ 여자의 경우 : 신장(cm) × 0.56 − 38

여기에서 나온 수치를 자신의 체중에서 제한 것이 체중의 10~20%의 범위에 들어야 정상이며, 20% 이상이면 비만증이다.

㉢ **과소체중** : 과소체중은 과다체중에 비하여 보건학적으로 받는 피해가 적으나 지나친 과소는 질병에 대하여 저항성이 낮고 전염병에 대하여 감수성이 높다.

㉣ **과다체중** : 과다체중은 비만증 상태에 있는 사람을 말하는데, 일반적으로 지방의 과잉축적 현상이라 할 수 있다.

㉤ 비만증의 원인

ⓐ 지나친 소요 칼로리를 섭취할 경우이다.

ⓑ 내분비계의 장애가 온다.

ⓒ 운동부족 및 유전적 요인이 따른다.

ⓓ 생리적, 심리적 요인에서 온다.

5. 정신보건

1) 정신보건의 개념

정신보건은 정신장애인의 치료뿐만 아니라 국민정신건강의 향상을 도모하기 위해 생물학적 · 의학적 · 교육적 · 사회적 면에서 협력하여 보다 더 좋은 인간관계를 이룩하고자 하는 분야이다. 오늘날 정신보건은 입원치료에 역점을 두던 과거와는 달리 1차 예방으로서의 정신건강 증진, 2차 예방인 조기발견과 조기치료, 그리고 3차 예방으로서의 재활치료를 강조하고 있다. 특히 오랫동안 사회부적응을 경험한 만성 정신질환자에게는 적극적인 지지, 각종 교육과 사회적응 훈련들이 필요하며, 환자가 보유한 잠재력을 발휘할 수 있도록 도와주어야 하고, 병으로 인해 갖게 된 한계점을 평가하여 각 환자에게 적절한 재활치료를 지속하는 것이 매우 중요하다.

마아가렛(E. Margaret)은 "정신보건이란 인간이 본능적 요구를 충족시킴으로써 얻어지는 질적으로 양호한 마음의 상태를 말한다"라고 하였으며, 월린(Wallace Wallin)은 "정신보건사업이란 개인과 사회의 정신적 건강의 유지와 증진, 그리고 정신병 및 정신적 결함과 이에 부속되는 정신적 · 교육적 · 사회적 부적응을 예방하고 치료하여 건전한 정신기능을 유지 · 증진시키고 정신질환자를 조기에 발견하여 사회에 복귀시키는데 그 목적이 있다"고 하였다.

2) 발달단계별 정신보건

(1) 시설 – 의료접근(Institutional-Medical Approaches)

① 1800년대 후반부터 시작, 대형정신병원
② '환자'로서만 취급, 의사와 시설의 직원들이 치료에 모든 통제력 – 정신장애인은 수동적이고 자신들의 치료과정에 참여를 기대할 수 없었다.
③ 정신장애인에 대한 사회의 편견과 정신장애인 스스로가 부정적인 정체감을 형성하였다.
④ 시설 – 의료 접근에 대한 부정적인 영향의 노출과 탈시설화의 확산으로 지역사회 치료 – 재활 접근이 등장하기 시작하였다.

(2) 지역사회 치료 – 재활접근(Community Treatment-Rehabilitation Approaches)

① 1960년대부터 시작
② 지역사회 치료, 정신 사회재활, 지지적 주거 서비스, 클럽하우스, 사례관리 등의 프로그램 전개 – 지역 사회 내에서 정신 장애인들의 치료와 재활 강조한다.
③ '클라이언트'로 인정
④ 정신장애인의 정신적 증상과 입원치료의 비율을 줄이고 정신장애인의 만족을 증가시키는 데 크게 공헌한다.

(3) 능력 고취 지역 사회통합접근(Empowerment-Community Integratio Approaches)

① 능력고취 – 지역사회통합 접근의 목적 : 정신장애인의 능력을 고취하여 자신의 무기력을 극복하고 자신과 자신의 상황에 대한 통제력을 회복하여 지역사회로의 진정한 통합을 도모하는 것이다.
② 능력고취 – 지역 사회통합접근의 가치 및 개념

㉠ 관계인 참여와 능력고취

ⓐ 정신 장애인들의 삶에 대한 통제력을 회복하는 데 있어 정신 장애인들과 그들의 가족이 함께 참여하는 것을 의미－정신장애인과 가족의 목소리가 커지고 선택 기회가 증가된다.

ⓑ 정신장애인과 전문가 사이의 관계수준 : 정신장애인과 그들의 가족이 지지과정을 감독하는 현실적인 역할을 가진다.

ⓒ 전문가는 가능하게 원조하는 자 또는 촉진자의 역할이다.

ⓓ 정신장애인의 자발적인 조직의 개발 : 자조, 상호원조, 동료지지, 그리고 옹호 등을 강조한다.

㉡ 지역사회 지지와 통합(Community support and Integration)

ⓐ 지역사회가 '지역사회 중심의 서비스' 의미에서 '이웃과 함께 하는 장소'의 의미로 전환한다.

ⓑ 정신장애인을 위한 조직이 전문가에 의한 서비스에서 정신장애인의 독립적인 자조 집단과 상호원조집단으로 전환한다.

ⓒ 비공식적 지지망 강조, 정상적인 지역사회로의 통합의 중요성 인지한다.

ⓓ 개인의 강점이나 전 인격체로서의 정신 장애인에 초점을 둔다.

㉢ 사회 정의와 가치 있는 자원에의 접근

ⓐ 자원의 평등한 분배와 사회정의에 대한 관심, 사회정의와 가치 있는 자원에의 접근 강조한다.

ⓑ 정신장애인과 정치권 사이의 연결이 보다 의식되어야 한다고 주장한다.

ⓒ 지역사회에서 정신장애인의 정상적인 직업, 교육, 주거에 접근하는 것을 옹호한다.

ⓓ 사회정의와 가치 있는 자원에의 접근이 정책변화의 주요한 요소이다.

3) 주요정신질환

(1) 정신분열증

정신분열증은 청년기에 발생하여 만성적으로 진행되는데 주 증상은 사고장애로서 망상, 사고의 두절, 사고연상의 장애 등이 나타나고 불합리한 감정표현, 비현실적인감성, 기괴한 감정반응, 무감동 등을 나타낸다.

(2) 조울병

조증기와 우울기가 교대로 나타나며 또는 한 가지 증상이 반복적으로 나타난다. 조증기에는 기분이 들뜨고 과대망상을 하며, 쉬지 않고 많은 활동을 한다. 그러나 결과가 생산적이지 못하고 자신이나 사회에 손해가 되는 경우가 있다.

발병원인은 복잡하나 유전적인 영향을 받는다.

(3) 기질성 정신병

뇌세포의 기능장애로 생기는 정신과 질환으로 노인인구의 증기로 노인성 정신병의 증가 추세가 많다. 이 부류에 포함되는 정신병으로는 노인성 정신병, 동맥경화성 정신병, 감염성 정신병, 뇌외상에 의한 정신병 등이 있다.

(4) 인격장애

사회적 인간관계 형성에 장애가 있는 것을 말한다. 가정과 사회에 큰 불편과 물의를 일으키며 타인의 권인을 침해하는 반사회적 행동을 반복한다.

6. 이용안전사고

1) 이용안전사고

안전 및 사고의 개념은 오늘날에는 산업의 발달로 인구의 도시집중과 교통량의 폭주에 따라 사업장 사고와 교통 기관사고가 증가되었으며 사고에 의한 사망이 전염병에 의한 사망보다도 더 많아지고 있어서 사고는 공중보건학 상 중요한 과제로 등장하게 되었다.

Morz는 안전이란 사고의 예방과 개인적 피해 또는 사고로부터 오는 재산적 손실을 없도록 하는 것이다

Strasser 등은 위험의 가능성을 축소하는 물리적 환경의 조정에 의해 사고를 줄이는 것이다.

Marland 등은 "인간의 행동수정에 의하여 야기되어진 조건 또는 상태이며, 또, 위험가능성을 낮출 수 있도록 물질적인 환경을 고안하여 사고를 감소시키는 것이다"라고 하였다. 따라서 이를 종합하여 정의하면 안전이란 위험으로부터 오는 사망, 상해 및 질환 또는 재

산상의 손실과 같은 손해를 방지 또는 극소화시키려고 시도하는 상태를 말한다. 사람은 언제, 어디서든 갑자기 사고를 당할 수가 있다. 갑자기 환자가 발생했을 때 전문의의 치료를 받기 전에 응급처치를 할 수 있어야 한다. 응급처리란 "불의의 사고로 부상을 당하였거나 병리적인 급성환자에 대하여 전문의료진의 적절한 치료를 받기 이전에 시행되는 즉각적이고 임시적인처치"를 말한다.

응급처치의 중요성을 요약하면 다음과 같다.

① 환자의 생명을 구하고 유지한다.
② 질병 등 병세의 악화를 방지한다.
③ 환자의 고통을 경감 시킨다.
④ 환자의 치료, 입원기간을 단축시킨다.
⑤ 기타 불필요한 의료비의 지출 등을 절감시킬 수 있다.

2) 응급처치 일반원칙

일반원칙을 준수하며 환자를 보다 좋은 상태로 의료인에게 인도 할 수 있도록 사전에 철저한 준비를 해야 한다.

① 구조 시 자신의 안전에도 주의를 해야 한다.
② 신속하고, 침착하게 대처한다.
③ 긴급을 요하는 환자부터 우선하여 처치한다.
④ 부상정도를 의료진에서 연락해서 얘기해야 한다.
⑤ 환자의 쇼크를 예방한다.
⑥ 부상자를 옮길 때는 환자의 상태를 고려하여 신중하게 운반 한다.
⑦ 손상여부를 확인하면서 응급조치 한다.

16_가족 및 노인보건

1. 가족보건

1) 가족보건의 개념

가족보건에 대한 각국의 정의를 살펴보면, 미국가정의학회에서는 '가정이라는 단위를 중시한 포괄적 의료 서비스'라고 했고, 영국 왕립의학회에서는 '개인 및 가정을 대상으로 하는 구체적이고, 계속적인 대인 보건 의료서비스'라고 정의하였으며, 일본의 가정보건기본문제 검토위원회에서는 가족구성원이 협력하여 건강확보를 기함과 동시에 지역사회와의 협력들 통해, 단순히 신체적 건강뿐만 아니라 정신적, 사회적 건강도 누리고, 넓게는 생의 주기를 고려한 다음 세대가 건강하게 자랄 수 있는 조건을 갖추는 것이라고 정의하고 있다.

2) 모성보건

(1) 모성보건목적

모성의 건강을 보호하고 증진하여 건강한 자녀를 낳게 하고 태어난 어린이 건강하게 성장, 발육케 하여 타고난 잠재력을 최대로 발휘할 수 있게 하는 것이다.

① 모자보건 사업이 중요한 이유

- 동물적 본능 : 종족유지와 자녀를 사랑하고 보호하는 본능

② **의학적 이유**

- 임산부와 어린이는 각별한 보호가 필요
- 어린이는 성장과 발달이 미숙하여 병원체의 침입을 받아 병에 걸리기 쉬움.
- 이 시기는 병에 걸리면 사망하거나 불구가 되는 율이 높음
- 성장과 발육이 왕성한 시기이므로 손상은 영구적 후유증을 남길 수 있음

③ **사회학적 이유** : 미래 주인공이 될 영유아의 건강은 사회발전의 필수요건

④ **인구학적 이유** : 모자보건 사업의 대상인구가 전체국민의 60~70% 차지

⑤ **정치 및 경제적 이유** : 높은 출산력은 빈곤을 초래할 수 있기 때문

(2) 모성보건관리

① 모성보건관리

모성이란

- **광의** : 제2차 성징이 나타나는 생식기로부터 폐경기에 이르는 모든 여성(15~49세)의 보건관리이다.
- **협의** : 임신, 분만, 수유기의 여성(20~40세)을 대상으로 하는 보건관리이다.

② 모성보건을 위한 구체적인 대책

- 임부의 집단검진
- 보건교육 실시
- 정기적 진단
- 영양지도
- 직장부인의 직장 적정 배치, 노동조건의 개선, 노동방법 지도
- 환경개선

③ 모성보건의 3대 사업목적

- 산전보호
- 분만보호
- 산욕보호

3) 영유아 보건

(1) 영아기의 정의

영아기란 신생아기를 포함하여 생후 1년까지를 말한다.

영아기의 보건관리

이 시기는 자기 자신을 어느 정도 통제할 수 있는 능력을 가지게 되어 스스로 자신을 움직일 수 있게 되며, 또한 사회화하는 첫 출발점이 되는 것이 특징이라 할 수 있다.

이 시기에는 자아가 발달되기 시작하여 현실과 비현실을 구분할 수 있게 되고 환경의 변화에 맞추어 행동하나, 수동적으로 어머니의 도움을 받아 적응하므로 교육이나 육아상 일생을 좌우할 만큼 중요한 시기이다. 이 시기는 순조로운 발육, 건강증진, 소아질환의 예방, 유치발기에 따른 구강보건관리, 질병증상의 조기발견에 중점을 두고 소아과 전문의사에 의한 정기적인 건강검진이나, 가정지도, 어머니에 대한 보건교육, 영아의 영양, 모체의 건강상태와 더불어 질병예방 목적의 기본 예방접종을 실시하며, 사고 예방에 필요한 안전교육과, 이유식에 대한 것이 주된 보건관리내용이 된다.

(2) 유아 보건관리

① 유아기의 정의

유아기는 영아기 이후부터 초등학교에 취학하기 전까지를 말하며 흔히 미취학아동이라 불리는 시기이다.

② 유아기의 보건관리

유아기에도 육체적으로는 계속 성장하나 영아 때보다 그 속도가 느리고 특수한 경우를 제외하고는 질병으로 인해 의료기관을 찾는 횟수가 많이 줄어드는 시기이다. 사회 환경에 적응하기 위하여 말과 행동을 배우고 지능과 이해력이 증가되며, 성격이 형성되는 시기이므로 부모나 가정의 주의 깊은 보살핌과 교육이 특별히 필요한 시기이다. 이 시기에는 가정환경과 함께 지역사회나 집단생활의 영향도 많이 받게 되므로 질병의 예방 외에도 신체발육의 측정과 정신 · 정서 및 사회성의 건전한 발달, 생활습관의 자립, 위생습관과 건강생활에 중점을 두고 사고방지, 건강의 유지 · 증진의 중요성을 인식시키는 특별한 보건지도가 필요한 시기이다.

4) 가족계획

(1) 가족계획의 의의

가족계획이란, 결혼한 부부가 중심이 되어 가족규모를 설계하여 이를 실천에 옮기는 것을 말한다.

가족규모의 설계에 있어서 고려되는 사항은, 부부가 가장 건강할 때, 가정의 경제능력 및 양육능력, 자녀의 건강, 첫 출산과 단산, 자녀 간에 터울조절, 출산시기 등이며, 이를 통해 가지고 싶은 수의 자녀를 낳고 알맞은 시기에 낳아 건강하고 명랑한 가정을 꾸리는 것이 바로 가족계획의 의의라 한다.

동시에 가족계획이란, 출산조절만이 아니라 자녀를 가지고 싶은 불임부부에게 출산이 가능하도록 돕는 생활과학이기도 하다.

(2) 가족계획의 중요성

가족계획이 필요성을 구체적으로 열거하면 다음과 같다. 첫째, 어머니와 자녀의 건강유지를 위해서 필요하다. 어머니가 가장 건강할 때 자녀출산을 계획하여 어머니와 자녀 두 인구집단의 건강을 유지할 수 있기 때문이다. 둘째, 자녀의 양육능력 조절을 위해 필요하다. 터울과 출산시기 및 자녀수를 고려한 적정 가족 수를 계획함으로써 가족 모두 건강하고 행복할 수 있기 때문이다. 셋째, 생활양식 개선 및 경제생활 향상을 위해 필요하다. 가임기간 중 반복되는 임신으로 인한 많은 자녀수는 어머니와 자녀의 건강에 장애요인이 될 뿐만 아니라 자녀양육 및 교육의무 부담을 가중시켜 가정 경제를 어렵게 만들므로 삶의 질 개선에 저해요인이 될 수 있기 때문이다. 넷째, 도덕·윤리적 입장에서 필요하다. 원하지 않는 반복임신의 대부분이 인공임신중절에 의해 처리되어 도덕 및 윤리적 문제를 야기 시키기 때문에 원치 않는 임신은 사전에 예방하는 것이 바람직하다. 다섯째, 여성의 인권 존중이라는 입장에서 필요하다. 임신과 출산, 자녀양육으로 인한 여성의 사회참여에 장애요소를 최대한으로 방지하기 위해 필요하다.

2. 노인보건

1) 노인보건의 개념

인구의 노령화란 노령인구의 구성 비율이 높아서 전체 인구집단의 평균수명이 연장되었음을 의미하며, 인구의 노령화 현상은 의학 및 과학기술의 발달과 출생률 및 사망률의 저하와 생활수준의 개선과 관련되어 있다. 노인보건은 노화의 진행을 억제하며, 노인들의 건강을 유지시키고 질병을 감소하게 하여 수명을 연장시키는 역할은 물론, 노인이 지역사회에서 의미 있는 삶을 영위할 수 있도록 한다는 것이다.

2) 노화와 질병

(1) 노화현상

노화현상은 전신에 다 나타나나 가장 뚜렷한 것은 전신위축, 색소침착, 혈관 의 탄력성 감퇴가 뚜렷하고, 기능면에서도 감퇴현상이 나타나는데, 순환기능, 호흡기능, 소화기능, 내분비기능, 신경기능, 감각기능 등과 체력 및 체 표에도 나타난다.

(2) 노인 질병

① **순환기계** : 혈관 벽의 경화와 비후, 혈관의 탄력성 저하, 혈압의 이상치 초래한다.
② **호흡기계** : 호흡근의 근력 저하, 폐활량 감소한다.
③ **소화기능** : 소화운동 약화, 소화분비액이 감소한다.
④ **신경계 및 감각기** : 신경세포의 위축, 과립증가, 지방침윤
⑤ **정신적 기능** : 사고 인식력 및 시각적 파악 등 저하

(3) 노화와 질병

① **노인성 질환**

㉠ **고혈압** : 고혈압의 뇌 증산으로 두통, 이명, 현기증, 불면증, 불안, 피로감, 출혈 및 신경질적인 증상이 나타낸다.

㉡ **뇌졸중** : 뇌혈관 장애로 인한 질환 및 사고의 총칭으로 뇌졸중은 주로 동맥경화증과 고혈압증의 합병증으로 발생되는데 뇌의 급격한 순환장애에 기인한다.

㉢ **당뇨병** : 췌장에서 분비하는 인슐린이 부족하거나 그 이용률이 나빠서 생기는 질병이다.

㉣ **악성종양** : 정상세포 이외의 세포가 생체기능에 아무런 필요도 없이 증식하여 인접조직을 파괴하여 기계적, 내분비적 또는 화학적으로 장애를 일으키고 원발 부위에서 다른 부위로 전이해서 증식하는 능력을 가진 질환균으로서 암이라고 일컫는다.

㉤ 심장순환계, 류마티즘, 위궤양, 십이지장궤양, 천식, 만성기관지염 등이다.

② **노인의 건강관리** : 정기적 건강진단, 식사조절, 강한 육체노동과 감정적 자극의 감소, 적당한 운동, 취미생활, 여행, 휴식 등이다.

17_ 환경보건

1. 환경보건의 개념

1) 환경보건의 정의 및 개요

우리나라의 환경정책 기본법에서는 환경보건을 환경오염으로부터 환경을 보존하고 오염된 환경을 개선함과 동시에 쾌적한 상태의 환경을 유지 · 조성하기 위한 행위를 의미한다. 개요는 다음과 같다.

① **자연적 환경** : 기후, 공기, 물, 토양, 광선, 소리 등 이화학적 환경
② **생물학적 환경** : 병원성미생물, 위생해충 및 쥐 등
③ **사회적 환경** : 의 · 식 · 주와 위생시설 및 정치, 경제, 종교 교육 등이다.

2. 대기환경

1) 공기와 건강

(1) 공기오염

① 군집독

다수인이 밀집한 실내공기는 화학적 조성이나 물리적 조성의 변화를 초래하여 불쾌감, 두통, 권태, 현기증, 구기, 구토, 식욕저하 등이 일어난다.

② 공기와 건강

㉠ 산소(O_2) : 대기 중 21% 정도이다.
㉡ 질소(N_2) : 잠합병(잠수병)의 원인이 된다.
㉢ 이산화탄소(CO_2) : 실내 공기의 오탁도를 판전하는 기준이다.
㉣ 일산화탄소(CO) : 물체가 불완전 연소시 많이 발생하며, 혈중 헤모글로빈의 친화성이 산소에 비래 약 300배 정도로 높아 중독시 신경 이상증세를 일으킨다.
㉤ 아황산가스(SO_2): 대기의 오염을 측정할 때 지료로 사용되는 가스이다.
㉥ 먼지 : 폐포에 도달 할 수 있는 크기 0.25~5μm이다.
㉦ 매연 : 링켈만 비탁도(0~5)에 의한 검사이다.

2) 대기오염

① **가스** : 물질의 연소, 합성, 분해 시에 발생하거나 물리적 성질에 의하여 발생하는 기체상물질이다.
② **입자상 물질** : 고체상 또는 액체상의 미세한 물질이다.
③ **검댕** : 연소 시 발생하는 유리탄소가 응결하여 입자의 지름 1마크론 이상이 되는 물질이다.
④ **악취** : 황화수소, 메르캅탄류, 아민류, 기타 자극성 있는 기체상 물질이 사람의 후각을 자극하여 불쾌감과 혐오감을 주는 냄새이다.
⑤ **특정 대기유해물질** : 사람의 건강, 재산이나 동식물의 생육에 직접 또는 간접으로 위해를 줄 우려가 있는 대기오염물질로서 환경부령으로 정하는 것이다.

(1) 1차 오염 물질

직접 배기가스로 배출되는 오염물질이다.

(2) 입자상 물질

우리나라에서는 주로 분진이라는 용어로 구미에서는 에어로졸로 부르고 있다.
미스트, 먼지, 연기, 훈연, 안개, 박무, 스모그 등과 같은 상태로 존재한다.

(3) 가스상 물질

① **암모니아(NH_3)** : 무색의 기체, 특유한 자극냄새, 물에 용해되어 수산화암모늄이 되고 공기 중에 5ppm이 혼재되어 있어도 감지된다. 우리나라의 환경보전법상 배출허용 기준은 50~200ppm 이하로 규정한다.

② **일산화탄소(CO)** : 무색, 무취의 가스로 연료의 불완전 연소 시에 발생
도심지의 도로 주변, 터널 등에서는 자동차 배기가스 중의 CO가 축적되어 대기오염의 주원인이 된다.

③ **황산화물(SOx)** : 대표적인 가스는 아황산가스(SO_2)로 자극성이 강하며 대기의 습도가 높을 때에는 부식성이 높은 황상 mist를 형성하여 산성비의 원인이 된다.
대기오염의 지표로 사용된다.

④ **황화수소(H_2S)** : 특수지역에 제한되는 오염물질이며 일반적으로는 H_2S가 연소되어 SO_2로 쉽게 변하기 때문에 연소과정 중 H_2S는 거의 배출 안 된다.
석유정유공장, 동물처리공장, 황산염사용 공장, 비스코스공장 및 고무제 품공장 등에서 배출되는 H_2S는 달걀이 부패하는 것과 같은 냄새와 함께 물건을 변색시키고 인체에 해를 준다.

⑤ **염화수소(Hydrogen chliride)** : 상온에서 기체, 무색, 자극성 냄새가 난다.

⑥ **질소산화물(NO_x)** : NO, NO_2, N_2O, NO_3, N_2O_3 등이 있으나 대기오염에 있어서는 NO와 NO_2가 주로 다루어지며 이들은 NOx라 부른다. 이산화질소(NO_2)의 주배출원은 자동차 배기가스 N_2O는 온실가스이자 오존층 파괴 물질로 알려져 있고 NO는 헤모글로빈과의 친화력이 CO보다 훨씬 강하므로 혈액 중의 헤모글로빈과 결합하여 메트헤모글로빈(met Hb)혈증을 유발한다.

⑦ **탄화수소(HC)** : 대기 중에서 산소, 질소, 염소 및 황과 반응하여 여러 종류의 탄화수소 유도체를 생성한다.

⑧ **이산화탄소(CO_2)** : 화석연료의 연소 및 산림파괴 등에 의해 배출되는 CO_2는 해양이나

식물에 흡수되어 대기 중에서 제거된다.

(4) 2차 오염물질

① 1차 오염물질이 외부의 광합성도, 반응물질의 상대농도, 지형 및 기습의 영향에 의해 합성 · 분해되어 형성되는 물질이다.

② **오존(O_3)** : 광화학스모그로부터 생성된 옥시단트(oxidants)의 지표물질이다. 온실가스이자 다른 온실가스에 영향을 주는 지구 온난화 촉진물이다.

3. 수질환경

1) 물과 건강

물은 사람이 살아가면서 꼭 필요한 물질이다. 물의 보건적 문제로는 우신성 질병의 감염원, 수도열의 원인, 기생충질병의 감염원, 중금속물질의 감염원, 수중 불소량과 우식치, 기타 수질오염 피해이다.

2) 수질오염

① **색도, 탁도, 냄새, 맛** : 색도는 색의 정도를 표시하는 것이다. 탁도는 물의 탁한 정도를 나타내는 것이다. 저온은 물에서는 냄새가 없거나 혹은 적으나 온도가 높아지면 냄새가 나는 것이 보통이다. 음용수의 기준은 색도 5도 이하, 탁도 1도 이하, 냄새 무취, 맛은 무미하다.

② **pH** : 수소이온농도를 의미하는 pH는 5.8~8.5가 어류의 생존에 가장 적합한 온도지표수일 경우 CO_2의 함유량이 적어 알칼리성, 지하수는 CO_2 함유량이 많아 약산성이다.

③ **용존 산소(DO)** : 물속에 녹아 있는 산소의 양이다.
물의 오염도를 나타내는 지표로 물에 녹아 있는 유리산소(O_2)를 말한다.
2ppm 이상이면 냄새가 나지 않고, 물고기가 살 수 있는 DO는 4ppm 이상, DO는 그 값이 크면 클수록 좋은 물이라 할 수 있고 깨끗한 자연수의 DO 는 약 8ppm이다.

④ **생화학적 산소요구량(BOD)** : 물속의 유기물질을 미생물이 분해할 때 필요한 산소의 양이다.

⑤ **화학적 산소요구량(COD)** : 물속에 포함되어 있는 유기물을 화학적 산화제에 의해 분리시킬 때 소비되는 산소요구량이다. COD값이 적을수록 오염물질이 적게 들어 수질이 좋고, COD값이 클수록 오염물질이 많이 들어 있어 수질 나쁨을 의미한다.

⑥ **질소** : 암모니아성 질소는 수중의 유기성물질이 분해할 때 미생물에 의해 단백분해가 촉진되어 형성되는 것으로 물의 오염을 추정하는 유력한 지표이며 음용수는 0.5mg/L 이하여야 한다.

⑦ **염소이온** : 자연수는 대체로 염소이온을 함유하고 있는데 지질의 영향, 하수, 공장폐수, 분뇨 등의 유입에 의해 염소이온이 증가하기 때문에 오염을 알 수 있는 지표이다.

⑧ **과망간산칼륨** : 수중의 유기물을 산화 시 소비되는데 그 소비량에 따라 수중의 유기물을 간접적 추정한다. 과망간산칼륨($KMnO_4$)의소비량이 많을수록 유기물 오염이 많다는 것 의미한다.

⑨ **경도** : 물이 석회암으로 흐를 때 혼입된 Ca과 Mg이 주원인이다.
중탄산염, 탄산염, 황산염의 형식으로 유입
음용수 기준은 300mg/L 이하

⑩ **철** : 철은 수중에 중탄산염으로 되어 있을 때가 많다.
철분제거 방법은 침전지에 의한 폭기법이 적당하다.
음용수 기준은 0.3mg/L 이하

⑪ **유기인** : 대표적인 유기인제 농약이 Parathion
음용수의 기준은 0.06mg/L 이하

⑫ **대장균군** : 대장균의 검출은 다른 미생물이나 분변의 오염을 추측할 수 있으며, 검출방법이 간단하고 정확하기 때문에 수질오염의 지표로 중요하다.
음용수의 기준은 100mL 중에서 검출되지 않아야 한다.

⑬ **부유물질** : 유기와 무기의 물질을 함유한 고형물로 $0.1 \sim 2\mu m$ 이하를 말함.

⑭ **암모니아성 질소** : 암모니아성 질소의 검출은 유기물질에 오염이 된지 얼마 되지 않았다는 것, 또는 분변에 의한 오염 가능성을 의미한다.

⑮ **지표생물** : 독특한 환경조건에서만 살 수 있는 생물을 지표생물이라고 하며 이러한 지표생물을 이용하면 그 지역의 환경조건이나 오염정도 알 수 있다.

3) 상 · 하수

(1) 상수도의 생산과정

① **취수(집수지)** : 물을 모으는 곳
② **침사지** : 흙, 모래, 각종 이물질을 가라앉힘, 액체염소로 1차 살균 · 소독
③ **취수 펌프장** : 도수관을 통해 물을 원수장으로 보냄.
④ **도수시설** : 원수장으로 보내는 과정
⑤ **정수시설** : 염소소독, 완속여과 방식, 급속여과 방식, 특수처리 방식 등. 우리나라는 주로 급속여과 방식 사용

급속여과 방식

- **착수정** : 도수시설을 통해 오는 물의 양을 조절
- **약품 혼화지** : 응집제를 사용하여 고체와 액체 분리 가능하도록 미세입자를 큰 입자로 변화시킴.
- **침전지** : 크게 변한 입자들을 침전분리작용으로 제거
- **급속여과지** : 침전지에서 제거되지 않는 작은 입자를 모래 입자 에 부착시키거나 체로 걸러서 제거
- **소독조** : 염소와 오존 등을 이용하여 세균 제거
- **정수지** : 여과수량과 수송량간의 불균형 조절

⑥ **배수시설** : 배수지에서 배수관까지의 시설
⑦ **급수시설** : 배수관에서 각 소비자의 급수전 사이 시설
⑧ **배수지** : 야간에 물을 저장하는 곳
⑨ **고지양수장** : 고지대에 가압급수를 하기 위한 곳
⑩ **가정, 공장으로 송수**

(2) 수질 조건(원수 수질기준 주요 항목)

① **생화학적 산소요구량(BOD)**
- 호기성 미생물이 호기성 상태에서 분해 가능한 유기물질을 20℃에서 5일간 안정시키는데 소비되는 산소량으로 수질 오염을 나타내는 대표적인 지표이다.

- BOD가 높다는 것은 그 물속에 분해되기 쉬운 유기물이 많음을 의미하므로 수질이 나쁘다는 것을 의미한다.

② **화학적 산소요구량(COD)**

- 물속의 유기물질을 간접적으로 측정하는 방법으로서 유기물질을 강력한 산화제로, 화학적으로 산화시킬 때 소모되는 산화제의 양이다.
- 일반적으로 COD의 값은 BOD의 값보다 높은데, 이는 미생물에 의하여 분해되지 않는 유기물까지도 화학적으로 산화시키기 때문이다.
- COD값이 클수록 오염 물질이 많이 들어 있어 수질이 나쁨을 의미한다.

③ **부유물질(SS)**

- 물속에 있는 입자의 지름이 2mm 이하의 유기물이나 무기물 등 고형물의 총칭으로서 현탁물이라고도 하며 물을 흐리게 하는 원인이다.

④ **유기인**

- 환경보전법상 유기인제 농약은 parathion, methylparathion, EPN, methyl demeton으로 급성독성이 강한 4조을 가리킨다.

⑤ **총인(T-P)**

- 지표수에 서식하는 조류의 생장에 영향을 줄 수 있는 인의 농도이다.

⑥ **총 질소(T-N)**

- 물속에 존재하는 암모니아성 질소, 질산성 질소, 아질산성 질소 및 유기질소 등을 말한다, 수화현상의 발생 가능성을 판단할 수 있는 수질 항목이다.

(3) 하수처리방법

① **예비처리** : 제진망, 침전법등이다.
② **본처리** : 혐기성분해처리(부패조), 호기성분해처리(활성오니법, 살수 여과법, 산화 지법)
③ **오니처리** : 사상건조법, 소화법

4. 주거 및 의복환경

1) 주택과 보건

(1) 빛과 밝기의 단위

① **측광** : 빛의 광도를 나타낸 단위이다.
지름이 1인치(2.54cm)되는 촛불이 수평으로 비칠 때 대략 1촉광의 빛을 낸다.
② **루맨(lumen)** : 1촉광의 광원으로부터 한 단위 입체각으로 나가는 광속의 단위이다.
③ **foot-candle** : 1ft2에 1lumen의 빛이 비칠 때의 밝기이다
④ **룩스(lux)** : $1m^2$의 평면에 1lumen의 빛이 비칠 때의 밝기이다.
⑤ **lambert** : 빛을 완전히 확산시키는 평면의 $1cm^2$에서 1lumen의 빛을 발하거나 발산시킬 때의 밝기를 나타내는 단위이다.
⑥ **반사율** : 빛을 받은 평면에서 반사되는 빛의 밝기이다.

(2) 조명과 눈의 작용

① **쾌적한 조명** : 작업시간 단축, 피로 감소, 재해 발생 방지 등 생산성과 직결한다.
② **기본적인 최저 조명의 정도** : 15～20foot candle 이상이다.
③ **조명의 정도 높여야 할 상황**
㉠ 어두운 색깔을 취급할 때와 같이 피사체의 반사율이 저하될 때.
㉡ 취급물체와 주위와의 색깔의 대조가 뚜렷하지 않을 때.
㉢ 계속 눈을 쓰고 정밀작업을 할 때.
㉣ 시력이 나쁘거나 눈의 결함이 있을 때.

(3) 조도의 기준

① **표준 조도** : 작업의 내용에 따라 50lux～1000lux이다.
② 보통 작업에 있어서는 200lux면 충분하다.

(4) 자연조명

태양을 광원으로 하며 직접 실내에 조사되는 빛과 옥외에서 확산 또는 반사되는 빛이 옥내에 들어와서 이루어진다.

생활하는데 필요한 야외조도 소요량 : 100~1000lux이다.

① **창의 면적** : 일반 주택의 창의 면적은 그 방의 바닥면적의 1/5정도가 적당하다.
② **창의 방향** : 남향을 원칙으로 하되 동쪽으로 18°, 서쪽으로 8°까지 좋다.
③ **개각과 입사각** : 개각이 클수록 실내는 밝으며 보통 4~5°이상이 좋다.
입사각은 28° 이상이 좋다.
④ **차광의 방법** : 일반적으로 보통 유리를 통과하는 광선의 양을 100으로 한다면 새로 바른 창호지는 50, 낡은 창호지는 30, 흰 커튼 20, 회색커튼 10의 비율이다.
⑤ **벽의 색** : 색에 대한 반사율은 백색 70~80%, 황색 55~65%, 녹색 40~65%, 회색 15~55%, 짙은 녹색 10~20%이다.

(5) 인공조명

① **정의** : 고체, 액체, 가스 등의 연소산물을 이용하거나 전기를 이용하여 조명하는 방법이다.
② **형광등** : 백열등에 비해 2.2~2.4배의효율을 얻을 수 있고 전력소모도 1/2~1/3에 지나지 않으며 수명도 길기 때문에 사무실, 거실 등 광범위하게 사용한다.
③ **종류**
㉠ 직접조명 : 조명효율이 크고 경제적이나 눈부심을 불러일으키고 강한 음영으로 불쾌감 준다.
㉡ 간접조명 : 반사에 의한 산광상태로 온화하며 음영이나 현휘도 생기지 않으나 조명 효율이 낮고 설비유지비가 다소 비싸게 든다.
㉢ 반간접 조명 : 직접조명과 간접조명의 절충식으로 반투명의 역반사 갓에 의해 작업면에 오는 광선의 1/2 이상을 간접광, 나머지를 직접광에 의하는 방법으로 가장 위생적인 방법이다.

2) 의복과 보건

(1) 의복의 조건

① 체온조절 작용한다.
② 사회생활을 상징한다.
③ 신체 보호를 한다.
④ 신체의 청결에 도움 준다.
⑤ 개인의 개성을 표현한다.

(2) 의복과 건강의 관계

① 중량감
② 지나친 후착의 금지
③ 지나친 피복압이 없도록 한다.
④ 의복의 오염이 없도록 한다.
⑤ 통기성, 보온성, 촉감을 좋게 한다.

18 _ 산업보건

1. 산업보건의 개념

1) 산업보건의 정의

산업보건의 정의는 국제노동기구(ILO)와 세계보건기구(WHO) 공동위원외에서 "산업고건이란 모든 근로자들의 육체적, 정신적, 사회적 건강을 고도로 유지 증진시키며, 작업조건으로 인한 질병을 예방하고, 건강에 유해한 작업조건으로부터 근로자를 보호하며, 그들을 정서적으로나 생리적으로 알맞은 작업조건에서 일하도록 배치하는 것이다."라고 정의했다. 건강 및 생명을 위협하는 여러 인자를 탐구하여 그 제거를 도모하고 예방방법을 강구하여 생산능력을 높이고 또 생산 때문에 필연적으로 생기는 체력의 소모나 피로의 합리적인 회복을 꾀하는 과학으로 산업보건의 목표는 모든 작업을 인간에게 더욱 알맞게 조성해 나아가는 것이다.

2) 산업보건의 역사

(1) 산업보건의 국제노동기구와 세계보건기구의 정의(1950년도)

① 모든 직업에서 일하는 근로자들의 육체적, 정신적, 사회적 건강을 고도로 유지 증진하는데 목적이 있다.
② 작업 조건의 인한 질병을 예방하는데 목적이 있다.

③ 건강에 유해한 취업을 방지하는데 목적이 있다.
④ 생리적, 심리적으로 적합한 작업환경에 배치하여 일하도록 하는데 목적이 있다.

(2) 산업보건의 국제노동기구와 세계보건기구의 정의(1995년도)

① 모든 직업에 있어 근로자의 최고도의 신체적, 정신적 그리고 사회적 안녕의 증진과 유지한다.
② 근로자 전체에 대하여 그들의 작업조건에 기인한 위험으로부터의 이탈방지한다.
③ 건강에 불리한 요인에 기인한 위험으로부터의 취업중의 근로자 보호한다.
④ 근로자의 생리적, 심리적 능력에 적당한 직업적 환경에 배치와 유지한다.

2. 산업재해

1) 산업재해 발생요인 및 재해통계

(1) 산업재해 발생요인

① 작업환경

작업환경의 물리적 조건이 불량함으로써 발생되는 경우와 유해물질의 취급이 작업환경 정비의 불량으로 인해서 나타나는 경우가 있다. 전자는 주로 열중증, 소음성 난청, 잠함병, 산소결핍증 및 불량조명, 자외선, 적외선에 의한 안장해 등을 들 수 있다. 후자는 생산 재료로서 사용되거나 생산과정에서 부산물로 생성되는 유해물질이 근로자에게 폭로됨으로써 발생 된다. 각종의 중금속, 유기용제, 기타 화학물질에 의한 중독이나 진폐 등이다. 그 예는 다음과 같다.

㉠ 이상기온 : 이상저온, 이상고온
㉡ 이상기압 : 이상고기압, 이상저기압, 감압
㉢ 유해광선 : 전리방사선, 자외선 적외선, laser, 전자파, 초음파 등
㉣ 소음과 진동
㉤ 공기오탁 : 규폐증, 기타유해 중금속 중독, 알레르기
㉥ 각종 유해가스 : 질식성 가스, 자극성 가스, 중독성가스, 마취성 가스

② 작업조건

과격한 근육운동이나 정밀한 작업밀도, 장시간의 노동조건 등에 기인하는 문제로서 요통증, 경견완증후군이나 각종 관절 장해 등이 있다. 국소진동장해 등의 작업공구에 의한 장해도 작업방법과 크게 관계된다.

㉠ 작업의 과중 : • 속기사, 타자수 등은 손에 경련이 올 수 있다.
• 시계수리공은 근시가 될 수 있다.
• 중량물체 운반자는 탈장이 될 수 있다.

㉡ 불량작업자세 : 정맥류 및 편평족은 서서 작업하는 작업자에 온다.

㉢ 작업의 불규칙 : 야간 근로자는 불면증이 올 수 있다.

③ 개체요인

성, 연령, 체질 등의 생물학적 조건이나 일반생활에 있어서 사회경제적 조건에 의한 유해한 환경, 물질에 대한 감수성이 상이하다. 작업자의 적성배치나 여성, 연소자의 보호가 필요한 이유가 여기에 있다.

④ 원인별 질환

역학연구를 통해 직업성 질환의 발생요인을 밝히고 더 나아가 그 요인이 영향을 끼칠 수 있는 다른 분야에까지 확장시켜 적용시킬 수 있어야 한다. 그것이 산업보건역학의 두번째 역할인 효과의 추정이다.

㉠ 물리적 원인 : 기계적부상, 고열, 한냉, 자극성 가스, 조명부족, 이상기압 등

㉡ 화학적 원인 : 납중독, 수은중독, M 망간중독, 인중독, 일산화탄소 중독 등

㉢ 생물적 원인 : 병원체 오명에 의한 전염병, 동식물취급 등

(2) 산업재해 통계

산업재해로 입는 피해는 산업안전에 대한 노력에도 불구하고 아직도 목숨을 잃는 사람이 해마다 2천명이 넘고 불구가 되는 노동자가 3만 명이나 되고 있다. 이러한 인명손실 외에도 노동력 손실에 의한 노동일수 손실이 무려 4500만일이고 경제적 손실도 7조 8천억원이라는 엄청난 규모이다. 그러나 이 통계는 노동부와 전문가 모두 인정을 하고 있듯이 실상을 그대로 보여주지 못하고 있는 축소된 것으로 상당수의 재해가 신고 되지 않고 있다. 특히 최근에는 소위 3D업종에 종사하는 외국인 노동자들의 산재가 심각한 문제가 되고 있다.

2000년부터 2006년까지 6년간 사업장, 근로자 및 재해자의 변화추이를 보면 2000년을

기준으로 하여 지수 100으로 할 때 2006년도는 사업장이 183, 근로자는 123, 재해자수는 130으로 2005년에 비해 각각 23,6.6이 올랐다. 재해자수를 보면 2000년도에 비해 2006년도에는 20,000명 넘게 증가한 것을 볼 수 있다. 좀 더 산업보건을 위해 근로자나 사업자나 모두 노력해야 할 것이다.

산업재해지표

- **도수율** : 연근로시간 100만 시간 당 몇 건의 재해가 발생했는가를 나타냄
  * 도수율 = (재해발생 건수 / 총 근로시간) × 1,000,000
- **강도율** : 산업재해의 경중정도를 알기위해 많이 사용
  * 강도율 = (작업손실일수 / 총 근로시간) × 1,000
- **만인율, 천인률** : 산업재해를 당한 근로자의 수가 얼마나 되는지를 지표화한 것으로 각각 근로자 1000명 당 재해자의 비율, 1만명 당 재해자의 이율을 나타냄.
  * 천인률 = (재해자수 / 근로자수) × 1,000
- **건수율** : 1000명당 1년간에 발생하는 사상자 수.
  * 건수율 = (사상자수 / 평균실근로자수) × 1,000
- **중독율(평균손실일수)**
  * 중독율 = (근로손실일수 / 재해건수) × 1,000

3. 산업재해 예방대책

① 작업자의 신체검사, 작업환경의 개선, 작업방법의 합리화 등으로 사전 주의가 필요하며 작업자에게 보건교육을 철저히 해야 한다. 그러므로 직업병 관리 목표는 직업병의 예방 있다. 직업병을 예방하기 위해서는 직업병을 일으키는 작업환경의 유해요인을 관리하고 개선하는 것이다. 유해요인이 제대로 관리되고 있는가를 주기적으로 확인하는 방법으로 작업환경측정과 정기 특수건강검진이 제도화되어 있다.

② 제대로 된 작업환경 측정과 평가가 직업병 예방의 기본이 되어야 한다. 제대로 된 작업환경 측정은 사전조사를 통해 유해 물질 정보 자료와 실제 작업환경을 평가하고 작업현실을 반영하는 상황에서 측정이 이루어지고, 환경관리시설과 장비의 성능을 점검하며 복합적 요인에 대한 분석을 함께 하여 종합적으로 평가의견과 조치의견을 환경개선방안과 함께 제출하는 것을 포함한다.

③ 특수건강검진은 작업환경측정 결과와 직접 현장에서 일하는 사람들의 요구를 반영하여 대상자가 선정되고 진료를 효율적으로 하기 위한 교육과 사전 설문조사 등을 활용하는 것 또한 필요하다.

④ 이미 제도화되어 있는 위와 같은 제도이외에 직업병 관리를 위해 꼭 필요한 것은 노동자들의 참여이다. 노동자들이 스스로 점검하고 평가하고 모니터한 것을 기본 자료로 활용할 때 실질적이고 효과적인 관리를 기대할 수 있다. 작업환경에 따라 적절한 참여방식이 적극적으로 논의되고 실천할 수 있는 방안이 산업안전보건위원회 등 노사간의 협의 틀에서 결정되어야 할 것이다.

⑤ 직업병을 예방하기 위해서는 계속적인 연구가 필요하다.

19 _ 식품위생과 영양

1. 식품위생과 영양

1) 식품위생의 개념

식품위생은 소비자의 식품에 대한 안전성 확보라는 관점에서 식품위생의 정의는 세계보건기구 환경 위생전문위원회(1995)에서 정의한 것이 일반적으로 받아들여지고 있는데 "식품위생이란 식품의 생육, 생산 또는 제조에서 최종적으로 사람에게 섭취될 때까지의 모든 단계에 있어서 안전성, 완전성(완전무결성) 및 건전성을 확보하기 위한 모든 수단을 의미한다."라고 정의 한다. 소비자가 먹는 식품의 안전성, 완전성, 건전성을 확보하기 위하여 농·축·수산물의 생산·수확부터 이를 저장, 제조·가공, 수입, 유통, 판매, 조리하여 섭취하는 과정까지 직·간접적으로 관련 있는 법령은 식품위생법이다.

식품위생관리영역

① 식품을 통한 병원미생물의 감염
② 식중독
③ 식품을 통한 기생충 질병의 감염
④ 식품의 오염에서 오는 피해
⑤ 식품보존방법의 부적합
⑥ 식품위생 행정활동

⑦ 부정식품의 단속 및 유통관리
⑧ 식품검역

2) 식품과 전염병

(1) 식품과 전염병

식품을 통해서 인간에 감염될 수 있는 세균성 전염병 : 장티푸스, 세균성 이질, 파라티푸스, 콜레라

(2) 바이러스성 전염병

소아마비, 전염성 설사증, 유행성 간염

3) 식품과 관련된 기생충 질병

(1) 식품과 관련된 기생충 질병

① 수육과 관계있는 기생충병
㉠ 쇠고기 : 모구조충(Taenia saginata)
㉡ 돼지고기 : 유구조충(Taenia solium), 선모충(Trichinella spiralis)

(2) 민물고기와 관계있는 기생충병

① **담수산 게, 참게, 가재** : 폐디스토마(Paragonimus westermani)
② **담수어(참붕어 등)** : 간디스토마(Clonorchis sinensis)
③ **은어, 숭어** : 요꼬가와흡충(Metagonimus yokogawai), 이형흡충(Heterophyes, hetorophyes)

(3) 바다생선과 관계있는 기생충병

대구, 생태, 고등어, 오징어, 조기 : 아나사키스증(Anisakis simplex, A. physeteris)

(4) 야채와 관계있는 기생충병

회충(Ascaris lumbricoides), 구충(hook worm, Ancylostoma duodenalae, Necator americanus), 편충(Trichocephalus trichiurus), 동양모양선충(Trichostrongylus orientalis), 유구낭충증(Cysticerus cellulosae), 이질아메바(Entamoeba histolytica), 람블편모충(Giardia lamblia)

4) 식중독

(1) 세균성 식중독

① 세균성 식중독의 종류

세균성 식중독 : 세균에 의한 급성 위장염

㉠ 감염형(제1형) 식중독 : 원인균 자체가 식중독의 원인이 되는 식중독, Salmonella 균속, 장염Vibrio균, 병원성 대장균 등

㉡ 독소형(제2형) 식중독 : 균이 분비하는 독소가 원인이 되는 식중독, Botulinus 균, 포도상구균 등

(2) 세균성 식중독과 소화기계 전염병의 차이점

① **공통점** : 세균성 식중독과 경구 전염병은 경구적으로 침입된다는 것이다.

② **차이점**

㉠ 세균성 식중독은 2차 감염이 거의 없다.

㉡ 경구 전염병은 균량이 적어도 발병

㉢ 식중독은 전염병보다 잠복기간이 짧고 면역이 잘 형성되지 않음

㉣ 경구 전염병이나 식중독은 여름철에 많지만 연령별로 보면 이질은 약년자층, 장티푸스는 장년층에 많은데 식중독은 이와 같은 연령에 의한 역학적 특성이 없음.

㉤ 전염병의 병원체는 주로 인체 내에서 잘 증식하며, 식중독 원인균은 주로 음식물 중에서 잘 증식하는 특성이 있다.

(3) 감염형 식중독

① 살모넬라 식중독

㉠ 원인균 : 살모넬라증(salmonellosis)의 원인균은 우리나라에서만도 30여 종이 알려졌는데, 대표적인 종류는 장염균(Sal. enteritidis), 쥐티푸스균(Sal. typhi murium),

돼지콜레라균(Sal. cholerae suis) 등

㉡ 잠복기 : 잠복기간은 원인균의 양과 관계가 깊은데, 일반적으로 12～48시간으로 평균 20 시간이며, 발병률은 다른 식중독균에 비해 높아서 75% 이상

㉢ 증상 : 균량에 따라 다르나 증상은 급격한 발열로 38～40℃에 이르면 두통, 복통, 설사, 구토를 일으키는데, 대개 2～5일이면 발열이 그치고 1주일이면 경쾌해진다.

㉣ 감염경로 : 살모넬라균에 이환 또는 보균 조수류의 고기를 먹거나 환자, 보균자, 가축, 쥐들의 소변에 오염된 음식물을 섭취함으로써 감염되는데, 원인이 될 가능성이 큰 식품은 어육제품, 유제품, 어패류, 두부류, 샐러드 등이다.

㉤ 예방책

㉥ 도축장의 위생검사 철저

㉦ 식육류의 안전보관과 저온보존

㉧ 조리장, 부엌의 쥐 및 파리 구제

㉨ 가열 가능한 음식물은 먹기 전에 가열 처리

㉩ 환자의 식품취급 금지

㉪ 보균자 색출 등의 대책이 필요

② 호염균 식중독

㉠ 원인균 : 장염비브리오균(Vibrio parahaemolyticus)이 원인균이다. 해수세균의 일종으로 서 3～5% 전후의 염도에서 잘 생존

㉡ 잠복기 : 일반적으로 8～20(평균 12)시간 전후

㉢ 증상 : 전형적인 급성 위장염을 일으키는데 복통, 설사, 구토가 주 증상이며, 경우에 따라 혈변이 나오는 때도 있으며, 발열은 37.5～38.5℃로서 고열은 없음

㉣ 감염경로 : 원인식품은 어패류가 주가 되며, 오염 음식물을 통해서도 감염될 수 있는데, 주로 5～11월(주로 7～9월) 사이에 많이 발생한다.

㉤ 예방대책 : 생어패류의 생식에 유의한다.

③ 병원성 대장균

대장균(Escherichia coli)은 사람과 동물의 장관에 생재하는 세균이지만 혈청학적 형별법에 따른 O항원에 해당되는 어떤 종류는 영유아에게 식중독 원인균으로 작용. 장출혈성대장균감염증(O－157균)은 우리나라 제1군 전염병으로서 잠복기간은 4～8일, 수양성 설사와 베로톡신이라는 독소를 분비하여 장벽의 세포를 파괴함으로써 장출혈을 일으키는 원인이 됨. 소의 분변이나 환자의 분변에 오염된 식수나 음식물로 전파되기 때문에 음식물은 75℃ 이상으로 가열 섭식하여야 함.

(4) 독소형 식중독(잠복기가 짧다.)

① 포도상구균 식중독 (staphylococcal food poisoning)

㉠ 원인균 : 황색포도상구균(Staphylococcus aureus)과 표피포도상구균으로 분류. 표피포도상구균은 영유아에서 화농의 원인이 되는 경우가 있기는 하지만, 일반적으로 식중독의 원인이 되지는 않음. 황색포도상구균은 식중독 및 화농의 원인균인데, 식중독의 원인물질은 균이 생성하는 장독소(enterotoxin)이다. 장독소는 A, B, C, D, E, F 6형이 알려졌으며, 내열성이 강해서 100℃에서 30분간 처리해도 파괴되지 않으므로 보통의 조리법으로는 독소를 파괴시킬 수 없지만, 균체는 80℃에서 30분간에 사멸.

㉡ 잠복기 : 짧아서 1~6(평균 3)시간 정도

㉢ 증상 : 급성 위장염으로 타액분비, 구토, 복통, 설사를 일으키는데 구기, 구통의 증상은 반드시 나타나지만 발열은 38℃ 이하(12시간 이내 치료 가능)

㉣ 감염경로 : 화농성 질환이나 이 균에 오염된 우유, 크림, 버터, 치즈, 과자 등의 유제품과 유방염이 있는 젖소로부터 감염되며 김밥, 도시락, 떡 종류가 원인식품이 되는 경우가 많은데, 발생은 늦은 봄과 가을에 많음.

㉤ 예방대책

㉥ 식품오염의 방지

㉦ 식품 및 식기구의 멸균

㉧ 저온저장

㉨ 화농된 사람의 조리 금지

㉩ 취사장의 청결

② 보툴리나스균 식중독 (치사율이 높다.)

㉠ 원인균 : Clostridium botulinum이 원인균으로 옛날부터 알려졌으나, 1800년 독일의 Kerner가 Botulism(소시지의 중독)이라는 용어를 처음 사용하였다. 이 균은 토양 및 자연계에 널리 분포되어 있으며 통조림, 소시지 등 식품의 혐기성상태에서 발육하여 신경독소(neurotoxin)를 분비하는데, 독소는 A, B, C, D, E형이 있다. 보툴리나스균은 4℃ 이하에서도 증식되어 독소를 산출하는데, A형의 포자는 100℃에서 수 시간 가열해도 파괴되지 않으나, E형의 포자는 100℃로 가열하면 파괴되며, 독소는 80℃에서 수분 간에 파괴되므로 먹기 전에 가열하는 것이 좋음.

㉡ 잠복기 : 일반적으로 12~36시간이나, 2~4시간에도 신경증상이 나타나는 경우가 있음.

㉢ 증상 : 신경계 증상이 주 증상으로 복시, 동공산대, 실성, 연하곤란, 호흡곤란 등이 있으며, 신경증상 전에 구역, 구토, 복통, 설사 등의 소화기계 증상이 나타나는 경우도 있음.

㉣ 감염경로 : 치명률이 높은 식중독으로 원인식품은 통조림, 소시지 등과 야채, 과일, 식육, 어육, 유제품 등이 혐기성 상태에 놓이게 되는 경우 문제가 된다.

㉤ 예방대책 : 음식물의 가열처리, 통조림 및 소시지 등의 위생적 보관과 위생적 가공을 하는 것이 중요하다.

③ 웰치균 식중독

원인균은 Clostridium welchii이고, 원인식품이 될 수 있는 것은 주로 수육제품. 이 균이 분비한 enterotoxin에 의한 독소형 식중독으로, 위장계 증상을 일으키는데 치명률은 매우 낮으며 회복이 빠름.

(5) 동물성 자연독에 의한 식중독

① 복어 식중독(치사률이 가장 높다.)

㉠ 독성분 : tetrodotoxin($C_{11}H_{17}O_8N_3$)으로 복어의 난소, 간장, 고환, 위장 등에 많이 함유 되어 있으며, 열에 저항이 강해서 100℃에서 4시간을 가열해도 파괴되지 않는다. 중독증상은 식후 30분~5시간 내에 나타나는데, 심한 경우 1~24시간 이내에 호흡곤란으로 사망하게 된다.

㉡ 증상

ⓐ 구순 및 혀의 자각마비

ⓑ 사지의 운동마비

ⓒ 언어장애

ⓓ 호흡근마비 등 중추신경 및 말초신경에 대한 신경독을 일으키는 것이 특징

㉢ 예방책 : 전문조리사만이 요리를 하도록 하며 내장, 난소 부위 등을 먹지 않도록 하고, 유독부위는 철저히 폐기처리하도록 하여야 함.

② 조개류 식중독 (3~4월에 호발)

㉠ 독성분 : 모시조개나 바지락 및 굴의 독성분은 venerupin으로 알려졌는데, 이것은 100℃에서 1시간 가열하여도 파괴되지 않는다. 독일의 Brieger는 섭조개의 독성분이 mytilotoxin이라고 하였으나, 이를 부인한 학자도 있으며, 이것은 마비성 중독으로 말초신경의 마비증상을 나타낸다.(saxitociu 중독 : 한여름에 강하게 나타난다).

㉡ 증상 : 초기에 전신권태, 구역, 구토, 변비, 두통 등이 있으며 배, 목, 다리 등의 피하에 출혈반점이 생기며, 중증에서는 피하출혈, 토혈, 혈변, 혼수 등이 나타난다. 이외 사지마비, 기립 보행 장애가 나타난다.

(6) 식물성 자연독에 의한 식중독

① 독버섯의 독소

주요 독성분은 muscarin, muscaridine, cholin, neurin, phalin 등 여러 가지가 있으나 일반적으로 muscarin에 의하는 경우가 많음. Muscarin에 의한 중독증상은 식후 2시간 후에 발생하는데, 부교감신경의 말초를 흥분시켜 각종 분비액의 증진, 축동 등을 일으키고, phalin은 흉통, 경직, 경련, 구토 및 설사 등 콜레라 감염과 같은 증상을 나타냄.

② 감자의 독소

태양에 노출되어 solanin 색소가 많이 형성된 부분은 녹색을 띄는데 이것은 열에 강한 색소로서 솔라닌 식중독의 원인이 된다. 이 중독의 주요증상은 위장장애, 허탈, 복통, 현기증을 일으키는 것인데 발열증상은 없음.

③ 맥각균의 독소

맥류의 개화기에 발생하는 맥각균(Claviceps purpurea)의 기생에 의하여 활동성이 강한 균핵이 생기는데, 이것이 교감신경에 작용하여 위장계 증상과 신경계 증상의 중독을 일으킨다. 맥각균의 독성분은 ergotamine, ergotoxin, ergometrin 등이라고 알려짐.

2. 영양소

인간을 비롯한 생물이 외부로부터 받아들인 물질 중에서 생물체의 몸을 구성하거나, 에너지원으로 사용되거나 또는 생리작용을 조절하는 물질을 말한다.

영양과 관련되어 필수 영양소는 인체가 필요로 하나 체내에서 전혀 만들 수 없거나 적절한 양을 생산해 낼 수 없는 영양소를 말한다. 그래서 필수 영양소는 우리가 먹는 음식으로부터 섭취해야 한다. 필수 영양소는 또한 필요 불가결한 영양소라고도 알려져 있다. 일반적으로 영양소라 하면 탄수화물(carbohydrates), 지방질(lipids), 단백질(proteins), 무기질(minerals), 비타민(vitamins) 등 5종류가 있다.

1) 탄수화물 : 주요 에너지 음식

인체 대사에서 탄수화물의 중요한 기능은 에너지 공급이다. 뇌속의 신경세포, 마막 및 적혈구와 같은 신체 세포는 에너지를 글루코스에 의존하고 끊임없이 요구한다. 신체 세포에서 생화학 반응의 연속과정을 통하여 글루코스는 산화되고, 마지막으로 물, 이산화탄소 및 에너지를 생성한다. 탄수화물은 에너지를 생성하기 위하여 유산소적 또는 무산소적으로 모두 이용된다. 즉 ATP는 무산소성 해당과정을 통해 최종 부산물인 초성포도와 피루베이트는 반드시 젖산으로 전환되며, 산소시스템에서는 유산소성 해당 작용이 두드러지며, 초성포도산은 아세틸 CoA로 변하는 등의 해당과정을 거쳐 에너지를 생성하게 된다.

종류 및 역할

① **단당류** : 탄수화물의 가장 기본적이고 단순한 형태이며, 소화과정 없이 바로 혈류로 흡수된다. 이는 탄소분자의 수에 따라 3탄당, 4탄당, 5탄당, 6탄당으로 구분된다.

㉠ **포도당** : 탄수화물의 최종 분해물로 단당류의 대표적인 물질이다. 식물이나 과일 등 자연계에 널리 존재하며 특히 포도에 많이 함유되어 있어 포도당이라고 한다. 이는 그루코스, 혈당 등의 명칭으로도 불린다. 사람이 의식장애나 수술시 소화, 흡수의 능력이 없을 때 포도당 정맥주사를 통해 에너지를 공급받으며 충분한 영양이 공급되고 있는 상태에서의 뇌와 신경세포의 유일한 에너지원이다.

㉡ **과당** : 벌꿀과 과일에 풍부한 것으로서 식물계에 널리 존재하며, 특히 포도당과 함께 과일 속에 유리 형태로 들어 있거나, 포도당과 결합하여 자당으로서 함유되어 있다. 벌꿀의 액상부는 대부분 과당이며, 포도당을 이용하지 못하는 당뇨병 환자용 감미료, 쇠약자나 어린이의 영양제 외에 해독제, 이뇨제, 강심제 등으로 사용된다. 과당의 일부는 소화관을 통해 직접 혈액 중으로 흡수되고 나머지는 모두 간에서 글루코스로 합성된다.

② **이당류** : 이당류는 단당류 2분자가 결합한 상태를 말한다. 이당류 자체가 직접적인 에너지원으로 사용되지 않으며, 각각의 물질에 따라 필요한 분해효소에 의해 분자결합이 깨어지면서 단당류로서 에너지원이 된다.

㉠ **자당(포도당+과당)** : 자당은 설탕의 약 50%정도가 자당으로 구성되어 있으며, 자연계에 가장 흔한 물질로서 사탕수수, 사탕무 등 식물계에 널리 분포한다. 식품 등의 감미료로 많이 사용되며 영양밀도가 낮은 단순당류로서 열량 이외 다른 영양소

는 공급하지 못하므로 영양이 풍부한 단당류, 다당류 식품으로 대체하여 사용하기에는 부적합하다. 그러나 단지 열량 보충용으로만 사용할 때는 매우 유용하다. 과잉 섭취 시 각종 성인병의 위험을 증가시킨다.

ⓛ **맥아당(포도당+포도당)** : 천연물에서는 거의 발견되지 않으며, 발아한 곡물에서 엿기름 음료를 만들 때 사용되어 진다. 맥아당은 맥주와 같은 술을 제조하는 과정 중에도 볼 수 있다. 곡류에 있는 녹말이 아밀로오스 분해효소에 의해 분해되면서 중간 산물로 맥아당을 생성한다.

ⓒ **유당(포도당+갈락토스)** : 식품에서는 거의 발견되지 않으나 우유에 들어 있는 젖당이라고도 한다. 이당류 중 가장 단맛이 약하다.

③ **다당류** : 자연계에 널리 분포하며, 영양상 가장 중요한 의의를 가진다. 또한 운동영양학에서도 운동시 가장 중요한 에너지원으로서 효과적인 사용법에 대한 연구가 많이 이루어지고 있다. 이것은 한 종류 혹은 여러 종류의 단당류가 축합하여 생긴 화합물로서 대개 시물체의 주성분을 이루고 있다. 그 중 영양상 중요한 것은 전분과 글리코겐이다.

ⓖ **전분** : 전분은 무미, 무취의 백색분말로 물에는 녹지 않는다. 전분은 단일물질이 아니라 이밀로스와 아밀로펙틴의 혼합물이다. 전분은 그 원료에 따라 고구마전분, 감자전분, 옥수수전분 등으로 구분된다.

ⓛ **글리코겐** : 글리코겐은 고강도 운동시 주로 사용되는 에너지원으로서 사람의 간에 약 100g, 근육에 400g정도 저장되어 있으며, 각각 약 300~400kcal, 1,200~1,600kcal 정도의 에너지를 가지고 있다. 이것은 근육 1kg당 글리코겐 함량이 약 12g정도라는 것과 같다. 글리코겐은 글루코스만으로 되어 있는 단순 다당류이며, 혈액 중의 글루코스는 간에서 글리코겐으로 저장된다. 다시 말하면 전분의 섭취에 의해 상승한 그루코스가 간으로 운반되어 글리코겐으로 저장되는 것이다. 저장된 글리코겐은 혈당이 부족할 때에 다시 글루코스로 분해되어 혈중으로 배출된다.

2) 지방 : 운동중의 중요 에너지원

지질은 물에 녹지 않고 유기용매에만 녹는 유기화합물로서 상온에서 고체인 지방(fat)과 액체 상태인 기름(oil)으로 존재한다. 지방은 물에 녹지 않고 비극성 용매에 녹는 물질을 총칭한다. 지방은 지방산이라고 하는 구성 단위물로 이루어져 있다. 지방은 글리세라이드 또는 아실글리세롤 이라고 불리는 글리세롤 1분자와 지방산 3분자의 에스테로이다. C, H, O로 구성되어 있으며, P, N를 함유하는 경우도 있다.

종류 및 역할

① **포화지방산 & 불포화지방산** : 지방산은 지방산합성효소에 의해 아세틸-CoA와 마로닐-CoA에서 탈탄산과 환원반응을 거치고 이 과정을 반복하여 합성된 긴사슬의 monocarbolic acid이며 그래서 천연에서 생산되는 지방산은 짝수개의 탄소원자를 가진다. 탄화수소 사슬에 이중결합을 가지지 않는 지방산을 포화지방산이라고 하고, 이것을 가지고 있는 지방산을 불포화지방산이라고 한다.

② **필수지방산** : 위에서 언급한 지방산은 다시 필수지방산과 비필수지방산으로 구성된다. 필수지방산은 생명을 영위하는데 있어서 반드시 필요한 것으로 알려져 있다. 필수지방산의 주된 기능은 생체막 구조성분으로 원활한 막기능 수행, eicosanoid의 생성과 관련된 전구체로서의 역할과 생성조절, 피부의 보전 등이다.

③ **중성지방** : 중성지방은 글리세롤과 세 분자 지방산의 에스테르를 말하며, 이들 에스테르는 포화 및 불포화 지방산 두 종류를 동시에 함유하고 있다.

3) 단백질 : 조직구성체

단백질을 구성하는 기본 성분은 아미노산으로서 약 20여종의 아미노산이 단백질의 합성에 이용되는데 이들 아미노산의 종류 및 결합 순서에 따라 수많은 종류의 단백질이 합성된다. 이들 아미노산 중에 체내에서 합성되지 않아 반드시 음식물로부터 공급되어야 하는 아미노산을 필수 아미노산이라 한다.

(1) 단백질의 종류

① **단순 단백질** : 아미노산만으로 결합된 것이다.
종류 : 알부민, 글로불린, 글루테닌

② **복합 단백질** : 아미노산과 다른 물질이 섞여 있는 것이다.
종류 : 핵단백(질세포 핵), 당단백질(뮤신), 인단백질(카세인), 색소단백질(혈액), 지단백질(혈장, 신경 조직)

③ **유도 단백질** : 단백질이 열, 가수분해에 의해 부분적으로 분해되어 만들어진 것이다.
종류 : 젤라틴, 응고 단백질, 펩타이드, 펩톤, 프로테오스

(2) 단백질의 기능

① **체조직의 구성성분** : 인체를 구성하는 단위인 세포는 여러 종류의 물질로 구성되어 있으나 주성분은 단백질이다.
② **효소, 호르몬, 면역체의 합성** : 단백질은 여러 효소, 호르몬 면역체의 주성분이다.
③ **체액의 조절** : 단백질은 체내에서 무기질평형과 수분평형을 조절하고, 세포막내에 있는 단백질은 세포에 특정한 전해질의 양을 조절한다.
④ **열량공급** : 단백질은 당질이나 지방과 마찬가지로 열량을 제공하는 1g당 4kcal의 열량을 공급한다.

4) 무기질 : 무기조절물질

무기질은 인체 내에서 에너지원은 되지 않지만 신체의 구성과 일부 신체기능을 조절하는 데 필수적인 요소이다. 식품이나 생물체에 들어 있는 원소 가운데 탄소, 수소, 산소, 질소를 제외한 다른 원소를 통틀어 무기질이라 하며, 이것은 유기물질이 연소하면 남게 되므로 회분이라고도 한다. 자연계에 존재하는 많은 무기질 가운데 영양적으로 인체에 필요한 것은 약 20종인 것으로 알려져 있다.

(1) 무기질의 종류

① **다량무기질** : 체내에서 다량으로 존재하는 것으로써 비교적 많이 요구되는 것이다. 다량 무기질로는 칼슘, 인, 나트륨, 마그네슘, 칼륨, 황 등이 있다.
② **미량무기질** : 신체 내에서 체중의 0.005% 및 그 이하로 존재하는 무기질로써 철, 요오드, 구리, 불소, 망간, 아연 등이 있다.

(2) 무기질의 역할

① **경조직 및 연조직의 구성** : 뼈나 치아의 주성분은 인산칼슘과 인산마그네슘 등이다.
② **산, 알칼리의 평형 유지** : 산, 알칼리의 평형이란 체액 안의 수소이온 농도의 조절 작용을 말한다. 정상적 대사과정에서 계속하여 산이 방출되는데 이는 적절히 조절되어야 한다.
③ **생리작용에 대한 촉매** : 무기질은 생체 내에서 일어나고 있는 여러 가지 반응 촉매로서 관여하고 있다. 무기질은 생리작용의 반응을 일어나게 하는 데 불가피한 요소로

존재한다.

④ **필수적인 신체의 구성요소** : 무기질은 여러 가지 종류의 호르몬, 효소 그리고 기타 체내에서 합성되는 중요 물질의 구성요소 중 하나의 역할을 한다.

⑤ **수분 평형유지** : 수분은 체중의 약 60%를 차지하는데 세포 외액과 세포 내액으로 구분한다. 이는 전해질의 관계에 의해 조절된다.

⑥ **신경전달 자극** : 신경이 신경섬유를 통해 전해지는 자극 전달에 무기질이 필요하다.

⑦ **근육의 수축자극** : 근육의 수축 · 이완은 체액에 존재하는 무기질간의 평형에 의해 적절히 이루어진다. 칼슘이온은 근육을 자극하여 수축하는 한편 나트륨, 칼륨 그리고 마그네슘 이온 등은 이완된다.

5) 비타민 : 유기조절 물질

비타민은 신체의 세포나 조직 내에서 필수적인 대사 기능을 돕는 유기 물질이다. 아주적은 양이 요구되지만, 정상적인 건강을 유지하는 데 없어서는 안 되기 때문에 한 가지 비타민이라도 식사에서 결핍되거나 적절하게 흡수되지 못하면 결핍증상이 생긴다.

(1) 비타민의 종류

① **수용성 비타민** : 수용성 비타민은 체액을 통해 운반되며 소변으로 쉽게 배설된다. 한 번에 소량만 흡수되기 때문에 매일 규칙적으로 공급해 주어야 하며 조리 과정 중에 쉽게 파괴되므로 각 비타민의 성질을 파악해 손실을 줄여야 한다. 비타민 B1, 2, 6, 12, C, 니아신, 엽산, 판토텐산 등이 있다.

② **지용성 비타민** : 지용성 비타민은 지방이나 기타 다른 유기용매에 녹으며, 지방성 식품에 많이 들어 있고, 장 속에서 지방과 함께 흡수된다. 일단 흡수된 지용성 비타민은 신체의 간이나 신체의 피하 지방조직에 저장되고, 체내에서 쉽게 배설되지 않기 때문에 섭취량이 지나쳐 체내에 과다하게 축적되면 독성을 유발할 수도 있다. 비타민 A, D, E, K 등이 있다.

(2) 비타민의 기능

① **보조효소로서의 비타민** : 우리 몸에서 음식물의 소화와 근육수축, 가스 이동과 성장에 도움을 주고 혈액을 응고시키는 등이 여러 체내 화학반응에는 수백 개의 효소들이 관여하는데 이들 효소는 단백질 분자와 조효소, 두 가지로 결합을 하고 있다.

② **항산화제로서의 비타민** : 우리의 몸은 다양한 산화반응을 거치면서 유리기를 만들어 낸다. 이는 불안정한 복합물질로 체내 조직에서 세포손상과 같은 바람직하지 않은 반응을 일으킨다.

③ **호르몬의 기능을 하는 비타민** : 비타민 D의 경우 비타민의 형태로 존재하면서 체내에서는 호르몬의 기능을 한다. 다른 호르몬과 같이 혈액을 순환하고 체내 대사의 촉진을 위하여 여러 조직에서 그 기능을 발휘한다.

6) 수분

(1) 수분의 역할

① 체수분의 역할은 물질을 용해시켜 화학적 반응의 장으로 만들어 영양소의 흡수, 운반, 노폐물의 배설과 체온 조절 등에 관여하는 것이다.

② 수분의 중요한 역할 중 하나는 체온조절 기능이다. 체온은 열생산과 열발산의 평형에 의해 일정하게 유지된다. 즉, 환경온도가 활동근의 온도보다 높을 경우에는 복사나 대류에 의한 열손실을 기대할 수 없기 때문에 땀을 흘림으로서 체온을 낮추게 된다.

3. 영양상태 판정 및 영양장애

1) 영양상태

영양의 섭취량과 영양소의 과부족의 정도 및 영양장애의 정도 등의 총칭. 섭취 칼로리, 영양소의 과부족은 식사횟수, 1회 섭취량, 규칙성, 식습관, 기호 등으로 판단한다. 영양장애의 정도는 식사, 수분섭취량, 체중변화, 피하지방두께, 외견적 변화, 빈혈유무, 혈청 총 단백질량, 알부민량, 혈청지질 등의 혈액의 영양학적 지표, 활동량, 구강 내 및 혀의 상태 등으로 종합적으로 판단 한다.

영양이 좋은 상태

부 위	영양 상태 양호	관련 영양소
전체적인 면	주의력이 좋음, 원기왕성. 키, 나이 체격에 적당한 몸무게이다.	에너지, 단백질, 비타민 B군 등.
자 세	체격이 똑바르고 팔과 다리가 곧게 뻗는다.	칼슘, 단백질, 비타민 D
근 육	근육이 잘 발달되고 빛깔이 건강해보임 피부 밑에 어느 정도의 지방이 있다.	단백질
신경조절	주의력이 좋고 침착하며 반사작용이 정상적이다.	티아미, 칼슘, 비타민 B12
소화기능의 기능	식욕과 소화기능이 좋음. 규칙적인배설과 만져지는 혹 같은 것이 없다.	티아민, 비타민 A, 단백질, 나이아신
순환계 기능	정상적인 맥박. 잡음이 없음 정상혈압이다.	티아민
머리카락	윤기가 흐르고 단단하며 잘 뽑히지 않고 머리 밑의 피부가 건강하다.	단백질, 에너지
피 부	부드럽고 약간 촉촉하며 피부색이 좋다.	비타민A, 리보플라빈, 단백질, 나이아신, 비타민 B12, C.에너지
안 면	피부색이 동일하고 부드러우며 건강한 모습. 붓지 않는다.	철분, 리보플라빈
입 술	부드럽고 빛깔이 좋으며 터지거나 붓거나 하지 않고 촉촉하다.	리보플라빈
구강내	점막은 보기 좋은 붉은 색이 도는 분홍색임 붓거나 피가 나지 않는다.	리보플라빈, 나이아신, 엽산 비타민 B12
혀	붓거나 너무 반반하지 않음. 상처난 부위가 없고 표면이 돌기가 난다.	리보플라빈, 나이아신, 비타민 B12
치 아	충치가 없고 통증이 없으며 이가 고르고 빛난다.	불소
눈	맑고 번쩍임. 눈가에 부은 곳이 없고 건강한 분홍색임. 피곤한 기가 없다.	비타민 A, 리보플라빈, 비타민 B12, 철분
손 톱	윤기있는 연분홍색.	철분, 단백질

2) 영양장애

생체는 생명을 유지하기 위해 필요한 영양소를 식품으로서 외계로부터 섭취한다. 섭취한 영양소의 양과 체내에서 대사 이용되는 영양소의 양 사이에서 동적 평형을 유지하면서 건강상태를 유지하고 있는데 이 평형이 흐트러지고 불평형의 상태로 되는 것을 영양장애라고 한다. 영양부족에 따른 것과 영양과다에 따른 것이 있다. 전자로서 칼로리 결핍에 따른 기아, 유아의 소모증, 단백질결핍에 따른 콰시오르코르, 비타민결핍증 등이 있고 후자로서 비만이 있다.

부 위	영 양 장 애	관련 영양소
전체적인 면	게으르고 무관심함. 건강이 안 좋고 과체중, 저체중, 식욕부진이 있다.	에너지, 단백질, 비타민 B군 등.
자 세	어깨가 처지고 빈약하고 몸이 굳는다.	칼슘, 단백질, 비타민 D
근 육	근육이 연약하고 무기력해 보이고 근육쇠약, 부종, 관절이 약하다.	단백질
신경조절	주의가 산만하고 손발에 지각이상. 근육이 약함(심한경우 걷지못함).경련, 반사상실 있다.	티아미, 칼슘, 비타민 B12
소화기능의 기능	식욕감퇴, 소화불량, 변비나 설사. 간이나 지라의 확장이 있다.	티아민, 비타민 A, 단백질, 나이아신
순환계 기능	너무빠른 맥박(100/분이상)비대한 심장 비정상적인 맥박, 고혈압이 있다.	티아민
머리카락	윤기가 없고 건조해 보이며 가늘고 띄엄 띄엄 나서 잘 빠지고 변색된다.	단백질, 에너지
피 부	각질화, 창백, 피부색이 변색, 염증이나 멍이 있다.	비타민A, 리보플라빈, 단백질, 나이아신, 비타민B12, C, 에너지
안 면	뺨 위나 눈밑의 피부가 검고 코와입 주위에 피부가 벗겨지거나, 부스럼 같은 것이 있다.	철분, 리보플라빈
입 술	건조해 껍질이 벗겨지고 부어있음, 구각염, 구각반흔, 피가 잘나고 염증이 있고 잇몸이 가라앉는다.	리보플라빈
구강내	붓고 구멍이 있음, 붉은 기가 적고 피가 잘 나며, 염증이 있으며 잇몸이 가라앉는다.	리보플라빈, 나이아신, 엽산, 비타민 B12
혀	붓고 주황색, 형의 돌기가 충혈되거나 이상비대, 돌기의 크기가 작다.	리보플라빈, 나이아신 비타민 B12
치 아	충치와 빠진 이가 있으며 표면이 닳고 이의 위치가 고르지 않음, 반점이 있다.	불소
눈	눈가에 핏발이 섰으며 건조하고 염증이 있음, 눈동자가 흐리고 연해 보인다.	비타민 A, 리보플라빈, 비타민 B12, 철분
손 톱	스푼형, 횡행선	철분, 단백질

20 _ 보건행정

1. 보건행정

1) 보건행정의 개념

공공보건의 목적을 달성하기 위하여 지역사회의 전체 주민을 대상으로, 질병을 예방하고 육체적, 정신적 건강을 도모하여 전 국민의 생명을 연장하고자 공공기관의 책임 하에 수행하는 조직화된 행정활동을 보건행정이라 한다. 공중보건의 원리를 적용하여 행정조직을 통하여 행하는 일련의 과정이라고 할 수 있으며, 국가나 지방자치단체가 주도적으로 수행하는 국민의 건강을 위한 제반활동으로 간주된다. 따라서 보건행정은 보건과 관련된 제반지식과 기술을 행정에서 요구되는 여러 가지 기법과 원칙들에 연결시켜 적용한다는 점에서 일반 행정과 차별성을 보인다. 보건의료, 국민건강증진, 삶의 질을 향상 시키고자 하는 국민보건복지실현에 관한 기술과학을 적용해야 하는 기술과학 행정이라는 특징을 지니고 있다.

2) 우리나라 보건행정체계

우리나라 보건 행정 체계는 공공 보건 조직 체계를 근간으로 하여 상부 중앙보건 조직과 하부 지방 보건 조직 간에 직접적인 행정적 연계성이 없이 모든 행정조직이 지방자치 단체를 전제로 하여 종합 행정 체계로 되어 있다.

정부 중앙 보건 행정 조직의 중추 기관인 보건 복지부는 사회복지 정책, 보건 정책, 건강 증진 및 연금 등에 관한 사무를 관장하고 있으나, 보건 사업의 진행에 있어서는 인사권, 예산 집행권이 없는 정책 결정 기관으로서 기술지원만 하고 있다.

하부 지방 보건행정 조직은 시, 도의 보건 환경국, 보건 복지국 또는 복지 여성국 등으로 지역에 따라 명칭이 각기 다르게 사용되고 있고 산하 보건사회 관련 각 과와 시·군·구 보건소, 읍·면 보건지소, 벽오지 보건진료소는 일반 행정의 한 부분으로 행정자치부의 직접적인 통제를 받고 있는 이원적인 행적체계로 되어 있다.

행정자치부는 보건 행정의 기도 및 시·군단위의 조직을 담당한다.

시·도 단위에서는 시·도의 보건 사회국이 지방의 보건의료조직을 총괄한다. 보건 사회국 내에 보건과를 두고, 각종 규제, 감시 업무, 병원의 운영, 보건소 및 보건지소의 지원 등을 담당한다.

시·군·구에서는 시(군)청의 사회과에서 환경, 위행, 노동, 부녀, 사회복지, 사회보장, 의료보장 등의 업무를 담당하고 있다.

지역 실정에 맞고 지역 주민이 요망하는 보건의료 사업을 시행해야 하는 지방보건 의료조직도 일반 행복은 행정자치부 장관의 지도·감독을 받고, 보건관계 기술행정은 보건 복지부 장관의 지도 감독을 받는 이원화 체계로 운영되고 있다. 또한 시·도 보건행정조직은 서울특별시와 그 소속 기관 직제에 의한 서울특별시 보건행정조직과 지방자치 단테의 기구와 정원에 관한 규정에 의한 광역시 및 도 보건행정조직으로 운영된다.

(1) 중앙보건행정체계

중앙의 보건의료조직은 관련 업무에 따라 나누어져 있다. 보건복지부, 노동부, 교육인적자원부, 행정자치부 등이 보건의료정책과 행정에 관여하고 있는데, 이 중에서도 보건복지부가 가장 중요한 조직의 기능을 갖는다.

① 보건복지부

보건복지부는 총 11개의 조직으로 구성되어 있으며 여기에는 감사관, 한방 정책관, 혁신인사기획팀, 운영지원팀, 정책 홍보 관리실, 사회복지정책본부, 보건의료정책본부, 보험연금정책본부, 보건산업육성사업단, 저 출산 고령사회정책본부, 생명과학단지조성사업단이 있다.

- 보건산업육성사업단의 업무

보건산업정책팀, 보건산업기술팀, 생명윤리안전팀, 보건의료정보팀으로 구성되어 보건의료 연구 지원 및 활성화에 기여하고 있다.

② 행정자치부

중앙행정조직의 보건복지부, 노동부, 교육인적 자원부에 속하지 않는 사무를 관장하고, 정부조직법 · 지방자치법 · 지방재정법 등 113개 법률과 138개 대통령령, 57개 부령 등을 관장하고 있다. 주 업무로는 공무원의 인사 및 복지, 예산 집행, 행정조직의 관리 등이 있다.

(2) 지방보건행정체계

우리나라 보건행정의 중앙조직은 대통령, 국무총리, 보건복지부 등의 행정전달 체계로 이루어져 있으나, 지방조직은 행정자치부 산하에 지방보건행정 업무가 소속되어 있으므로 특별시, 광역시 등의 도청이상 수준에는 보건사회국과 시 · 도립 병원이 설치되어 있으며, 시 · 군 · 구 수준에는 보건소와 시립병원, 읍 · 면 수준에는 보건지소가 있고, 동 · 리 단위에는 보건진료소가 설치되어 있다.

① 시· 도 보건행정조직

시 · 도 복지 건강국이나 보건복지여성국이 지방 보건의료조직을 총괄한다. 일반 행정으로부터의 독립성은 없으며 복지건강국에 보건위생과가 있어 보건행정을 담당한다. 전반적으로 도 단위는 시 · 군 단위에 비해 보건의료의 독립성이나 기구의 규모가 상대적으로 취약한 실정이다. 각 시 · 도의 보건업무는 크게 나누어 각종 규제, 감시업무, 병원의 운영, 보건소 · 지소의 지원 등이 있다.

② 시· 군· 구 보건행정조직 : 보건소

시 · 군 · 구에 두는 보건행정조직은 주민과 직접 접촉이 많은 보건행정조직의 최일선 조직으로 보건소를 두고 있다. 실질적인 의미에서 주민이 느끼는 보건행정의 대부분은 보건소를 통해서 이루어지고 있으므로 보건행정에 있어서 보건소가 차지하는 비중은 크다고 할 수 있다. 일상 업무에 대하여는 시(군)청의 지휘를 받고 보건사업에 대하여는 도 보건위생과를 거쳐 보건복지부의 지휘를 받는다. 예산의 구성도 사업비에 대하여는 보건복지 부의 예산을 받는 경우가 많다.

3) 사회보장

(1) 사회보장의 개념 및 영역

① 사회보장

- 생존권과 국민의 기본권인 생활권을 가지며, 국가는 국민의 생존권과 생활권을 보

장할 의무가 있다.

② 사회보장의 중요 영역

- 사회보장행정의 범위는 궁핍만이 대상이 아니고, 질병이나 생활불편 및 무지의 문제까지도 포함되어야 한다.
- 의료보장을 위한 보건의료시설 및 의료수혜의 확충, 교육기회보장을 위한 교육기회의 균등 부여 및 기회 확대, 소득보장을 위한 실업대책 및 궁핍 해결, 각종 재해대책 등이 사회보장제도에 포함되어야 할 최소한의 영역이다.

(2) 사회보장제도

- 사회보장제도의 창시는 독일의 Bismarck에 의해 근로자질병보호법을 제정한 것이 사회보장제도의 출발이다.
- 사회보장에 관한 단독법은 1935년 미국에서 최초로 제정된 사회보장법으로부터 시작되었다.
- 사회안전망 구축을 위한 사회보장제도는 사회보험과 공적(사회적)부조 및 사회 서비스로 구분된다.
- 사회보험은 공적 부조와 사회 서비스란 조세를 중심으로 한 일반 재정수입에 의존하는 방법이다.
- 사회서비스로는 노인 복지 및 아동복지 서비스, 심신장애와 서비스 및 윤락여성 보호서비스 등 소외될 수 있는 계층에 대한 사회적 봉사활동 등이다.
- 공적 부조 : 소득보장을 위한 생활보호제도와 의료보장을 위한 의료보호제도이다.

(3) 사회보장제도의 발전 기본방향

① 사회보장의 안전망 구축
② 최저생활의 보장
③ 사회복지 서비스 확충

4) 국제보건기구

(1) 세계보건기구

① WHO의 설치과정

- 1948년 4월7일 국제연합의 보건전문기관으로서 세계보건기구(WHO)가 정식으로 발족
- 우리나라는 1949년 8월 17일 65번째 회원국으로 정식 가입

② WHO의 목적과 실현 원리

- 전인류가 가능한 한 최고수준의 건강을 달성하도록 하는데 있음

③ WHO의 주요기능

④ WHO의 조직

- 6개 지역사무국의 본부가 위치한 국가와 도시

㉠ 동지중해 지역(본부 : Alexandria, Egypt)
㉡ 동남아시아 지역(New Delhi, India)
㉢ 서태평양 지역(Manila, Philippines)
㉣ 남북아메리카 지역(Washington D.C., USA)
㉤ 유럽 지역(Copenhagen, Denmark)
㉥ 아프리카 지역(Brazzaville, Congo)

(2) 유엔 환경계획

- 기타 보건관련 기구
- UNICEF는 주로 아동의 보건 및 복지 향상을 위한 원조사업, 아동의 권리보호와 개발도상국에 대한 보건사업 지원 등에 기여해 오고 있다.

PART 3

피부학

21 _ 피부와 피부 부속기관의 구조 및 기능

1. 피부구조 및 생리기능

피부는 인체를 둘러싸고 있는 가장 겉면에 존재하며 체내의 모든 기관을 외부의 자극으로부터 보호하고 영양분 교환 및 감각을 인지하는 등 다양한 역할을 한다. 피부의 총면적은 1.6～1.8m^{2}이고, 무게는 체중의 20%를 차지하며, 두께는 사람, 연령, 신체부위, 성별에 따라 다양하게 나타나는데 대개 1.6mm(눈꺼풀)～6mm(허벅지)이다. 피부는 크게 표피, 진피, 피하조직의 3층으로 구성되어 있고 피부조직의 생리현상과 관계가 깊은 수분과 지방, 단백질 및 무기질로 이루어져 있다.

1) 표피, 진피, 피하조직의 구조

(1) 표피(epidermis)

표피는 피부의 제일 바깥층으로 무핵층과 유핵층으로 구분된다. 무핵층은 피부의 바깥쪽으로부터 각질층, 투명층, 과립층으로 형성되어 있으며, 유핵층은 경계가 뚜렷하지 않은 유극층과 기저층으로 이루어져 있다. 표피는 기저층에서 발생한 새로운 세포가 모양이 변하며 점점 위쪽으로 올라가 최후에는 각질이 떨어져 나가는 과정인 각화과정(keratiniation)을 계속하여 되풀이 한다.

① **각질층**

표피의 가장 위층으로 편평하고 핵이 없는 다수의 죽은 각질세포가 15~20겹 정도로 존재하며 수분의 함량은 약 10~20%정도이다. 이러한 각질층은 죽은 세포로 구성되어 피부 밖으로 탈락하게 되는데 머리에는 비듬, 피부에서는 때로 나타나며 이러한 박리현상에 걸리는 기간은 약 28일 정도이다.

② **투명층**

빛을 차단하는 투명층은 손바닥이나 발바닥 등 비교적 두꺼운 층에만 존재한다. 엘라이딘(eleide)이라는 반유동적인 단백질성분이 있어 투명하게 보이며 수분을 튕겨내는 성질이 있어 외부로부터의 물질 침투를 방지하는 역할을 한다.

③ **과립층**

2~3겹으로 구성되어 있으며 케라틴의 전구물질인 케라토히알린(keratohyalin) 과립이 있어 빛을 굴절시키는 작용을 한다. 또한 과립층에는 얇은 막 (레인막 : rein membrane)이 있어 각질층 외부로부터 이물질의 흡수를 막고, 반대로 피부내의 수분이 밖으로 증발하는 것을 막아준다.

④ **유극층**

약 6~8개의 층으로 구성된 유극층의 세포모양은 다각형으로 핵을 갖고 있으며 세포와 세포사이가 가시 모양의 돌기로 연결되어 있어 가시층 이라고도 한다. 또한 유극층에는 면역기능을 담당하는 랑게르한스세포가 존재한다.

⑤ **기저층**

표피 중 가장 아래에 위치하고 있으며 진피와 물결모양으로 경계를 이루고 있으며 이러한 물결모양이 뚜렷할수록 젊고 탄력 있는 피부라고 할 수 있다. 기저층은 각질형성세포 및 색소형성세포가 있는 중요한 층으로 상처를 입게 되면 재생이 어려워 흉이 남게 된다.

(2) 진피

표피의 바로 아래에 위치한 진피는 표피보다 20~40배가량 두꺼우며, 두께는 약 2~3mm로 실질적인 피부이다. 주요성분은 교원섬유인 콜라겐(collagen)과 탄력섬유인 엘라스틴(elastin)이며 서로 그물모양으로 짜여져 있다.

진피는 경계가 뚜렷하지 않은 상층의 유두층과, 하층인 망상층으로 이루어져 있다.

(3) 피하조직

진피의 아래층, 피부의 가장 아래층으로 지방세포들이 축적되어 있는 느슨한 결합조직으로 진피보다 두꺼운 층이다.

2) 표피, 진피, 피하조직의 기능

(1) 표피의 기능

표피는 체온 조절 기능, 피부는 흡수, 배출 작용도 하고 영양물질의 저장과 합성도 이루어지며 몸속의 장기를 보호하고, 면역물질을 만들어 낸다.

(2) 진피의 기능

피부의 생기와 탄력을 유지해주며 모세혈관, 림프관, 한선, 피지선, 털 등이 뻗어 있어 피부의 영양 및 지각기능을 담당하는 중요한 기관이다.

(3) 피하조직의 기능

지방이 포도알처럼 뭉쳐 있으며 두께는 부위, 연령, 성별, 영양상태 등에 따라 다르다. 피하조직은 피부와 근육 및 내장을 보호하는 완충 역할을 하며 보온과 여분의 칼로리를 저장하는 기능도 가지고 있다.

3) 피지막의 구조 및 기능

(1) 피지막의 구조

피지선에서 분비된 피지와 한선에서 분비된 땀이 피부 표면에 막을 형성하는 것이 피지막이다. 피지에는 지방산이 함유되어 지방막이라고도 한다.

(2) 피지막의 기능

① **살균, 소독 기능** : 분비된 피지에 의해 외부로부터 바이러스, 곰팡이균, 세균으로 부토 살균, 소독작용에 의해 피부를 보호한다.

② **보습기능** : 피부의 수분 증발을 피지막이 막아주어 보습효과 기능이 있다.
③ **중화 기능** : 산성화, 알카리화가 진행 되는 것을 막아준다.
④ **윤기, 광택부여 기능** : 피지는 기름의 일종으로 윤기, 광택을 부여한다.
⑤ **비타민 D 합성기능** : 피지에 존재하는 프로비타민 D는 자외선과 결합하여 비타민 D로 합성한다.

2. 피부 부속기관의 구조 및 생리기능

1) 피지선의 종류 및 기능

피지선은 모낭의 벽에 주머니 모양으로 붙어서 모공으로 피지를 분비하기 때문에 대개는 털에 부속하여 존재하므로 일명 모낭선이라고도 한다. 간혹 털과 무관하게 피지를 분비하는 곳도 있는데 이를 독립피지선이라 하며 입술, 구강점막, 눈거풀, 젖꼭지 등이 대표적이다. 피부 표면에 윤기부여와 방수 역할을 하는 기름기인 피지를 분비하며 내분비 계통의 지배를 받는 피지선은 손바닥과 발바닥을 제외한 거의 전신에 존재하고 분포 정도는 안면의 경우 평균 800개/cm^2이며 팔 다리의 경우 50개/cm^2로 특히 이마 턱, 등, 가슴 등의 부위에 잘 발달되어 있다. 1일 피지의 분비량은 1~2g 정도이나 환경과 성별 등에 따라 차이가 있으며 대개 남성이 여성보다 피지량이 많다.

2) 한선의 종류, 기능 및 이상질환

(1) 한선의 종류와 기능

한선은 땀을 분비하는 곳으로 전 신체에 대략 200만개 가량 있으며 1일 정상 분비량이 성인의 경우 0.6 ~1.2ℓ이고 99%의 물과 1%의 나트륨, 칼륨, 요소, 단백질 등으로 이루어져 있다. 전신에 존재하는 한선은 체온 조절을 다스리는 소한선과 신체 특정부위에만 존재하면서 사춘기 이후에 기능을 발휘하는 대한선으로 나눌 수 있다.

① 소한선(에크린샘 : Eccrine sweat gland)

전신에 분포되어 있으며 특히 손바닥과 발바닥에서 많이 분비되는 소한선의 액체는 냄새가 거의 없고 투명한 것이 특징이다. 출생 직후부터 땀을 분비하며 더울 때나 운동할 때는 더 많이 흘리게 된다. 피지와 더불어 피부를 보호하며 습기를 주어 피부의 건조를 막아준다. 일반 성인의 신체에는 2백만~ 4백만 개의 에크린선이 있다.

② 대한선(아포크린샘 : Apocrine sweat gland)

모공을 통하여 세포성분의 액체상태로서 분비되는데 특이한 냄새와 뿌옇고 탁한 것이 특징이다. 소한선 보다 형태가 크며 주로 겨드랑이, 유두, 음부, 귓속 등의 특정부위에만 존재한다. 특히 체질에 따라 대한선에 세균이 침입하면 냄새가 심해지기 때문에 체취선이라고도 한다. 2차 성징의 하나로 사춘기 때 기능이 가장 활발한 대한선은 인종적으로 흑인, 백인 동양인 순으로 많다.

(2) 한성의 이상질환

① 다한증

땀의 분비가 많아지는 것을 의미한다.

종류로는 신체일부에만 나타나는 국한적 다한증과 신체전반부에 나타나는 전신적 다한증, 음식이나 냄새에 의한 미각다한증, 후각다한증 등이 잇다. 이외에 신체가 허약하거나 질환 등에 의해서도 나타날 수 있다.

② 소한증

땀의 분비가 감소되어 땀을 적게 흘리는 것을 의미하며, 원인으로는 갑상선 기능의 저하, 금속성중독, 신경계통의 질환 등을 들 수 있다.

③ 취한증(액취증)

흔히 암내하고도 하며 심할 경우 옷 색깔까지 변색시킬 수 있다.

이러한 냄새는 아포크린샘 자체에서 나는 것이 아니고 아포크린샘에서 분비되는 분비물이 세균으로 인하여 부패되면서 발생하는 악취를 의미한다.

④ 한진(땀띠)

땀이 피부표면으로 분비되는 도중 땀샘의 입구나 땀샘 중간의 한 곳이 폐쇄되어 배출되지 못한 땀이 쌓여 발생하며, 성인보다 소아에게서 많이 발견된다.

3) 손·발톱의 구조, 기능 및 이상 질환

(1) 손톱의 구조 기능

손·발톱은 모발과 마찬가지로 경단백질인 케라틴과 이를 조성한 아미노산 특히 시스틴으로 주로 구성되어 있으며, 이외에 기질 0.1~1%, 유황 3%, 칼슘, 마그네슘, 구리, 아연, 철 등의 미네랄과 미량원소들로 구성되어 있다. 수분은 7~10%로 피부에 비해 적은편이며 손발톱의 경도는 함유된 수분의 함량이나 각질의 조성에 따라 좌우된다.

① 조근(네일루트, Nail root)

표피의 유핵층에 위치한 손톱과 발톱의 성장 장소로 새로운 세포조직이 형성되므로 매우 부드럽고 얇다. 이 부위의 부상 시 에는 손·발톱에 장애가 발생한다.

② 반월(루놀라, Lunula)

완전히 각질화 되지 않은 조체의 베이스 부분의 흰색의 반달모양을 하고 있다.

③ 조체(네일바디, Nail body)

조판(nail plate)이라고도 한다. 큐티클에서부터 손톱 끝까지 연장되는 손톱 본체를 의미한다. 조체 자체에는 모세혈관이나 신경조직이 없다.

④ 조상(네일베드, Nail bed)

조체를 받쳐주는 역할을 하며 조체 밑에 위치한다. 조체 밑 부분으로 지각신경조직과 모세혈관이 존재하여 모세혈관은 손톱이 핑크색을 띄게 하는 역할도 한다.

⑤ 자유연(프리에지, Free edge)

네일베드가 끝난 지점부터 손톱 끝부분까지를 지칭한다.

⑥ 조소피(큐티클, Cuticle)

손톱주위를 덮고 있는 피부를 지칭한다. 미생물 등 세균의 침입으로부터 손·발톱을 보호한다.

⑦ 조구(네일그루브, Nail grooves)

조상 양측면의 음푹 파인 손·발톱의 홈을 의미한다.

⑧ 조벽(네일월, Nail wall)

조구를 덮고 있는 양측 피부를 의미한다. 외적 충격이나 압박으로부터 손·발톱을 보호한다.

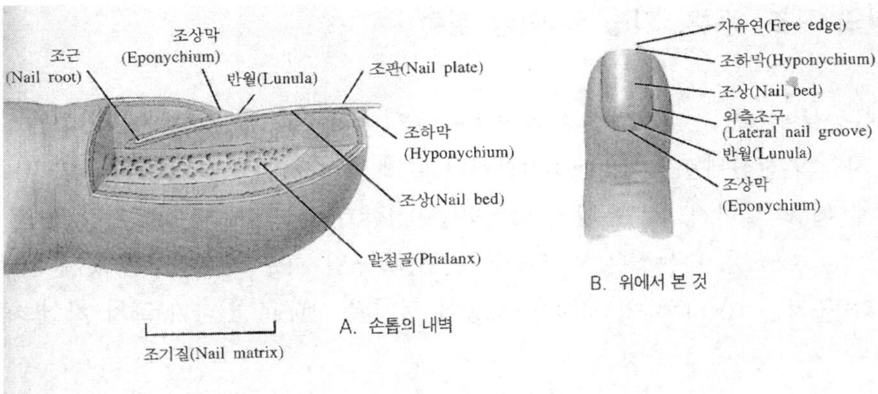

그림 21-1 ▌손톱의 구조

⑨ **조하막(Hyponychium)**

손톱 끝 밑에 있는 얇은 피부로 박테리아의 침입으로부터 손톱과 발톱을 보호한다.

(2) 손톱의 이상질환

① **조갑위축증** : 손톱이 점점 없어지는 증상이다.
손톱의 광택이 없어지고 오무라들며 떨어져 나가기도 하고 심하면 없어지는 경우도 있다. 강한 합성세제나 화학물에 손톱 및 피부에 자극을 주었을 때 이런 증상이 일어날수 있다.

② **교조증** : 물어뜯는 손톱이여 각자의 습관에 의한 것이다.

③ **조갑청맥증** : 손톱의 색이 푸르스름하게 변하는 증상이다. 혈액순환이 제대로 이루어지지 않을 때 나타나는 증상이다.

④ **혈종** : 손톱전체가 검게 변하거나 멍처럼 푸르게 반점이 나는 증상이다, 흔하게 손톱에 강하게 충격을 받은 경우 멍이 든 것처럼 변한다.

⑤ **주름진손톱** : 손톱표면이 주름져 있는 상태이다. 식습관이나 질병, 신경성 등에 의해서 발생한다.

⑥ **조갑연화증** : 손톱의 두께가 점점 얇아지거나, 연하게 물러지는 경우이다. 영양상태부족 등에 의해 발생하기도 한다.

⑦ **파고드는 손톱** : 양가장자리가 피부속으로 파고드는 형이다.
너무 짧게 깎거나, 너무 조이는 신발을 신는 경우에 발생할 수 있다.

⑧ **조갑경화증** : 질병이나 외부 상해로 인해서 손톱이나 발톱이 두껍게 형성되는 상태이다.

4) 모발의 구조, 종류, 기능 및 이상 질환

털은 포유동물에게만 존재하며 생태학적으로 상피조직에서 생성되며 태아기 2개월째부터 나타난다. 사람의 전신에는 약 130~140만개의 털이 있는데 이중 약 10만개 정도가 두발로서 위치하게 된다. 일반적으로 두발의 85~90는 성장기의 모발로서 일정기간 동안 남성은 3~5년, 여성은 4~6년, 속눈썹은 3~5개월, 눈썹 2~3년 지나서 휴지기를 맞게 된다. 휴지기 모발이라 불리는 10~15%의 모발은 성장이 정지된 상태로 있다가 점차 자연스럽게 빠지게 된다.

(1) 모발의 구조

① **모간** : 피부표면 밖으로 나와 있는 부분을 말한다.

② **모근** : 피부 속 모낭 안에 있는 부분을 말한다.

③ **모낭** : 모낭은 털을 만들어내는 기관으로 모근을 싸고 있다.

④ **모구** : 전구 모양으로 이곳에서부터 털이 성장한다. 모질세포와 멜라닌세포로 구성되어 있다.

⑤ **모유두** : 모구와 맞물려 있는 부분으로 혈관과 림프관을 통해 털에 영양을 공급하여 발육에 관여한다.

⑥ **입모근** : 모낭의 측면에 위치한 근육으로 모포의 내부 층과 털 사이 공간에 들어 있는 피지를 눌러 분비하여 외부로 내보낸다.

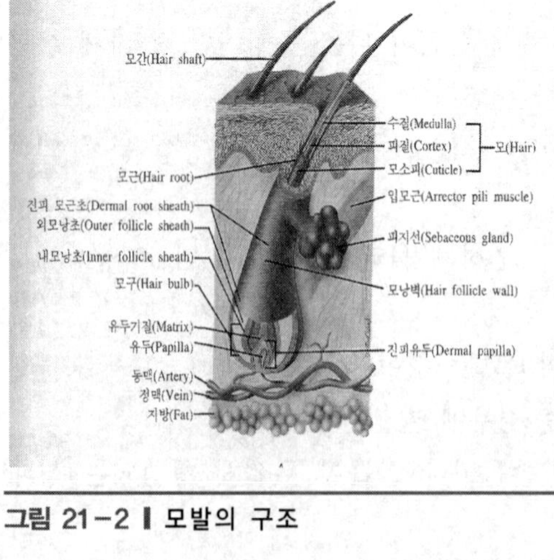

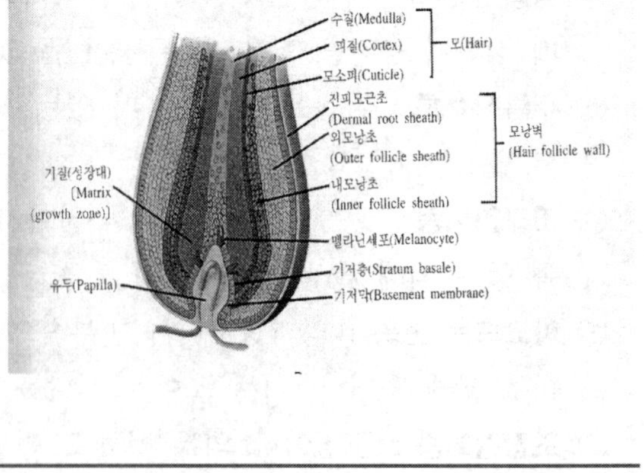

그림 21-2 ▌모발의 구조

⑦ **모간부의 구조**

㉠ **모표피** : 모표피라고도 하며 털의 가장 외부에 위치하여 모피질을 보호한다. 각질화된 세포로서 비늘이 서로 겹쳐진 모양을 하고 있다.

㉡ **모피질** : 모발 중 가장 두껍고 중요한 부분으로 중간층에 위치하며 점차 자라면서 핵을 소실하게 된다. 방추형의 결합세포로 모피질 사이에 멜라닌을 함유하고 있다.

㉢ **모수질** : 털의 맨 안쪽 중심부에 자리하고 있는 부분으로 각화된 입방형, 즉 벌집모양 또는 원형모양의 세포가 느슨하게 연결되어 있으며 공기, 연 케라틴, 영양소 등을 함유하고 있다.

(2) 모발의 종류

털의 굵기에 따라 취모, 연모, 성모로 구분하며 털의 길이에 따라 장모, 단모로 구성한다.

① **취모** : 부드럽고 섬세한 엷은 색의 털로 태아의 피부에 있는 털
② **연모(생모)** : 성인 피부의 대부분을 덮고 있는 섬세한 털
③ **성모(경모)** : 굵은 성인의 머리카락 눈썹, 속눈썹, 수염, 겨드랑이 및 음부의 수질을 포함하고 있다.
④ **장모** : 긴 털로 머리카락, 수염, 음모, 액와의 털
⑤ **단모** : 짧은 털로 눈썹, 속눈썹, 콧털, 귓털

(3) 모발의 이상질환

① **조모증**

여성의 전 신체에 털의 수와 성장이 남성처럼 나타나는 증상으로 아버지의 유전인자가 딸에게 유전된 것이다. 원인으로는 호르몬장애. 부신피질의 질병, 난소의 종양 등을 들 수 있다.

② **다모증**

신체에 털이 증가하는 것으로 여성에게 많이 나타나는 증상이다. 원인으로는 내분비의 장애로 부신이나 난소에 종양 등의 이상이 있어 과도한 남성호르몬을 생성하는 여성에게서 나타나나 대부분의 여성들에게 나타나는 다모증은 가계에 의해 유전적 요소나 신경질환등에 많은 원인이 있다.

③ **탈모증**

두발이나 신체의 털이 여러 가지 원인으로 인하여 빠지는 것을 의미한다.

원인으로는 유전과 질병(매독), 환경적 스트레스, 호르몬의 변화(피임제복용), 화학제와 의약품(항암제 등), 영양의 결핍(철분과 미네랄 부족)등으로 들 수 있다. 따라서 이러한 다양한 원인으로 원형탈모증, 휴지기탈모, 성장기 탈모, 남성탈모증, 매독성탈모증, 내분비성 탈모증, 지루성탈모증, 압박성탈모증 등으로 구분 할 수 있다.

22_피부유형분석 및 관리

1. 피부유형

피부의 우형은 피부의 색깔, 매끄러움과 거침, 탄력성처럼 육안으로 보이는 요인들에 의하여 분류되는 것이 아니라 땀샘과 기름샘의 기능 감소와 증가에 따라 결정되는 것이다. 또한 피부의 유형은 개인의 연령, 성별, 유전인자, 신체조건, 심리상태, 영양 상태와 계절, 환경 등에 따라 다르다.

1) 정상피부의 성상 및 특징

① 한선과 피지선의 기능이 좋아 피부 표면이 촉촉하며 윤기 있어야 한다.
② 혈액순환이 잘 되어 영양공급이 원활하며 분홍빛의 안색을 띄어야 한다.
③ 피부의 유·수분의 균형이 적당하여 피부가 부드럽고 모공이 섬세하여야 한다.
④ 피부의 신진대사 기능이 좋아 각질의 두께가 적당하고 표면이 매끄러워야 한다.
⑤ 콜라겐섬유와 엘라스틴 섬유가 튼튼하여 피부의 탄력성이 좋으며 잔주름이 적어야 한다.
⑥ 피부의 장애(색소침착, 여드름요소 등)가없는 청결한 피부이어야 한다.

2) 건성피부의 성상 및 특징

① 외관상으로는 좋아 보이나 피지와 땀의 분비가 저하되어 건조하고 윤기가 없다.
② 피부두께가 얇아 눈가나 입꼬리에 잔주름이 쉽게 잡힌다.
③ 세안 후 피부가 당기거나 하얀 각질이 일어나고 심하며 버짐이 생긴다.
④ 나이가 들거나 겨울엔 더욱 건조해지며 저항력이 떨어져 피부가 예민해진다.

3) 지성피부의 성상 및 특징

① 과다하게 분비되는 피지로 인해 피부는 늘 번들거리며 끈적임이 있다.
② 모공은 점차 넓어지고 피부 결은 거칠어지며 각질층은 두꺼워져 피부가 두터워 보인다.
③ 두꺼운 편이며 나이가 들어도 주름이 별로 형성되지 않는다.
④ 나이가 들어 안드로겐(androgen) 기능이 저하되면 피부가 건성화, 예민화 된다.
⑤ 과다한 피지 분비는 피지와 각질 등으로 모공입구(foillcle)가 막히게 되면 여드름 유발의 원인이 된다.

4) 민감성피부의 성상 및 특징

건성, 지성, 여드름, 노화된 피부 등 어느 피부 타입에나 민감한 피부가 있을 수 있으며, 개인에 따라 그 원인과 반응에 차이가 있을 수 있다. 이 민감성 피부는 계절이나 주변환경, 심리 상태에 의한 피부변화가 보통 피부에 비해 빠른 편이다.
① 외관상 피부결은 섬세하여 깨끗해 보이나 건조화가 쉽게 이루어진다.
② 외부자극에 대한 저항력이 약하여 면포와 수포, 두드러기도 동반한다.
③ 자극에 민감하여 외부온도에 의해 피부가 쉽게 피곤함을 느낀다.
④ 피부의 색소침착현상이 잘 일어난다.

5) 노화피부의 성상 및 특징

① 기름샘과 땀샘의 분비기능이 저하된다.

② 피부의 윤기나 광택이 저하된다.
③ 결체조직의 위축으로 피부가 늘어지고 주름이 많다.
④ 멜라닌세포의 기능약화로 검버섯, 기미 등의 색소침착이 많아 보인다.

2. 유형별 관리

1) 정상피부의 관리법

① 평상시에 정상피부를 유지하기 위한 기초 손질을 충실하게 한다.
② 균형 잡힌 식사와 원활한 신진대사를 가능하게 하는 비타민 B_2를 충분히 섭취한다.
③ 충분한 수면과 규칙적인 생활을 한다.

2) 건성피부의 관리법

건성화의 원인은 유 · 수분의 부족으로 인하여 야기되므로 원인을 파악하여 관리 한다.
① 건조한 실내에 적당한 습도(40~70%)를 유지한다.
② 뜨거운 물과 차가운 물은 피하고 미온수를 사용한다.
③ 세안 시 탈지력이 강한 비누사용은 삼가고 무자극의 클린싱제를 택한다.
④ 보습효과가 뛰어나고 비타민 A와 E가 함유된 영양화장수, 에센스, 영양크림 등을 사용한다.
⑤ 혈액순환과 신진대사를 원활하게 하는 마사지와 팩 등으로 유 · 수분을 공급해 준다.

3) 지성피부의 관리법

① 마사지 보다는 클린징(철저한 세안)위주로 피부를 청결하게 하는 것이 중요하다.
② 소염, 진정, 모공을 수축시켜주는 성분이 함유되어 있는 화장수를 사용한다.
③ 비타민 B군이 함유된 식품을 섭취 하며, 당분이 함유된 식품이나 기름진 음식은 피한다.
④ 잦은 세안 또는 피지분비의 과량에 맞춰 산뜻한 수분타입의 화장품을 사용한다.

4) 민감성피부의 관리법

① 지나치게 높은 온도나 낮은 온도를 삼간다.
② 자극을 주지 않는 무향, 무색소의 민감성타입 화장품을 사용한다.
③ 강한 핸들링을 이용한 마사지는 금하고 재규어나 림프마사지를 시행, 피부를 진정시킨다.
④ 면역과 저항력강화로서 피부안정과 염증방지, 세포재생을 주목적으로 피부관리를 행한다.

5) 노화피부의 관리법

① 규칙적으로 피부관리를 한다.
② 보습, 보호, 활성화 관리에 중점을 둔다.
(콜라겐, 천연보습인자, 비타민 A, E가 함유되거나 활성산소를 억제시키는 성분이 함유된 화장품으로 관리한다)

23 _ 피부와 영양

1. 3대영양소, 비타민, 무기질

1) 3대영양소, 비타민, 무기질의 기능

(1) 단백질(Protein)

모든 생물의 몸을 구성하는 고분자 유기물로 수많은 아미노산(amino acid)의 연결체이다. 아미노산의 종류는 약 22가지 있으며, 하루 총 15% 정도를 섭취해야 한다.

① **구성원소** : C, H, O, N, P, S
② **체내역할** : 인체구성 물질로 사용된다.
③ **필수아미노산** : 사람의 체내에서 합성되지 않는 아미노산으로 반드시 외부에서 섭취해야 하는 것을 필수아미노산이라 한다.
- 리신, 로이신, 발린, 이솔루신, 슬레오닌, 메티오닌, 페니알라린, 트리토판, 히스티딘, 알르기닌(10종)

④ **1일 체중 1Kg당 소요량** : 1.25g(1.3~1.6g)
⑤ **단백질 부족증 (Kwashioker)** : 발육부진, 신체소모, 부종, 빈혈, 지방간 초래, 병에 대한 저항력 감소 → 주로 아프리카 지역에 많이 발생한다.
⑥ **단백질 기능**
- 인체를 구성하는 물질 중 가장 중요하며, 성장을 위해서뿐만 아니라 점차 마모 되는 세포원형질을 보충하기 위해서도 필요하다.

- 호르몬, 효소와 항체의 형성을 도와 체내에서 여러 가지 생리기능을 조절하고, 단백질로 구성된 항체는 체내에 침입한 단백질로 된 이물질을 파괴하는 면역기능을 한다.
- 삼투압을 조절하여 체액을 균형 있게 해주며, 영양소의 운반과 조직구성 및 재생작용을 하여 피부의 노화를 막아준다.

(2) 지방(Fat)

① **구성원소** : C, H, O
② **체내역할** : 에너지원, 뇌, 척수, 신경 등의 생성성분, 인체의 체온유지 및 피부보호 역할 한다.
③ **구성물질** : 지방산과 글리셀린
④ **부족시** : 허약, 빈혈, 거치른 피부, 질병에 대한 저항력 감퇴 된다.

(3) 탄수화물(Carbohydrate)

탄수화물은 생명을 유지하거나 활동하는 데 필요한 열량을 공급해 주는 필수 영양소로서 당질이라고도 한다.

① **구성원소** : C, H, O
  ㉠ 부족시 : 산혈증, 과다시 : 지방축적, 비만증의 원인이 된다.
  ㉡ 우리나라 성인 칼로리 권장량(FAO) : 남자 2,700kcal, 여자 2,100kcal
② **체내역할** : C, H, O는 열량 공급원으로 그 이용률이 가장 높아서 95%가 열량원으로 이용되는데 피로회복에 유효하며, 주요 에너지원이다.
③ **탄수화물 기능**
  ㉠ 지방과 단백질을 만드는 주원료이며, 세포의 구성 물질이기도 하다.
  ㉡ 신체에 에너지를 공급하는 기본화학당(Base Chemical Sugars)을 분해하며 장에서 포도당(Glucose), 과당(Fructose), 갈락토오스(Galactose)로 흡수된다.
  ㉢ 1g당 4kcal의 에너지가 발생하고 과잉섭취 시 글리코겐(Glycogen)의 형태로 간에 저장되며 과잉섭취 시 체중증가와 당뇨가 올 수 있다.
④ **탄수화물의 종류**
  ㉠ 단당류 5탄당($C_5H_{10}O_5$) : 리보오스, 데옥시리보오스, 키시로오스 등이다.
  6탄당($C_6H_{12}O_6$) : 포도당, 과당, 갈락토오스
  ⓐ 포도당(Glucose) : 탄수화물의 가장 기본적인 구성단위이며 최종 분해물로 단

당류의 대표적인 물질이며, 특히 포도에 많아 포도당이라 한다.

ⓑ 과당(Fructose, Fruit Sugar) : Fruit Sugar라는 이름에서 알 수 있듯이 과일에 많고 벌꿀로 대부분 과당이며 식물계에 널리 존재한다.

ⓒ 갈락토오스(Galactose) : 유당은 가수분해하여 생기는 당으로 영유아의 뇌발육에 매우 중요한 요소이다.

㉡ **이당류** : 이당류는 단당류 2분자가 결합한 상태를 말하며, 이당류 자체가 직접적인 에너지원으로 사용되지 않으며, 각각의 물질에 따라 분해 효소에 의해 분자결합이 깨어지면서 단당류가 되어 에너지원으로 사용된다.

ⓐ 자당(Sucrose) : 일반적으로 설탕이라 하며, 과잉 섭취 시 각종 성인병의 위험을 증가시킨다.

ⓑ 맥아당(Maltose ; 엿당) : 음료, 맥주 등과 같은 술을 제조하는 과정에서 볼 수 있고, 곡류에서 많이 볼 수 있다.

ⓒ 유당(Lactose ; 젖당) : 포도당과 갈락토오스가 결합되어 우유에 들어있는 당이며, 이당류 중 단맛이 가장 약하다.

㉢ **다당류** : 다당류는 한 종류 혹은 여러 종류의 단당류가 축합하여 생긴 화합물로서 보통 300개 이상의 단당류로 구성되며, 대개 물체의 주성분을 이루고 있다. 자연계에 널리 분포하며, 영양상 가장 중요한 의의를 가지는데, 특히 중요한 다당류는 전분(Starch)과 글리코겐(Glycogen)이다.

ⓐ 전분(Starch) : 단일물질이 아니라 아밀로오스(Amylose)와 아밀로펙틴 (Amylopectin)의 혼합물이다.

ⓑ 글리코겐(Glycogen) : 글루코오스만으로 되어 있는 단순 다당류이며, 혈액 중의 글리코오스(Glucose)는 간에서 글리코겐으로 저장된다.

ⓒ 덱스트린(Dextrin ; 호정) : 녹말보다 분자량이 작은 다당을 총칭하여 녹말을 산, 열, 효소 등으로 가수분해 시킬 때 녹말에서 맥아당에 이르는 중간 단계에서 생기는 여러 가지 가수분해 생성물이다.

(4) 비타민(Vitamin)

비타민은 매우 적은 양으로 물질대사나 생리기능을 조절하는 필수적인 영양소이다. 대부분의 비타민은 체내에서 합성되지 않고 식품 속에 함유되어 있어 주로 음식물로 섭취해야 하지만, 미량으로도 충분하기 때문에 자연식의 다양한 식품의 섭취만으로도 비타민의 섭취 상태는 충분하다.

① **특징**

㉠ 체내에서 합성되지 못한다.

㉡ 미량으로 생리작용을 조절한다.

㉢ 비타민 B group은 조효소로 작용되거나 보결분자단의 구성요소로 된다.

② **비타민의 종류 및 특징**

종 류		1일 소요량	함유식품	결 핍 증	비 고
지용성	Vit A	5mg	간유, 버터, 우유, 채소	야맹증, 각막건조증, 각막충혈	열에 강하다
	Vit D	20ug	간유, 계란, 표고버섯	뼈의 발육불량, 골연화증, 곱추병	자외선 작용으로 체내에서 형성
	Vit E	미량	식물의 배젖	불임증	항산화제
	Vit K	1~5mg	녹색식물잎	혈액응고 안됨	
수용성	Vit B_1	1~2mg	효모, 겨, 콩깻묵	각기병, 신경염	열에 약하다
	Vit B_2	3mg	우유, 간, 효모, 차	피부염	열에 강하다
	Vit B_6	10mg	쌀겨, 효모, 간	피부염	열에 강하다
	nicotin acid	10~20mg	겨, 간, 효모	신경장애, 페라그라병	
	Vit M	미량	시금치, 콩, 효모, 간	적혈구 생성불량	
	Vit B_{12}	1ug	간, 김, 파래, 클로렐라	악성빈혈	
	Vit C	90mg	야채, 과일	괴혈병	

(5) 무기질(Mineral)

생물체를 구성하는 원소 중에서 탄소, 수소, 산소 등의 3원소를 제외한 생물체의 무기적 구성요소로 이를 '광물질'이라고도 한다. 단백질, 지방, 탄수화물, 비타민과 함께 5대 영양소 중 하나로, 인체 내 여러 가지 생리적 활동을 하고 있다.

무기질의 종류 및 특징

① **칼슘(Ca)**

㉠ 인체 내에서 가장 풍부한 무기질로서 체중의 2.0～2.5%를 차지한다.

㉡ 골격과 치아의 주성분이며, 혈액응고, 근육의 수축이완, 신경전달, 세포막 투과성 조절, 비타민 B_{12} 흡수에도 관여한다.

㉢ 결핍 시에는 골격형성과 치아의 건강이 나빠지며 혈액응고현상이 나타나며 근육과 신경에도 영향을 미쳐 잦은 신경질과 신경과민의 증상을 야기 시킨다.

② **인(P)**

㉠ 세포의 핵산과 세포막을 구성하는 성분으로, 골격과 치아의 형성에 중요한 역할을 하며, 탄수화물과 지방대사에도 관여한다.

㉡ 영양소의 흡수와 운송을 도와주며 산, 염기의 균형을 조절한다.

③ **나트륨(Na)**

㉠ 체액의 수분, 산 및 알칼리의 균형을 유지하며, 근육의 탄력성을 유지하는 역할을 한다.

㉡ 신경의 자극 전달에 관계하며, 내장 내의 소화액이나 위산분비 촉진, 일사병 예방 등에도 작용하며, 과잉섭취 시에는 신장병의 원인이 된다.

④ **철분(Fe)**

㉠ 조직 안 효소의 일부로서 아주 적은 양이 존재하고, 헤모글로빈(hemoglobin)을 구송하는 매우 중요한 물질이며, 피부의 혈색과 관련 있다.

㉡ 결핍되면 빈혈이 일어나며, 흡수율을 높이기 위해 비타민 C와 섭취해도 좋다.

⑤ **요오드(I)**

㉠ 갑상선 호르몬의 구성성분으로 체내 요오드 총량 75% 정도는 갑상선에 들어있다.

㉡ 모세혈관의 기능을 정상화시키며, 탈모를 예방하고 모발과 피부건강에도 도움을 준다.

2. 피부, 체형과 영양

1) 피부와 영양과의 관계

피부는 인체의 일부로서 신체가 건강하지 못하면 피부의 건강도 나빠지므로 피부의 영양적, 건강적 측면에서 올바른 영양소의 섭취는 가장 기본적인 사항이다. 피부와 영양의 공급은 피부는 림프계와 혈관계로부터 영양을 공급받는데 음식물을 통한 영양소의 공급이 좋으면 피부조직은 정상적인 기능을 발휘하고, 영양소의 과잉섭취나 잘못된 영양소의 공급 또는 결핍의 경우에는 이상증상을 발휘한다.

2) 체형과 영양과의 관계

생활환경이 편리해짐에 따라 현대인의 신체활동의 기회는 줄어든 반면, 식생활의 변화로 섭취하는 열량은 오히려 늘어나 영양과다현상이 나타나고 있다. 따라서 음식물의 섭취량에 비해 소비량이 너무 적어 비만을 초래하고 있다. 영양의 섭취가 불충분하면 쉽게 피로해지고 무기력해져서 모든 일에 의욕을 잃게 되며, 발육기에 있는 청소년의 경우 신체의 성장과 발달에 큰 지장을 초래하게 되고, 영양을 과다하게 섭취하면 비만 등의 여러 가지 성인병의 원인이 되므로 이를 예방하기 위해서는 영양의 섭취와 소비가 균형을 이루도록 식생활과 적당한 신체운동을 습관화하는 것이 바람직하다.

24 _ 피부장애와 질환

1. 원발진과 속발진

피부에 발생하는 질환들은 비슷한 증상을 나타내는 장애요소 때문이다. 피부의 증상은 피부장애의 정도와 체질 및 환경 등에 의하여 질환임에도 불구하고 다른 증상을 나타내기도 한다. 따라서 피부장애에 의한 증상은 매우 복합적으로 나타나기 때문에 그 원인 및 관리방법은 쉽지 않다.

인체의 내적 또는 외적 원인에 의하여 일반적인 피부 병변의 형태를 발진이라 한다. 피부질환 초기에 나타나는 발진을 원발진이라 하고, 계속적으로 진행되거나 회복과정 또는 외상 요인에 의해 변화되는 병변을 속발진이라 한다.

1) 원발진과, 속발진의 종류 및 특징

(1) 원발진

피부에 1차적으로 나타나는 피부 장애로 손으로 감지될 수 있는 질병으로 판정할 수 없는 피부의 변화를 뜻한다.

① 피진(macule)
평평하고 손으로 만질 수 없고 직경이 1cm 보다 작다. 증상은 주근깨, 풍진, 몽고리안 반점이 보인다.

② 반점(patch)

특징은 평평하며 직경이 1cm보다 크다. 증상은 백반이 나타난다.

③ 구진(papule)

특징은 융기된 형태로 촉지가 가능하며 단단하고 1cm보다 작다. 증상은 모반, 좌창, 단순혈관종, 사마귀, 낙설이 있다.

④ 반정점(plaque)

특징은 융기된 형태로 촉지가 가능하며 단단하고 1cm 보다 크다. 증상은 건선지루성 사마귀이다.

⑤ 소수포(vesicle)

특징은 피부와 점막에 1cm보다 작게 융기되어 있으며 구속에 장액성 체액이 들어있다. 증상은 포진, 수두, 두창이다.

⑥ 대수포(bulla)

특징은 수소포와 비슷하게 1cm보다 크다. 증상은 2도 화상정도의 포진이다.

⑦ 농포(pustula)

특징은 소수포, 대수포와 비슷하게 농으로 채워져 있다. 증상은 여드름, 농가진, 결절, 두창이다.

⑧ 담마진(wheal)

특징은 융기되어있고 팽팽하게 퍼져있으며 다양하고 불규칙한 모양이다. 증상은 두드러기가 난다.

⑨ 결절(nodule)

특징은 1~2cm정도이며 융기되어있고 구진보다 깊고 단단하게 있다. 증상은 통풍결절, 결절성 홍반이다.

⑩ 종양(tumor)

특징은 융기된 형태이며 2cm보다 크며 단단하다. 증상은 상피종, 섬유종, 지방종, 흑색종이다.

(2) 속발진

피부에 1차적으로 나타난 원발진이 계속되거나 회복과정 또는 외상 요인에 의해 변화되는 피부 증상을 속발진하라 한다.

① **가피(crust)**

특징은 약간 융기된 부분이며 혈액, 농, 혈청이 마른 부분으로 크기와 색깔은 다양하다. 증상은 농가진, 습진, 찰과성 위의 가피이다.

② **인설(scale)**

특징은 불규칙하며 마르거나 기름지거나 두껍거나 얇거나 비늘박리조각이며 크기, 색깔에서 다양하다. 증상은 비듬, 건선, 박리성 피부염이다.

③ **태화선(lichenification)**

특징은 거칠고 두텁고 단단한 피부이며 만성적인 마찰 또는 자극에 의해 형성되고 반점처럼 확실히 구별되지 않는다. 증상은 만성 피부염이다

④ **열구(fissure)**

특징은 선상의 갈라지거나 깨지고 드러난 상처이다. 증상은 무좀, 구각증이다.

⑤ **미란(erosion)**

특징은 표피박리가 떨어져나간 축축하고 반짝거리는 부분이며 열구보다 크고 소수포, 대수포가 터져서 생긴다. 증상은 수포이다.

⑥ **궤양(ulcer)**

특징은 표피, 진피 때로는 피하조직까지 손실되어 움푹패이고 삼출물이 있으며 크기에 있어서 다양하고 붉은색을 띤다. 증상은 욕창, 울혈궤양, 3도화상, 연성하감이다.

⑦ **반흔(scar)**

특징은 섬유조직으로 불규칙하게 두꺼워진 가는 선들이다. 증상은 아문상처 또는 외과적 절개선이다.

2. 피부질환

1) 피부질환의 의미 및 원인

(1) 피부질환 의미

피부에 병이 생기는 것을 피부질환이라 한다. 피부는 신체의 표면을 덮고 있으므로 외계로부터 자극이나 여러 병원체에 직접 접촉될 기회가 많고, 체내로부터 영향을 강하게 받는다. 더욱이 피부의 근소한 변화도 눈으로 보고 손으로 만질 수 있으며, 병변부의 일부를 채취하여 병리조직학적으로 검사하거나, 미생물의 검색 등의 검사를 하기 쉽고, 개개의 질병의 진단을 명확하게 하는 것이 용이하므로, 그 종류는 다른 장기의 그것에 비하여 상당한 수에 이르며, 병명도 복잡 다양하다. 크게 나누면 다음과 같다. 변화가 피부에 한정된 것에는 반점 · 점 등이 있고, 전신에 미치는 것에는 교원병, 비타민결핍성 피부질환, 내분비장애성 피부질환 등이 포함된다. 다만 피부를 제외한 부분을 피부에 대하여 전신으로 간주하는 경우, 변화가 피부에만 한정되는 것은 적고, 대부분의 피부병은 혈액의 변화나 간기능장애 등의 전신현상을 수반한다.

(2) 피부질환 원인

① 세균 · 바이러스 등의 병원체가 원인인 질병에는 수두 · 농가진 · 매독 등이 있다.
② 피부병의 내인으로는 위장장애 · 간장병 · 신장병 · 물질대사장애 · 혈액질환 · 내장종양 · 내분비장애 등을 들 수 있다.
③ 외인으로서는 외계로부터 직접 피부에 작용하는 마찰 · 압박 · 타박 등의 기계적 자극을 비롯하여, 동물성 · 식물성 · 광물성의 독물, 그 밖에 약품 · 방사선 · 온열 · 한랭, 또는 세균 · 사상균 · 원충 · 바이러스 등의 미생물이나 피부기생동물 등을 들 수 있다.
④ 유전성 피부질환 및 모반 · 모반증 등은 그 원인이 유전자에 의한 것이므로 내인성 피부병에 포함된다.
⑤ 비타민결핍증으로, 거의 모든 비타민에 대하여 그 결핍이 피부 또는 피부증세의 발생과 진전에 관여한다고 보고 있다. 대표적인 것에는 B2(리보플라빈) 결핍증, 니코틴산 · 니코틴산아미드의 결핍에 의한 펠라그라, 비타민 A의 결핍에 의한 각화증이 있다.

⑥ 뇌하수체 · 갑상선 · 부신 · 생식선 등의 내분비장애가 여러 피부병이나 피부증세를 발현시킨다. 한 종류의 내분비선뿐만 아니라, 몇 가지 내분비선의 기능장애가 자율신경계 · 물질대사를 통하여 피부증세의 발생에 관계한다고 보고 있다. 대표적인 것은 에디슨병, 간반 : 검버섯), 점액수종, 심상성좌창(여드름) 등이 있다.

⑦ 알레르기성 피부병으로, 동물성 · 식물성 · 광물성 물질이나 미생물의 독소, 또는 식품 · 약제 · 공업약품 등 많은 것이 원인이 될 수 있다. 그 원인(알레르겐 · 항원)에 대하여 체내에 항체가 만들어진다. 이어 다시 항원에 접촉 또는 이입되어 피부에서 항원항체반응이 일어나면 피부증세가 나타난다. 대표적인 것에는 습진 · 피부염 · 두드러기가 있다.

2) 열, 광선 등에 의한 피부질환

(1) 기미

기미는 색소질환이기 때문에 멜라닌 색소가 피부의 어느 층까지 쌓였느냐에 따라 치료에 큰 차이를 보이게 된다. 기미 치료는 크게 세 가지. 피부 외용연고제와 피부 탈피술, 레이저 치료법이 그 것이다. 기미에 사용되는 외용연고는 피부에 표백효과를 나타내는 하이드로퀴논 제재, 피부 각질을 용해시켜 기미를 완화시키는 비타민 A 유도체(레티놀) 등이 있다.

(2) 주근깨

햇볕과 관계된 주근깨를 더 이상 악화되지 않도록 하는 것은 본인의 노력에 달려 있다. 주근깨 치료는 기미와 마찬가지로 화학 탈피술, 전기 소작법, 냉동치료법, 레이저치료법 등이 이용되는데 레이저와 화학적 탈피술을 제외한 다른 치료법은 정상 조직까지 손상을 입힐 수 있다는 문제가 있다.

(3) 잡티

얼굴에 난 작은 반점들이나 미세한 흠들을 통틀어 잡티라고 한다. 예를 들어 태양광선의 노출로 생길 수 있는 주근깨, 검버섯 뿐 만 아니라 광선 각화증, 모공성 각화증이 포함될 수 있으며 여드름에 의한 검은 색깔의 자국 등도 잡티의 한 부분이다. 잡티의 원인 중 하나는 피부노화 현상. 그러나 햇볕 이외에도 사우나탕, 식사 준비 때 얼굴에 닿을 수 있는 김 등 뜨거운 열이 원인일 수도 있다.

(4) 잔주름

우리의 몸은 끊임없이 세포를 만들고 헌 세포를 교환해 간다. 이것은 주기적이다. 그런데 사람의 피부는 20세 이후가 되면서 눈에 보이지 않게 그 질이 떨어지다가 25세를 고비로 표피층과 진피 층의 두께가 얇아지고 진피의 탄력성도 줄며 피하지방의 조직도 줄어들게 된다. 즉, 노화가 본격적으로 시작되는 것이다.

(5) 햇빛알레르기

여름이 되면 햇빛에 10분 정도만 나가 있어도 팔, 목 주위 등 노출부위가 심하게 가렵고 긁으면 빨간 반점이 생겨 고생하는 사람들이 있다. 이른바 햇빛 알레르기. 햇빛에 노출된 후 30분~3일 후에 나타나는데 자주 햇빛에 노출되다 보면 민감도가 차츰 떨어져 가을 문턱에 들어설 때쯤에는 증상이 없어진다.

(6) 피부암

피부암(피부의 악성종양)에는 기저 세포암, 유극 세포암, 악성 흑색종 파제트병 등이 있다. 어느 것이든 치유의 지름길은 조기진단, 조기치료이다. 조기에 발견하고 적절한 치료를 제때 받기만 하면 피부암은 다른 암과 달리 완치될 수 있다. 피부는 각자 점검할 수 있는 부분이므로 조금이라도 의심되는 것이 있을 때에는 지체 없이 피부과 전문의의 진찰을 받는 것이 무엇보다도 중요하다.

3) 기계적 손상에 의한 피부질환

(1) 티눈과 굳은살

티눈과 굳은살은 만성적인 자극에 의하여 피부의 각질층이 비정상적으로 두꺼워져서 딱딱하게 되는 것이다. 딱딱해진 부위가 비교적 넓어서 누런 판같이 보이는 것이 굳은살이다. 티눈은 국소적으로 각질이 딱딱해지며 피부속으로 파고드는 경향이 있어서 통증이 있다.

4) 습진성 질환

증상이 심한 급성기에 증상 부위가 짓무르는 습윤성 양상을 보이는 피부질환을 말한다.

습진은 전체 피부 질환의 25% 정도를 차지할 정도로 발병 빈도가 높은 편이며, 습진의 피부 병변은 홍반, 구진, 수포, 농포, 가피, 인설, 균열, 비후 등 다양한 병변이 나타나고 여러 가지 증상이 동시에 발현되기도 한다.

(1) 화폐상 습진

초기에는 피부가 거칠어지고 가려움증이 나타나서 오돌토돌한 작은 구진과 수포가 올라온다. 작았던 병변들이 차츰 커지고 서로 합쳐지면서 동그랗게 동전 모양의 형태를 이루므로 "화폐상"습진이라는 명칭이 사용되며 과거에는 "도장 버짐"이라고 불리기도 했다. 만성기의 과정을 거쳐 대부분 만성적인 경과를 보이고 재발과 악화가 거듭되는데, 피부가 부어오르고 짓물이 흐르는 급성기에는 2차 세균 감염을 주의해야 한다.

(2) 접촉성 피부염

접촉피부염이란, 어떤 물질이 피부에 직접 접촉해서(묻거나 닿아서) 생기는 피부의 모든 이상을 말하는 것이다.

자극성 접촉 피부염을 일으키는 물질은 매우 많으며, 누구든지 일으킬 수가 있는데, 다만, 자극을 일으키기 위해서는 일정 농도 이상 접촉해야 (피부 속으로 흡수되어야) 반응이 일어난다. 우리가 일상생활에서 접촉하는 많은 물건들이 접촉 피부염을 일으키지 않는 것은 그 "일정 농도" 이상의 물질이 피부로 흡수되지 않기 때문이다. 비누, 화장품, 세제, 약품, 옷감 등으로 반복적인 자극이나 건조한 날씨, 목욕시 타월로 자극한 다음 등과 같이 피부가 반복적인 자극에 노출된 경우 발생한다.

(3) 지루성 피부염

지루성 피부염은 피지선의 활동이 증가된 부위 머리, 얼굴, 앞가슴, 등에 잘 발생하는 아급성, 만성의 염증성 피부질환이다. 원인은 곰팡이 감염, 정신적인 스트레스, 면역기능 등 여러 가지가 대두되고 있으나 여러 원인이 복합적으로 작용하며 그 중 가장 중요한 원인이 체질적인 면이다. 여드름이 있거나 남성형대머리가 환자에게 또는 가족 중에 있는 경우 발생하기 쉬우며 따라서 재발과 호전이 반복된다. 그러나 지속적인 관심과 적절한 치료로 좋은 피부를 유지할 수 있다.

5) 감염성질환

(1) 바이러스성 피부질환

① 단순포진

단순포진바이러스, 대상포진 바이러스가 원인균으로 입술 외에도 코, 눈 성기나 항문주위 등에 잘 나타난다. 피곤하거나 스트레스를 받을 때 재발하는 경향이 있다. 대개 일주일이면 치유된다.

② 사마귀

사마귀는 대체로 딱딱하고 거칠게 튀어나온 구진의 형태로 나타나고 신체 어느 부위에나 생길수 있으나, 만지면서 전염하기 쉽고 손, 발 에 나타나는 경우가 많다.

사마귀의 종류는 보통사마귀, 발바닥 사마귀, 편평 사마귀, 음부 사마귀 등이 있다.

③ 대상포진

대상포진은 치킨폭스(chicken pox)바이러스에 의해 생긴 신경감염으로 수년 전에 감염됐던 수두바이러스가 신체에 남아 있다가 다시 활동을 재개하여 생기는 질환이다. 대상포진은 주로 노인이나, 면역기능이 떨어진 사람에게 발생한다.

④ 칸디다증

진균류에 속하는 알비칸스(candida albicans)라고 하는 곰팡이의 증식으로 일어난다. 원래 칸디다는 정상적인 피부, 점막, 객담 등에 존재하며 인체에는 해가 없지만 항생물질이나 부신피질호르몬을 사용한 경우, 인체의 감염방어력이 저하된 경우에는 이상증식을 하여 발생한다.

(2) 진균성 피부질환

① 완선

완선은 곰팡이가 따뜻하고 습기가 많은 사타구니 피부에서 번식해서 생겨나는 피부병이다.

② 수부백선

주로 발톱에 생기나 손톱에도 나타나는 수부백선의 원인균은 T.rubrum이 대부분이고 발톱에 주로 생기나 손톱에도 침범한다. 조갑진균증은 조갑백선과 칸디다 등 백선균 이외의 진균에 의함 감염증을 총칭한다.

③ 족부백선

원인균은 T.rubrum이 가장 많고 우리나라에서 가장 많은 백선으로 전체 백선의 33~40%를 차지하며, 20~40대에 많고 소아에서는 드물게 발생한다. 감염은 목욕탕, 수영장 등 사람이 많이 모이는 곳에서 환자에게서 떨어져 나온 인설을 통해 발로 전염된다.

④ 조갑백선

신체의 다른 부위에 진균증을 가진 환자의 약 40%에서 발견되며, 병소를 긁을 때 진균이 손톱 끝 각질에 붙어 있다가 조갑으로 침입하여 발생한다.

(3) 세균성 피부질환

① 전염성 농가진

농가진의 원인균으로는 주로 화농성 연쇄상구균을 들 수 있는데, 가끔 황색 포도상구균고 함께 감염되는 수도 있다. 농가진의 주요 원인균은 화농성 연쇄상구균은 혈액을 통해 콩팥으로 들어가 급성 사구체를 일으킬 수 있으므로 빨리 치료해야 한다.

② 절종(furuncle)

모낭에 포도상 구균이 침입하여 염증을 일으킨 것으로 털을 중심으로 단단하고 통증이 심한 붉은색 결절이 생기는 질환이다.

25_향장품

1. 향장품의 성분 및 작용

1) 향장품 제조 성분 및 작용

화장품의 원료로 사용가능한 원료는 화장품 원료기준(KCID) 및 INCI(International Nonmenclature of Cosmetic Ingredient)에 등재된 원료, 일본의 화장품원료기준, 유럽의 원료 기준집에 수재된 원료 등 안전성이 확보된 원료들이 사용 가능하며 새롭게 개발된 화장품원료는 안전성, 유효성, 안정성 시험을 거쳐 허가를 득한 후에 사용하여야 한다. 또한, 2007년 10월 17일에 화장품법이 개정되어 전 성분 표시제가 의무화 되었고, 부칙에서 공포한 1년 후인 2008년 10월 17일부터 시행되어지고 있다. 화장품 원료는 최근 웰빙 트랜드를 반영한 제품을 선호하는 소비자의 성향이 반영 되어 천연 원료의 사용이 증가하고 있고 기능성 화장품으로 미백, 주름개선, 자외선차단 및 여드름개선, 육모 분야의 등 기능성 화장품의 연구가 주를 이루고 있다.

화장품이란, 유성성분과 수성성분을 고루 섞이게 해주는 계면활성제(유화제, 가용화제, 분산제)와 보습제, 점도 증가제 등의 고분자화합물, 자외선 흡수하는 유기자외선흡수제, 자외선을 반사하여 물리적으로 차단하는 무기자외선차단제, 산화방지제, 식물추출물, 기타 첨가성분으로 방부제, 색소, 향료 등으로 이루어져 있다. 대략 20∼50여종의 원료가 하나의 제품을 제조하는데 혼합 사용되고 있다.

(1) 유성원료(Oils and Fats)

유성원료는 피부로부터 수분의 증발을 억제하고 사용감을 향상시키는 등의 목적으로 사용된다. 액체인 오일과 고체인 왁스로 분류할 수 있다.

① 동백오일(Camellia oil)

동백나무의 열매에서 얻은 오일로 올레인산(82~88%)이 주성분이고 팔미틴산 등의 포화지방산과 리놀산 등이 포함되어 있다. 올리브오일과 성상 등이 유사하며 크림, 로션, 에센스 등 기초제품과 두발제품 등에 사용된다.

② 마카더미아 너트 오일(Macademia nut oil)

Macadamia ternifolia의 열매를 압착하여 얻은 오일로 올레인산 (50~60%)이 주성분이고 팔미트올레인산 함유량이 (20~27%)정도로 포함되어 있어 제품의 사용감을 향상시켜주기도 한다. 크림, 로션 등의 기초 및 립스틱, 화운데이션 등의 색조제품 등에 사용된다.

③ 로즈힙 오일(Rose hips oil)

이 원료는 로즈힙(Rosa canina)의 열매에서 얻은 오일이다. 리놀레인산과 리시놀레익산이 주성분으로 요오드가 180이 넘는 불포화도가 높은 오일이다. 상처치유효과, 노화방지효과가 있는 것으로 알려져 있고 피부컨디셔닝제로 사용된다.

④ 아보카도 오일(Avocado oil)

아보카도 열매를 압착하여 얻은 오일로 올레인산(77%), 리놀레인산으로 구성이 되어 있어 피부 친화성이 좋고 퍼짐성이 우수하다. 크림, 로션 등의 기초 및 두발제품 등에 사용된다.

⑤ 올리브오일(Olive oil)

올리브 열매(Olea Europaea (Olive) Fruit)을 압착하여 얻은 비휘발성 오일로 올레인산 (65~85%)이 주성분이고 팔미틴산, 리놀산 등으로 구성되어 있다. 피부표면의 수분증발 억제 또는 사용감의 향상 등의 목적과 마사지를 위한 베이스오일로 사용된다.

⑥ 피마자오일(Caster oil)

이 원료는 아주까리 (Ricinus communis)의 씨 (피마자 종자 (Castor Seed))에서 얻은 비휘발성 오일이다. 주성분은 리시놀산(85~90%)로 다른 오일에 비해 친수성이 높고 점성이 있으며 에탄올에 잘 용해된다. 광택성이 우수하여 립스틱, 포마드에 사용되었고 염료의 용해제로서 사용된다.

⑦ **호호바씨 오일(Simmondsia Chinensis (Jojoba) Seed Oil)**

이 원료는 사막 관목인 호호바(Simmondsia Chinensis)씨에서 추출하거나 압착하여 만든 비휘발성 오일로 주성분은 고급불포화 지방산에스터다. 다른 식물성 오일에 비해 산화 안정성이 좋으며 퍼짐성과 피부 친화성이 좋기 때문에 크림, 로션의 유화제품에 사용되며, 모발컨디셔닝제, 아로마테라피의 캐리어오일 등으로 사용된다.

⑧ **미네랄오일(Mineral Oil, Paraffinum Liquidum)**

이 원료는 석유에서 얻은 탄화수소의 액상 혼합물이다. 유동파라핀이라고도 불려지고 있으며 무색, 무취이고 모발컨디셔닝제, 피부유연제, 수분증발차단제, 피부보호제, 용제 등으로 사용된다.

⑨ **스쿠알란(Squalane)**

이 원료는 포화된 분지형 탄화수소이며 상어 간유 혹은 식물성 천연 오일에 수소첨가하여 얻는다. 주로 모발컨디셔닝제, 수분증발차단제, 피부보호제 등으로 사용된다.

⑩ **이소프로필미리스테이트(Isopropyl Myristate(IPM))**

이 원료는 주로 다음의 구조를 갖는 이소프로필알코올과 미리스틱애씨드의 에스터이다. 무색투명한 액체로 사용감이 가볍고 다른 오일과 상용성이 뛰어나며 색소분산력도 우수하다.

⑪ **실리콘오일(Silicone oil)**

실리콘오일은 유기규소화합물로 디메치콘(Dimethicone) 이 대표적인 실리콘원료이며 이 원료는 선형의 실록산폴리머를 완전히 메칠화하여 얻은 혼합물이다.

가볍고 매끄러운 사용감과 휘발성을 가진 오일로 끈적임이 없어 최근 기초 및 색조제품에 널리 사용되고 있다. 또한 모발컨디셔닝제, 피부유연화제, 용제 등으로도 사용된다.

⑫ **카나우바왁스(Canauba Wax)**

이 원료는 카나우바야자(Copernicia cerifera)의 잎에서 채취되는 왁스로 탄소수가 20~32의 지방산과 28~34DML 지방알코올로 형성된 에스터이고 특히 수산기를 가진 에스터의 함량이 높고 융점이 80~86℃로 식물성왁스 중 높은 편으로 립스틱의 내온성을 높여주고 광택을 준다.

⑬ **고급알코올(Fatty alcohol)**

화장품에서 고급 알코올의 용도는 크림 및 로션의 경도나 점도를 조절하고 유화를 안정화하는 것이다. 오일 입자 주변에 고급 알코올이 액정을 형성하므로 사용감과 안정성에 중요한 역할을 하는 것으로 알려져 있다. 이들은 야자유 또는 우지를 환원하여 분류하는 방법 등으로 제조된다. 백색을 띠면 에멀젼 제품의 경도 및 안정성의 향상을 목적으로 사용된다. 자체 유화력은 없지만 유화 안정화제로 사용된다.

⑭ 고급지방산(Fatty acid)

화장품에 사용되는 지방산은 알카라리로 중화하여 유화제 또는 유화보조제로 사용되며 지방산 결정은 펄 효과를 나타내기도 한다.

⑮ 세라마이드(Ceramide)

이 원료는 주로 에리스로 구조를 갖는 합성 N-아세틸레이티드파이토스핑고신이다. m은 12-28로 아실기 부분이 포화되었거나, 하나 또는 둘의 불포화도를 가지며 n은 10-20이다. 또한 이러한 성분들은 에멀젼 내에서 액정지질구조를 형성하여 피부보호 등에 기여한다는 것에 관한 많은 연구가 되어 있다. 그러나 피부에 침투하게 되면 피부세포에 좋지 않은 성분으로 작용할 수 있는 가능성에 관한 논문도 발표되고 있어 상처부위에 사용하는 것은 주의해야 할 사항임을 시사하고 있기도 하다

(2) 수성원료

① 글리세린(Glycerine)

이 원료는 다음의 구조를 갖는 폴리하이드릭알코올이다. 보습제로 널리 사용되며 끈적임이 남는 단점을 가지고 있다. 에멀젼에서는 입자를 더 미세화시키는 작용도 하고 있다.

② 프로필렌글라이콜(Propylene Glycol)

이 원료는 주로 다음의 구조를 갖는 지방족 알코올로 글리세린에 비해 보습력은 떨어지나 사용감이 가볍고 난용성 물질의 용해성을 증가시켜 준다. 피부자극성이 보고되고 있어 사용량이 감소추세에 있다.

③ 부틸렌글라이콜(Butylene glycol)

이 원료는 다음의 구조를 갖는 지방족 디올로 보습력이나 피부자극이 글리세린보다 크고 프로필렌글라이콜 보다는 작은 중간 정도이다.

④ 소듐락테이트(Sodium lactate)

이 원료는 보습제, pH완충제, 각질제거제 등으로 사용되며 폴리올에 비해 보습력은 높으나 이온성 점증제와 함께 사용할 수 없으며 높은 농도를 사용할 때는 피부 자극성에 주의해야 한다.

⑤ **소듐피씨에이 (Sodium PCA)**

이 원료는 2-피롤리돈-5-카르본산나트륨(Sodium 2-pyrrolidone 5-corboxy late)로 천연보습인자 중 중요한 성분이am로 보습제로 사용되나 끈적임과 유화상태를 불안정화하는 것이 단점이다.

⑥ **필름형성고분자**

수용성 고분자 필름형성제로는 폴리비닐알코올(Polyvinyl alcohol), 폴리비닐피롤리돈(Polyvinyl pyrrolidone) 등이 있다.

(3) 계면활성제(Surfactants)

물에 녹기 쉬운 친수성 부분과 오일에 녹기 쉬운 소수성 부분으로 구조가 이루어져 있는 화합물이다. 이런 성질 때문에 화장품, 비누나 세제 등을 제조하는데 많이 활용되어 왔다. 계면활성제의 작용은 유화, 가용화, 분산, 세정, 대전방지 등 그 구조에 따라 다양한 기능을 가지고 있으며 이온성에 따라 음이온, 양이온, 비이온성, 양쪽성 계면활성제로 분류할 수 있다.

① **음이온계면활성제(Anionic surfactants)**

음이온 활성제는 수용액 중에서 이온 해리되어 음이온 부분이 계면 활성을 나타내는 물질이다. 음이온 활성제의 역사는 오래 되었고 비누에서 시작되어 점차 합성 계면 활성제로 합성 세제를 비롯하여 섬유 공업, 고분자 공업 등에 있어서 대량으로 소비되고 있다. 화장품에 주로 사용되는 종류로는 고급지방산비누, 알킬황산에스터염(SLS), 폴리옥시에스틸렌알킬에스터황산염(SLES) 등이 대표적이다.

② **양이온계면활성제(Caionic surfactants)**

이 원료는 분자량이 적은 경우 살균제로 이용되며 분자량이 큰 경우는 모발 등에 흡착성이 우수하여 유연제 및 대전방지 등의 성질을 이용하여 화장품의 린스(모발 유연제), 살균 등에 널리 이용되고 있다. 종류로는 알킬디메틸암모늄클로라이드, 벤잘코늄클로라이드 등이 있다.

③ **양쪽성계면활성제(Amphoteric surfactants)**

염기성용액에서는 음이온, 산성용액에서는 양이온 특성을 나타내며 다른 이온성 계면활성제에 비하여 피부에 안전하고 세정력, 살균력, 유연효과 등이 있어 샴푸, 어린이용 제품에 이용된다. 대표적으로 알킬아미도프로필디메틸아미노아세틱액스드베타인(Alkyl amido propyldimethyl amino acetic acid betaine)인 등이 사용된다.

④ **비이온계면활성제(Nonionic surfactants)**

비이온계면활성제는 수산기나 에틸렌옥사이드기에 의한 물과의 수소결합으로 친수성을 띠는 계면활성제이다. 피부에 대하여 이온계면활성제보다 안전성이 높으며 유화력이 우수하여 세정제를 제외한 에멀젼 제품에서의 유화제로 사용되고 있다. 비이온 계면활성제의 친유기, 친수기의 밸런스(HLB)의 차이에 따라 용해도, 습윤력, 침투력, 유화력, 가용화력 등이 달라진다. 비이온 계면활성제의 종류의 한 예로 폴리소르베이트20(Polysorbate 20)은 주로 모노에스터로 구성되며 에칠렌옥사이드 약 20몰로 축합된 소르비톨안하이드라이드와 소르비톨의 라우레이트에스터의 혼합물이다. $w+x+y+z$는 평균 20이다.

⑤ **기타 계면활성제(Nonionic surfactants)**

위에 소개한 계면활성제외에 레시틴, 사포닌인산염과 같은 천연계면활성제가 있다. 레시틴은 특이한 용해성, 리포좀 등의 구조를 형성함으로써 응용범위가 넓은 천연계면활성제이다.

(4) 유효성분

화장품의 유효성을 부가하는 성분으로 미백, 주름, 자외선차단 등의 기능성과 화장품분야에서 개발과 연구가 지속되고 있는 여드름, 아토피, 비만 관련 다양한 소재들이 개발되고 있다. 이들 다양한 원료 중 미백, 주름개선, 자외선차단 성분을 중심으로 알아보고자 한다.

① **미백성분**

미백원료로는 티로시나아제(Tyrosinase)의 활성을 억제하는 알부틴, 감초추출물, 멜라닌 합성을 차단하는 비타민 C 및 유도체 등이 개발되어 사용되고 있다.

② **노화예방 및 주름개선 성분**

노화예방 및 주름개선 원료로는 표피세포 분화 재생을 조절하는 소재로 레티놀과 세포외 기질매트릭스 성분을 조절하는 소재로 콜라겐 분해 효소인 MMP(Matrixmetalloproteinase) 단백질 생성을 억제하는 소재의 빈랑자 추출물 그리고 세포의 구성 성문인 지질, 단백질, 당, DNA 등에 작용하여 세포노화를 촉진하고 있는 활성산소를 소거하는 소재로 코엔자임큐-10(Coenzyme Q-10)은 노화방지 화장품 소재로 활용되고 있다.

③ **자외선차단 성분**

자외선 차단용 성분은 자외선 흡수하여 차단할 수 있는 유기화합물과 자외선을 산란시켜 차단해주는 무기화합물로 구분할 수 있다. 자외선 흡수제는 분자 내 이중결합을 포함하는 화합물로 자외선을 흡수할 수 있는 유기화합물로 살리실산 유도체, 벤조페논 유도체 등이 주로 사용된다. 또 자외선 흡수제는 자외선의 흡수 파장에 따라 UV A(320~400nm)와 UV B(280~320nm)로 분류할 수 있다.

(5) 색소

화장품에 배합되는 색소는 유기색소와 무기안료로 구분된다. 화장품에 쓰이는 색소는 안전성이 충분히 확보된 것에 한하여 사용할 수 있다. 화장품법에 유기색소(타르색소) 중 화장품에 사용할 수 있는 원료를 지정하고 기준 및 시험 방법을 규정하였다. 미국에서는 눈주위 제품에서는 유기 색소의 사용을 금지하고 있고 일본, 유럽과 다른 점이고 한국은 일본의 화장품법과 유사하다. 유기색소에는 염료, 레이크, 안료로 분류할 수 있고 염료는 물에 용해되는 수용성 염료와 유기용매에 용해되는 유용성 염료가 있다. 수용성 염료에는 황색5호, 적색 213호 등이 있고, 유용성 염료에는 황색 204호 등이 있다. 레이크는 수용성 염료에 알루미늄, 마그네슘, 칼슘염을 가해 물과 오일에 녹지 않게 한 것을 레이크라 한다. 일반적으로 레이크는 안료에 비해 내산, 내알카리성이 낮아 중성에서도 약간 물에 용출하는 성질이 있으므로 안정성 시험을 충분히 행하여야만 한다. 무기안료는 색상을 조절하는데 사용되는 착색안료, 은폐력을 조절하는데 사용되는 백색안료, 제형을 유지하는 역할을 하는 체질 안료로 구분할 수 있다. 착색안료의 종류에는 적색산화철, 흑색산화철, 황색산화철 등이 있고, 백색안료의 종류에는 이산화티탄과 징크옥사이드가 있다. 특히 이산화티탄은 굴절률이 높고 입자가 작아 백색도, 은폐력, 착색력 등이 우수하다. 또한 광, 열, 내약품성이 우수한 대표적 백색안료이다.

(6) 방부제

화장품은 수성성분과 유성성분 즉 미생물의 영양분인 글리세린, 솔비톨, 아미노산 유도체, 단백질 등이 배합된 것이므로 성분이 식품과 유사하여 미생물에 의한 오염이 발생하기 쉽다. 그러나 식품보다 사용기간이 길어서 미생물에 의한 변화의 위험이 비교할 없을 만큼 중요하다. 따라서 미생물의 오염은 사용 중에 손가락 등으로부터 오염이 된다면 제품의 변패, 변취 등을 일으키게 되므로 화장품의 미생물 오염을 막기 위해서는 방부제를 첨가할 필요가 있다. 일상생활에서 오염가능성 있는 미생물로는 세균, 곰팡이나 효모 등이 대표적이다. 화장품에 사용되는 방부제 및 항균제의 종류에는 메칠파라벤, 프로필파라벤 등 일반적으로 파라벤(Paraben)이라고 하며, 페녹시에탄올 등이 사용된다.

2) 향장품의 구성 및 제형

화장품의 제형은 화장품의 사용목적에 알맞은 원료들을 혼합하고 사용법의 특성에 맞도록 제형을 만들기 위해서 유화(Emulsion), 가용화(Solubilization) 분산(Dispersion), 등의 제형화 기술이 활용된다.

(1) 유화(Emulsion)

오일과 물 등이 서로 혼합되지 않는 두 가지 이상의 액체를 유화제와 기기적인 힘(mixing)을 가하여 혼합액체가 비교적 균일하게 분산되어 있는 상태를 유화라 한다. 유화과정(emlsification)은 혼합되지 않는 액체를 혼합하고 교반하는 고정이고 이 과정을 거쳐 만들어신 제형을 에멀젼(emulsion) 또는 유액이라고 한다. 유화는 화장품을 만드는 중요한 기술이고 장기간 안정된 에멀젼을 만들 수 있는지가 중요하다. 에멀젼의 종류에는 물을 연속상으로하고 그 안에 분산되어 있는 (Oil in Water type, O/W형)과 오일을 연속상으로 하고 그 안에 물이 분산되어 있는 유중수적형(Water in oil type, W/O형) 두 가지가 있다. 그리고 내부에 또 다른 에멀젼이 형성되어 있는 경우 다중 에멀젼(Multiple emulsion)이라고 한다. 에멀젼 형태는 화장품의 경우 외관이나 사용감에 직접 큰 영향을 주기 때문에 처방을 설계할 때 그 상품의 사용목적, 사용 연령층, 첨가 성분 등을 충분히 고려하여 결정해야 한다. 에멀젼의 종류를 판별하는 간단한 방법으로는 에멀젼 소량을 물속에 넣으면 O/W형은 물에 잘 섞이게 되지만 W/O형은 물에 섞이지 않는다. 또한 전기 전도도법을 사용하면 W/O형태의 에멀젼은 전도성이 거의 없고 O/W형 에멀젼은 전도성이 크기 때문에 판별이 가능하다.

단일 에멀젼 외에 다중에멀젼(Mltiple emulsion) 또는 복합에멀젼(double emulsion)이 있으며, O / W / O형과 W / O / W형이 있다. 이들을 현미경으로 관찰하면 유화입자 속에 또 다른 유화입자를 발견할 수 있다.

(2) 가용화(Solubilization)

물에 잘 용해되지 않거나 전혀 용해되지 않는 물질이 계면활성제의 수용액에 용해도가 급격하게 상승하는 현상을 가용화라 한다. 이러한 가용화 현상을 이용한 화장품은 스킨, 에센스, 헤어토닉과 같이 수용액에 유성성분을 용해시킨 경우 및 향수와 같이 정유 성분을 용해시킨 경우가 대표적이다. 반대로 수용성 물질(다가 알코올, 산성염료) 등을 유상 중에 투명하세 가용화하는 경우도 있다.

일반적으로 전자는 친수성이 높은 계면활성제를 후자의 경우는 친유성이 강한 계면활성제를 이용한다.

(3) 분산(Dispersion)

화장품에서 고체-액체 분산계로는 립스틱이나 화운데이션을 비롯하여 아이섀도, 아이라이너, 네일락카 등과 같은 색조 화장품이 여기에 속한다. 이 제품들은 모두 피부 또는 손톱에 색채를 부여하고 미화하는 것을 목적으로 사용되며 고체로서 안료가 이용되고 있다. 고체-액체 분산계에서 고체입자가 액체에 분산되어 있는 경우 분산되어 있는 미세한 고체입자를 분산질(dispersoid)이라 하고 그 입자를 둘러싸고 있는 액체부분을 분산매(dispersion medium)라고 한다. 분산질이 분산매에 안정하게 분산되기 위해서 사용되는 것을 분산제(dispersing agent)라고 한다. 색조화장품에서 색상을 내기위하여 유기안료 및 무기안료 여러 종류가 많은 양으로 사용되고 이들 안료들을 각각 분산매 중에 쉽게 또는 균일한 상태로 분산시킬 수 있는 가가 가장 중요한 기술이며, 상품가치를 결정하는 중요한 요소로 되어 있다. 이러한 상품적 가치에 영향을 주는 안료의 분산 상태는 여러 가지 요인에 의해 좌우된다. 안료의 분산에 중요한 요인은 분산질(안료), 분산매, 분산제, 분산방법 등으로 나누어 볼 수 있다.

2. 기초화장품

1) 세안화장품 성분 및 작용

피부에서 분비되는 피지와 땀 등으로 더러워진 피부를 그대로 두면 모세혈관이 수축되어 혈액순환이 잘되지 않으며, 또한 모공이 막히게 되어 피부의 신진대사에 필요한 산소와 영양분의 공급이 제대로 이루어지지 못한다. 이러한 피부의 더러움을 깨끗하게 씻어내는 것을 말한다. 수성의 세안은 대체적으로 세안을 하면 없어지지만, 유성의 더러움은 물 세안에 의해 잘 제거되지 않는다. 따라서 어떤 메이크업 화장을 했는가에 따라 적절한 세안화장품을 선택하여 사용해야 세안이 잘 이루어 질 수 있다.

(1) 클렌징폼(cleansing foam)

클렌징폼은 비누의 우수한 세정력과 클렌징 크림의 피부보호 기능을 겸비한 것으로 손바닥에 소량 취해서 거품을 내어 사용하며 폼클렌징 크림이라고도 한다. 클렌징폼은 계면활성제형의 세안 화장품으로 비누와 중성세제를 주성분으로 하고 있고, 과도한 탈지를 막고 수분을 공급하기 위해 유성성분과 보습제가 배합되어 있다. 따라서 클렌징폼은 비누를 사용한 후에 느껴지는 피부가 당기는 감이 거의 없고 촉촉한 감촉을 유지시켜 준다.

(2) 페이셜 스크럽(facial scrub)

페이셜 스크럽은 클렌징폼에 스크럽이 함유된 것을 말하며, 세정 효과가 매우 뛰어나 피부에 쌓인 각종 노폐물, 먼지, 화장품 찌꺼기 등을 말끔하게 제거해 준다. 페이셜 스크럽의 효능 효과는 크게 세안효과, 마사지효과, 각질제거 효과를 들 수 있다.

(3) 클렌징 크림(cleansing cream)

클렌징 크림은 짙은 유성 메이크업을 했을 때나 피지분비가 많을 때 사용하기 적당하다. 얼굴이나 손에 물기가 있으면 클렌징 효과가 떨어지므로 직접 발라 사용하는 것이 좋다. 대부분의 클렌징 크림에는 광물성 오일(유동파라핀)이 40~50%정도 함유되어 있어서 피부 표면에 묻은 기름때를 닦아 내는데 효과적이다.

(4) 클렌징 로션(cleansing lotion)

클렌징 로션은 클렌징 크림과 마찬가지로 광물성 오일인 유동파라핀이 함유되어 있으나, 배합량이 30~40%로 클렌징 크림에 비해 적은 편이다.

수분을 많이 함유하고 있어 피부에 부담이 적고, 퍼짐성이 좋으며 사용 후 부드러운 느낌을 준다. 세정력은 클렌징 크림에 비해 떨어지므로 짙은 화장보다 비교적 옅은 화장을 지울 때 적당하다.

(5) 클렌징 워터(cleansing water)

클렌징 워터는 세정용 화장수의 일종으로 가벼운 메이크업 화장을 지우거나 화장 전에 피부를 청결히 하기 위해 닦아낼 목적으로 사용된다. 일반 화장수에 있어서도 약간의 세정 작용이 있어 가벼운 화장의 제거나 피부를 닦아내는 목적으로 사용되고 있으나, 클렌징 워터의 경우는 계면활성제와 에탄올의 배합량을 높여 세정 효과를 증가시킨 것이다.

(6) 클렌징 젤(cleansing gel)

클렌징 젤에는 유성과 수성의 두 가지 타입이 있으며 각각 배합된 성분과 사용감은 차이가 있다. 유성타입은 유성성분의 함유량이 많고, 짙은 화장도 깨끗하게 지워준다. 수성타입은 유성타입에 비해 세정력은 덜 하지만 사용 후 피부가 촉촉하고 매끄럽다. 따라서 옅은 화장을 지울 때 적합하다.

2) 화장수의 성분 및 작용

세안을 한 후 화장수를 사용하는데 이러한 화장수를 보통 스킨로션(skin lotion)이라고 부른다. 화장수는 일반적으로 정제수, 에탄올 보습제를 기본으로 하고 있으며, 여기에 화장수의 사용목적에 따라 산이나 알칼리 혹은 수렴제 등 기타 성분이 배합되어 있다. 화장수의 기본 기능은 각질층에 수분과 보습성분을 공급하는 것인데 유연 및 수렴 등의 목적에 따라 필요한 성분이 배합된다. 화장수는 대부분 70~80%의 물에 에탄올과 글리세린 등의 보습제를 첨가하는 점은 공통이지만 보통 유연 화장수는 피부에 유연 작용을 줄 수 있는 성분을 첨가한 것이 많은데 비해, 수렴 화장수에는 알코올의 배합량을 높이거나 수렴작용을 줄 수 있는 성분이 배합되어 있다.

- 스킨 소프너(Skin Softner) : 피부를 부드럽게 해준다는 뜻으로 유연 화장수를 의미한다.
- 스킨 토너(Skin Toner) : 피부를 강하고 탄력 있게 해준다는 뜻으로 수렴화장수를 의미한다. 토닉, 토닉 로션, 토너라고도 한다.
- 아스트린젠트 로션(Astringent Lotion) : 수렴화장품의 일반적인 명칭이다. 모공을 조여 주며 피부를 긴장시켜 준다. 보통은 아스트리젠트라 부른다.
- 스킨 프레쉬너(Skin Freshner) : 피부를 신선하게 해준다는 뜻으로 약산성 화장수를 의미한다.
- 수딩 로션(Soothing Lotion) : 피부를 진정시키고 가라앉힌다는 뜻으로 민감성 피부의 쉽게 붉어지는 증상을 완화시켜 준다.
- 하이드로액티브 로션(Hydroactive Lotion) : 피부를 촉촉하게 하는 보습력이 높은 화장수를 의미한다. 하이드로는 물을 의미한다.

3) 로션, 에센스 및 크림의 성분 및 작용

(1) 로션(Lotion)

로션은 피부에 수분과 영양분을 공급해 주기 위해 사용하는 화장품이다. 로션은 수분이 60~80%인 일종의 점성이 낮은 크림으로 피부에 바를 때 오일보다 잘 퍼지고 빨리 흡수되므로 가볍게 사용하기에 적당하다. 유분은 대개 30%이하이며 O/W형의 유화이므로 피부에 산뜻하게 퍼지고 스며들기 쉬우며 사용감촉도 우수하다.

① 로션의 유분량

㉠ 유분량 3~8% : 화장수에 가까운 로션(지성 피부용)
㉡ 유분량 10~20% : 모이스쳐 로션, 밀크로션
㉢ 유분량 20~30% : 에몰리엔트 로션, 클렌징 로션(건성 피부용)

② 피부 타입별 로션의 구분

㉠ 건성 피부용 : 유분과 보습제를 많이 함유하고 있다.
㉡ 중성 피부용 : 유분과 보습제를 적절히 함유하고 있다.
㉢ 지성 피부용 : 유분을 적게 함유하며, 알코올 함량이 다소 높다.
㉣ 복합성 피부용 : 중성 피부용에 가까우나 피지의 분비를 조절할 수 있는 피지 컨트롤 파우더와 천연 식물 추출물 등을 함유하고 있다.
㉤ 민감성 피부용 : 저자극성 성분을 사용한다. 향, 알코올, 색소, 방부제를 적게 함유하고 있다.

(2) 에센스(Essence)

에센스는 흔히 미용액 또는 컨센트레이트(concentrate)라고도 하는 기초 화장품의 하나로 특히 유럽에서는 세럼(serum)이라는 명칭으로 널리 불려지고 있다. 에센스는 피부 보습 및 노화억제 효과를 갖는 주요 미용성분을 고농축으로 함유하여 보습효과가 우수하고 영양물질을 공급하여 피부를 가볍고 매끄러운 상태로 유지시킨다.

따라서 에센스의 주요 효과는 보습, 피부보호, 영양공급이라고 볼 수 있다. 일반적으로 에센스는 크게 스킨타입, 로션타입, 크림 타입, 젤 타입으로 나눌 수 있으며, 이들 중 다량의 보습제를 함유할 수 있는 스킨 타입이 가장 많이 사용되고 있다.

(3) 크림

세안을 하고 나면 피부의 표면을 덮고 있는 천연보호막이 씻겨 제거되므로 얼마 안 가서 피부가 당기는 느낌을 받게 된다. 이때 소실된 천연보호막을 일시적으로 보충해서 피부에 촉촉함을 주고 외부의 자극으로부터 피부를 보호하기 위해 사용하는 것이 크림이다. 크림은 로션과 비교하여 안정성의 폭이 넓고 유분, 보습제, 수분 등을 다량 배합할 수 있어 피부의 모이스춰밸런스를 일정하게 유지시켜 줄 수 있을 뿐만 아니라 유분, 수분, 보습제를 공급하여 피부의 보습, 유연 기능을 갖게 한다.

① 크림의 사용목적

- 피부를 외부환경으로부터 보호한다.
- 피부의 생리기능을 도와준다.
- 유효성분들로 피부의 문제점을 개선한다.

② 크림의 기능별 분류

- 피부 보습, 유연 : 모이스쳐 크림, 에몰리엔트 크림, 데이 크림, 나이트 크림, 핸드 크림, 베이비 크림
- 혈행 촉진, 유연 : 마사지 크림
- 피부세정 : 클렌징 크림
- 잔주름 제거 : 안티링클 크림, 아이크림
- 피부 미백 : 화이트닝 크림
- 자외선 방지 : 선 스크린 크림, 선 블록 크림
- 피부 갈변화 : 선탠 크림, 셀프 탠닝 크림
- 각질 연화 : 각질연화 크림

4) 팩의 성분 및 작용

(1) 팩의 정의

팩이란 원래 패키지 즉 "포장하다", 또는 "둘러싸다"란 뜻에서 유래된 말로써 유럽에서는 주로 마스크란 말로 통용되고 있는데 우리나라에서는 두가지가 거의 같은 의미로 불리어지고 있다. 그러나 엄밀히 보면 팩과 마스크는 방법상의 차이가 있다. 팩은 얼굴에 바른 후 공기가 통할 수 있도록 하며 얇은 피막을 만들거나 굳어지지 않지만 마스크는 얼굴에 바른 후 딱딱하게 굳어져 외부의 공기 유입과 수분증발을 차단하여 피부를 유연하게 하고

유효 성분의 침투를 용이하게 한다.

팩의 성분에 따라 효과는 다양하다.

① 한방재료에 따른 팩의 작용

- 감초 : 세포재생, 알레르기, 해독, 진정, 소염작용
- 녹두 : 해독, 미백, 살균, 표백
- 율무 : 기미, 미백, 색소침착, 노화
- 율피 : 모공수축, 미백, 노화
- 진피 : 여드름, 화농, 상처소독
- 행인 : 기미, 피부수축, 피부부활
- 토사자 : 여드름, 기미

② 야채재료에 따른 팩의 효과

- 감자 : 일광화상에 진정효과
- 당근 : 여드름, 모세혈관 확장된 붉은 피부
- 오이 : 염증완화, 수분공급, 건성, 지성
- 양배추 : 여드름 상처에 효과

③ 과일재료에 따른 팩의 효과

- 귤 : 기미, 건성, 미백
- 배 : 건성, 수렴
- 딸기 : 수렴, 건성, 기미, 여드름, 지성
- 레몬 : 수렴, 미백, 모세혈관을 튼튼히 해줌
- 모과 : 모공이 큰 피부의 수렴작용, 소염
- 수박 : 진정, 수분공급, 미백
- 포도 : 여드름, 붉은 피부

(2) 팩의 작용

팩은 얼굴뿐 아니라 다른 특정한 부위에 사용되거나 혹은 전신적으로 사용된다. 일반적으로 팩은 얼굴에 적당한 두께로 발라 일정시간 방치해 건조시킨 후 제거한다. 팩은 건조하는 과정에서 피부에 적당한 긴장감을 주고 외부로부터 공기를 차단하여 영양성분의 흡수를 용이하게 하여 피부의 온도를 높여 혈액순환을 촉진시킨다. 또한 피부 표면의 오염물, 죽은 각질세포를 제거시킴으로써 피부를 청결하게 해준다.

① 얼굴에 바른 팩이 건조함에 따라 피부에 긴장감이 생기고 피부 온도가 상승하여 혈액순환이 촉진된다.
② 외부의 공기 유입을 일시적으로 차단함으로써 수분의 증발이 억제되어 각질층으로의 수분공급이 원활해지고 매끄러운 피부를 만든다.
③ 팩의 흡착작용에 의해 피부의 노폐물이 제거되고 청결해진다.
④ 팩에 함유된 유효성분의 침투가 용이해진다.
⑤ 땀을 배설하고 방한작용을 높인다.

(3) 팩의 종류

① 영양팩

피부가 트거나 건조할 때 영양공급한다. (난황, 올리브유, 벌꿀, 우유)

② 미백팩

피서 후 햇볕에 탄 피부에 사용한다. (야채, 과일, 오이, 살구씨)

③ 수렴팩

땀의 분비를 억제시키는 효과 있다. (지방제거)

④ 왁스팩

잔주름 제거와 늘어진 피부 회복한다. (난황, 요구르트, 콩가루, 왁스)

⑤ 진정, 보습팩

피부 노폐물 제거한다. (녹두, 율무, 과즙, 야채, 밀가루, 생감자)

5) 기능성화장품의 종류와 성분

(1) 미백 화장품

검은 피부, 기미, 주근깨의 원인인 멜라닌은 자연적으로 생성되는 갈색의 색소이다, 피부가 자외선에 노출되었을 때 멜라닌의 생성량이 증가하여 기미, 주근깨는 더 심해지며 색소 침착이 발생하게 된다. 따라서 기미, 주근깨 등의 악화를 예방하기 위해서는 계절별로 또는 시간대 별로 적절히 자외선을 차단하여 피부를 보호해 주어야 멜라닌 색소의 침착을 방지하거나, 침착된 멜라닌 색소의 색을 엷게 하는 화장품이다.

피부미백성분과 작용은

① 티로신의 산화를 촉매하는 티로시나아제의 작용을 억제하는 물질(예, 알부틴, 코 직산, 상백피 추출물, 닥나무 추출물, 감초 추출물)
② 도파의 산화를 억제하는 물질(예, 비타민 C)
③ 각질세포를 벗겨내어 멜라닌 색소를 제거하는 물질(예, AHA, BHA)
④ 멜라닌 세포 자체를 사멸시키는 물질(예, 하이드로퀴논)
⑤ 자외선을 차단하는 물질(예, 옥틸디메틸 파바) 등이 사용되고 있다.

특히, 자외선을 차단하는 물질을 함유한 화장품은 여름철에 많이 사용되며 자외선 차단 화장품으로 따로 분류하고 있다.

(2) 여드름 화장품

여드름은 남성호르몬의 자극으로 피지 분비가 왕성해지거나 각질세포가 과도하게 증식되어 모공을 막아 정상적인 피지 분비가 이루어지지 못해 모공 내에서 여드름균의 번식으로 인해 발생된다. 이러한 여드름 발생을 억제하거나 완화하는 화장품을 말한다. 현재 사용되는 여드름 치료제로는 벤조일퍼옥사이드, 유황, 살리실산 등이 있다. 그러나 이와 같은 여드름 치료제는 의약품으로 사용되는 것으로 부작용이 있다. 따라서 화장품에서는 피지 억제작용이 있는 인삼, 우엉, 로즈마리 추출물 등을 사용하거나, 비타민 B6 등을 사용하여 피지 분비를 정상화시켜 여드름을 치유할 수 있다. 또한 각질을 부드럽게 해줄 수 있는 보습제와 알파-히드록시산을 사용하여 피지의 배출을 촉진시킴으로써 여드름치유에 도움을 줄 수 있다.

(3) 자외선 차단 화장품

자외선 차단화장품에는 자외선의 침투를 막기 위해 “자외선 차단제”가 배합된다. 자외선 차단제에는 이산화티탄과 같은 무기물질을 이용하여 물리적인 산란작용에 의해 자외선이 피부 속으로 침투되는 것을 막는 “자외선 산란제”와 옥틸 디메칠파바(octyldimethyl PABA)와 같은 유기물질을 이용하여 화학적인 방법으로 자외선을 흡수시켜 소멸시키는 “자외선 흡수제”가 있다. 자외선 산란제는 차단효과가 우수하고 접촉성 피부염과 같은 부작용은 없으나 불투명하기 때문에 크림이나 로션에 많이 배합하면 보기에 좋지 않은 단점이 있다.

(4) 선탠 화장품

선탠(suntan)화장품은 피부 상태가 손상되지 않고 자외선에 의해 서서히 멜라닌 색소의 생성량이 늘어나 그을리게 하는 것이다. 피부가 강한 자외선에 오랜 시간 노출되면 피부 조직에 손상이 가서 피부가 빨갛게 되고 화끈거리는 선번(sunburn)이 일어난다. 자외선 중 파장이 짧은 UV－B는 에너지가 강하므로 피부를 검게 태우는 동시에 피부에 선번을 일으킬 위험이 있고, 상대적으로 파장이 길고 에너지가 적은 UV－A는 피부를 서서히 태우게 된다. 따라서 대부분의 선탠화장품은 UV－B를 차단할 수 있는 자외선차단제를 적절히 함유하고 있다.

셀프 탠닝(self-tanning)제품은 주성분이 디히드록시아세톤(dihydroxy acetone, 약어로 DHA)으로 피부의 아미노산을 갈색의 색소로 만들어 준다. 셀프 탠닝 제품은 자외선에 의한 피부 손상이 전혀 없고 디히드록시아세톤이 피부 각질층의 윗 부분에만 작용하기 때문에 멜라닌 색소를 만드는 기저층에는 영향을 주지 않아 색소 침착의 우려가 없다. 보통 바른 뒤 2～3시간 지나면 피부가 점차 갈색으로 변하며 보통 6시간 정도 지나면 효과가 나타난다.

(5) 리포좀 화장품

리포좀(liposome)은 세포막의 구성성분인 인지질로 이루어진 이중막으로 된 내부가 비어 있는 구형의 공과 같은 모양을 말한다. 리포좀은 인지질을 용매에 녹인 뒤 용량이 큰 플라스크에 내에서 진공을 가해 다시 용매를 제거시켜 표면적을 넓게 한 후, 수용액에 분산시키고 초음파를 가하면 쉽게 만들어진다.

리포좀의 제조에 사용되는 대표적인 인지질은 달걀에 함유된 레시친(lecithin)이다.

레시친은 분자구조가 하나의 친수성 머리에 두 개의 친유성 꼬리가 결합된 계면활성제의 일종으로 물에 녹이게 되면 작은 공과 같은 모양을 만들게 되며, 내부에 여러 가지 영양물질을 안정하게 담아 둘 수 있고, 또한 영양물질의 피부 흡수를 증가시킬 수 있다.

(6) 레티노이드 화장품

레티노이드(retinoid)란 비타민 A와 관련된 화합물의 총칭이다. 레티노이드에는 레티놀(retinol), 레틴알데히드(retin aldehyde, 줄여서 retinal이라고 함), 레틴산(retinoic acid)이 있는데, 이들은 피부세포의 증식과 분화에 영향을 주고 손상된 콜라겐과 엘라스틴의 회복을 촉진해준다. 레티노이드 중 가장 먼저 사용된 것은 레틴산으로 여드름 치유 및 잔주름을 개선하는 효과가 있는 것으로 알려져 있다. 레틴산은 각질세포의 턴－오버를 빠르게 하여 죽은 각질세포를 떨어지게 하고 새로운 세포의 생성을 촉진한다.

3. 색조화장품

1) 색조 베이스, 파운데이션의 성분 및 작용

(1) 메이크업 베이스(Make up base)

메이크업베이스는 메이크업 전 피부에 수분과 영양을 공급, 색조 화장 전에 피부를 보호하고 피부색을 보정, 균일한 톤으로 만들어 주는 메이크업의 필수품이다. 기초 화장품을 사용한 후 파운데이션을 바르기 전에 사용하는 화장품이다. 파운데이션이 직접 피부에 흡수되는 것을 막고 파운데이션의 퍼짐성과 밀착감을 좋게 해주어 화장의 지속성을 높여 준다.

피복력은 피부의 결점을 감추기 위해서는 피복력이 큰 산화티탄, 산화아연이 사용된다. 백색안료(분체)의 피복력은 일반적으로 분체의 굴절률과 입자의 크기에 관여한다.

(2) 파운데이션(Foundation)

피부의 결점을 보완하고 원하는 화장의 피부색을 만드는 화장품으로 부착력, 커버력, 광택력이 좋아야 하며 기미, 잡티, 흉터 등의 피부 결점을 커버해 주어 피부색을 균일하게 하고 입체감을 주어 윤곽을 수정하여 건강하고 깨끗한 피부로 보이게 한다. 현재 많이 사용되는 것은 가벼운 화장에 맞는 리퀴드 파운데이션(Liquid foundation), 크림 타입의 크림 파운데이션(Cream foundation), 커버력이 좋은 스틱 파운데이션(Stick foundation)과 스킨 커버(Skin cover), 컨실러(Concealer) 등과 파우더 파운데이션(Powder foundation), 트윈케이크(Twin cake)등 이 있다. 종류에 따라 색상, 커버력, 감촉, 사용 효과 등이 다르므로 피부의 색이나 피부 상태, 사용 목적에 맞게 선택하여야 한다.

고형파운데이션의 조성은 분체(안료포함), 유성기재, 계면활성제 등으로 이루어지나 피부에 대한 부착성을 좋게 하기 위하여 고형분에 비해 결합제(유성기제, 계면활성제)의 양이 보다 많다(10～15%). 또 유성기제와의 균일한 혼합과 피부에의 부착성을 향상시키기 위해 안료나 분체를 미리 실리콘이나 그 외의 유성기제로 표면처리한 것이 많다.

2) 파우더의 성분 및 작용

파우더는 땀과 피지에 의해 화장이 번지거나 지워지는 것을 막고 빛을 사방으로 난반사

시켜 얼굴을 밝고 화사하게 보이게 하기 위해 사용하는 메이크업 제품이다. 특히 파운데이션의 유분기를 제거하며 파운데이션의 지속성을 높이기 위해 사용한다. 가루 타입의 루즈 파우더(Loose powder)와 성형 압축한 고형분인 콤팩트 파우더(Compact powder)가 있다.

3) 눈화장품의 성분 및 작용

눈의 결점을 커버하고 눈 부위를 또렷이 보이게 하며 눈썹과 눈썹모양을 입체적으로 보이게 하여 눈을 더욱 생동감 있고 아름답게 표현해 주는 화장품이다.

아이 메이크업 화장품의 종류에는 아이 브라우 펜슬(eye blow pencil), 아이쉐도우(eye shadow), 아이 라이너(eye liner), 마스카라(mascara)등이 있다.

아이쉐도우 색상은 메이크업 중에서 가장 다채롭다. 회색, 밤색, 청색 등 일반적인 것 이외에 펄을 첨가하여 광택을 주는 것 또는 초록, 보라, 레몬 계열의 노란색 등 선명한 색까지 다양하며 이에 사용되는 안료는 산화철, 황산화철, 흑산화철, 군청, 감청, 산화크롬, 운모티탄 등이 사용된다. 마스카라는 최근에는 휘발성 유제형이 제품의 주류를 이루고 있다. 또 액상형 중에는 특수한 것으로 길이가 1～3mm 정도의 섬유(나이론레이온)을 배합하여 사용 후 속눈썹이 길어 보이게 하는 것도 있다.

4) 입술화장품의 성분 및 작용

입술 윤곽 입술 톤을 수정하는 화장품으로 입술 부위의 메이크업을 위한 화장품으로 입술 점막에 사용되는 제품이므로 안전성에 더욱 유의하여야 한다. 립 라이너(Lip liner), 립스틱(Lip stick), 립글로스(Lip gloss)등이 있다.

립스틱은 유성기제와 착색료로 구성되며 유성기제는 유지, 납, 지방산, 에스테르, 계면활성제로 구성되어 있다. 밀납은 립스틱의 고형봉 형성에 매우 필요한 성분이다. 경화제로서 융점이 높은 왁스와 병용하면 점성과 가연성을 크게 하는 효과가 있고 탄력성이 있는 립스틱을 만들 수 있다. 밀납의 성분이 너무 많이 함유되면 립스틱의 광택을 감소시킨다. 카르나우바는 왁스립스틱의 융점, 강도, 광택을 향상 시킨다.

5) 손·발톱화장품의 성분 및 작용

네일 메이크업 화장품은 손톱에 광택과 색채를 주어 아름답게 할 목적으로 사용하는 화장품이다. 네일 에나멜 화장품에는 흔히 매니큐어(manicure) 또는 네일 락카(nail lacquer)라고 하며 광택과 아름다운 색상으로 손톱을 장식하는 네일 에나멜(nail enamel), 네일 에나멜의 밀착성을 좋게 하는 전처리 제품인 베이스코트(Base coat), 네일 에나멜 위에 덧발라서 광택과 내구성을 도와주는 탑코트(top coat) 그리고 네일 에나멜의 피박을 용해하여 제거하는 에나멜 리무버(Nail remover)등이 있다.

(1) 에나멜 리무버

네일 에나멜의 피막을 제거하는데 쓰이며 네일 에나멜 제거와 함께 손톱의 유분이나 수분도 제거되므로 유분의 보급이나 에몰리엔트 효과를 주는 성분이 첨가된다.

(2) 네일 트리트먼트

손톱은 피부와 달라 조금 상해도 통증을 느끼지 않고 곧 복원되어 무관심하기 쉬우나 평소 네일 에나멜이나 에나멜리무버를 계속 사용하면 손톱 외에 주변의 피부가 손상될 가능성이 있기 때문에 손톱손질도 매우 중요하다.

(3) 큐티클 리무버

손톱 주위를 싸고 있는 죽은 외피를 제거하는데 사용한다. 일반적으로 가성알칼리와 같은 용제를 사용한다.

26_피부와 광선

1. 자외선

1) 자외선의 종류와 역할

태양광선에서 자외선이 피부손상을 유발하며, 손상의 정도는 파장과 관련이 있다. 적외선은 태양복사에너지로 열감, 눈에 보이는 색상으로 알 수 있고, 자외선 파장범위의 에너지는 광화학적 상호반응의 결과물로 알 수 있다. 광화학적 반응은 최종적으로 멜라닌 생성과 태닝을 활발히 일으키거나 변형된 유전자 정보를 유발하여 돌연변이 세포반응을 일으킨다.

(1) UV-A

자외선은 열이 없기 때문에 냉선 또는 우리 몸에서 화학적 변화를 일으키므로 화학선이라 부른다. UV-A는 320~400nm의 장파장으로 실내 유리창을 통과할 수 있고 날씨와 상관없이 언제나 존재하기 때문에 '생활 자외선'이라고도 불린다.

또한, 피부의 진피층 하부까지 투과되어 콜라겐, 엘라스틴 등을 파괴하여 피부에 조기노화, 피부 건조화, 멜라닌 생성을 촉진하여 색소침착(Sun-Tan) 등을 일으킨다.

(2) UV-B

290~320nm의 중파장으로 UV-A 보다는 소량이지만 진피의 중간정도까지 투과하여 피부에 급속히 손상을 주어 일광화상(Sunburn)을 일으키고 피부암에 영향을 주며 Vit-D 합성을 유도한다.

(3) UV-C

200~290nm의 단파장으로 에너지가 가장 강한 자외선이다. 주로 대기권에 존재하는 오존층에 완전히 흡수되어 지표에 도달하지 않지만 최근 환경오염 등의 문제로 오존층이 파괴되면서 우리 몸에 투과되어 피부암을 유발한다. 여러 가지 환경적인 문제들로 인해 계속해서 피부암의 발생률이 높아지고 있다. 또한 살균력이 강해 인공적으로 만들어 자외선 살균 소독기로 사용한다.

2) 자외선의 영향과 대책

태양광선은 인간이 생명과 자연계를 유지하고 세균을 살균하는데 필수적인 역할을 한다. 양양분과 칼슘을 공급하며 프로비타민 D를 비타민 D로 활성화시키고 노폐물제거와 혈관 및 림프관의 순환을 자극하여 신진대사를 원활히 해준다.

그러나 피부가 자외선에 과도하게 노출되면 피지의 산화작용으로 각질화가 가소되어 피부의 탄력성이 떨어져 노화가 일찍 일어 날 수 있다. 주로 자외선 A와 B에 의하여 유발되는 광노화 시에는 교원섬유의 퇴행 및 엘라스틴과 글라이칸의 증가로 피부가 두꺼워지고 주름살이 형성되면 비정상적인 색소침착이 발생한다.

자외선에 의해 홍반이 생길 수 있고, 일광화상, 색소의 변화가 올 수 있다.

대책으로는 자외선 등으로 인체를 조사할 경우 등과의 거리유지에 주의해야 하며 개인별 피부유형, 질병, 성별에 따라 자외선에 의한 영향을 받는 차이가 다를 수 있다. 과도한 자외선에 도출되는 것을 피해야 한다.

3) 자외선 차단지수와 효과

자외선차단지수(SPF)란 sun protection Factor의 약자로 일광차단지수 또는 자외선차단지수라 불리어지고 있다. 1978년에 미국에서 SPF에 관한 기준이 만들어진 이후 세계 각국에서 SPF에 관한 기준이 설정되고 있다. SPF란 자외선에 대한 피부 홍반에 의해 측정되기 때문에 엄밀히 말하면 UV-B방어효과를 나타내는 지수라 볼 수 있다. SPF측정방법은 사람의 피부에 자외선 차단제품을 사용했을 때와 자외선 차단제품을 사용하지 않았을 때 홍반을 일으키는 자외선의 최소량(Minimum Erythema Dose : MED)를 구한 후 그 비율로써 계산되어진다.

4) 자외선의 피부적용

(1) 홍반(Erythema)

자외선 조사 시 가장 기본적인 반응으로 혈관이 확장되면서 혈류량이 증가하여 피부가 빨갛게 되는 반응을 말한다. 홍반이 더욱 악화되면 모세혈관 확장증을 일으킬 수 있으므로 미리 관리가 필요하다.

(2) 과색소 침착(Hyperpigmentation)

자외선에 대한 우리 몸의 기본적인 방어 작용으로 멜라닌이 급증하게 되는데, 그로 인해 기미, 주근깨 등의 피부 문제성을 유발한다.

(3) 일광화상(Sunburn)

태양광선에 노출 시 발생하는 흔한 질환으로 UV-A도 영향을 주지만 주로 UV-B에 의해 생긴다. 처음엔 붉어지는 증상으로만 나타나다가 물집, 오한, 발열 등의 전신 증상으로 악화 될 수가 있다.

(4) 일광 알레르기(solar allergy)

광과민성 피부질환 중 가장 흔히 발견되는 것으로 어떤 특정 약물복용이나 특정성분을 바른 피부가 햇빛에 노출되었을 때 발생된다.

(5) 광 노화(photo ageing)

주로 장파장인 UV-A에 의해 발생되는데 진피의 하부층까지 많은 양의 자외선이 투과되면서 피부의 수분과 탄력 등에 영향을 주는 콜라겐, 엘라스틴 등을 파괴하여 표피와 진피를 저하시켜 주름발생, 색소 침착, 수분 부족으로 인한 피부 건조화 등 조기노화를 일으킨다.

2. 적외선

적외선은 피부에 큰 자극을 주지 않으면서 고열의 형태로 피부 깊숙이 침투하는 침투력이 강하며 영향을 준다. 적외선의 열작용으로 열선이라고도 한다.

1) 적외선의 기능

① 체온의 상승 없이 열을 가하여 피부를 이완시킨다.
② 혈액과 림프의 순환을 촉진시킨다.
③ 신진대사와 피부세포안의 화학적 변화를 촉진시킨다.
④ 근육을 이완시킨다.
⑤ 영양흡수를 도와준다.
⑥ 질병에 대한 저항력을 높인다.

2) 적외선의 피부적용

① 적외선의 피부적용은 영양크림 도포 후 침투력 향상을 위해 적용한다.
② 한방 침 시술 후 모세혈관확대. 신진대사 등에 적용한다.
③ 세포증식효과를 위해 피부에 적용한다.
④ 피부의 온열효과를 높여준다.

27_피부면역

1. 면역의 종류와 작용

1) 자연면역과 획득면역

(1) 면역의 종류

① 선천적 면역 – 인종, 종속, 개인 특이성이 있다.

이물질 혹은 잠재적으로 유래하는 미생물의 침입에 대해서 선천적으로 저항하는 것을 뜻한다. 생체가 태어나면서 갖고 있는 저항성을 말하며, 생체에 대해서 유해한 물질에 대한 감수성, 비감수성, 상피 장벽, 항균 인자, 염증, 보체의 작용, 탐식작용, 위산의 산도, 정상적인 장내 세균총 등이 선천면역에 관계한다.

② 획득(후천)적 면역 – 능동면역 ; 자연능동면역, 인공능동면역, 수동면역 ; 자연수동면역, 인공수동면역이다.

후천면역이라고도 한다. 처음 침입한 항원에 대해 기억할 수 있고 다시 침입할 때 특이적으로 반응하여 효과적으로 항원을 제거할 수 있는 특징이 있어 선천면역을 보강하는 역할을 한다. 흔히 사용되는 면역의 정의는 이것을 말한다. 이 획득면역은 편의상 체액성 면역(humoral immunity)과 세포성 면역(cell-mediated immunity)으로 나누어 이해한다.

(2) 선천면역과 후천면역

- 선천성 저항력에는 종속 저항성, 인종 저항성, 개인 저항성 등이 있다
- 후천성면역(획득면역)은 전염병 이환 후나 예방접종 등에 의해서 후천적으로 형성되는 면역이다.

(3) 능동면역과 수동면역

① 능동면역

㉠ 숙주 스스로가 면역체를 형성하여 면역을 지니게 되는 것
㉡ 항원 : 어떤 물질 또는 생균이나 사균제제에 의해 신체를 자극하여 항체를 산출하게 할 수 있는 것
㉢ vaccine은 생균이든 사균이든 균자체가 항원으로 작용할 수 있는 것을 말한다.
㉣ 자연능동면역 : 각종 전염병에 감염된 후 형성되는 면역
㉤ 인공능동면역 : 생균 vaccine, 사균 vaccine 및 순화독소 등의 예방접종으로 얻어지는 면역

② 수동면역

㉠ 다른 숙주에 의하여 형성된 면역체를 받아서 면역력을 지니게 되는 경우
㉡ 자연수동면역 : 모체로부터 태반이나 수유를 통하여 받는 면역
㉢ 인공수동면역 : γ-globulin이나 antitoxin 등 인공제제를 접종하여 얻게 되는 면역
㉣ 인공능동면역 방법과 질병
㉤ 자연능동면역되는 질병

2) 면역계의 반응과 작용

신체의 면역체계(Defense system)로서 신체에서 질병을 일으키는 미생물을 병인(pathogen)이라 하며, 이들은 우리들의 환경에 존재한다. 사람은 항상 이런 미생물에 음식이나 음료, 마시는 공기 등 활성매개체에 의해 폭로되어 있어 일상생활에서 그들과 접촉되고 있다. 이런 병인(pathogen)이나 독소(toxin), 그리고 다른 독성, 화학물질에 대한 신체방어 작용에는 비 특수방어기전과 특수방어기전이 있다.

비 특수방어기전은 여러 종류의 병인(pathogen)들의 신체유입을 저지하고, 신체에 침입되면 빨리 이물질을 파괴하는 기전을 말한다. 중성구가 이물질과 싸우고 식균작용을 일으켜

세균을 파괴하는 것을 비 특수성방어(nonspecific defense)라고 한다. 특수방어기전은 특수병인(pathogen)이나 독소(toxin)를 선택적으로 파괴하는 기전을 말한다. 예를 들면, 형질세포(plasema cell)에 의하여 항체(antibody)를 생산하거나 분비하는 작용이다. 어떤 병인이 신체에 침입된다 할지라도 항체는 새로 들어온 세균이나 다른 어떤 병인들과 작용하지 않고 이미 감작된 병원체에만 작용한다. 모든 특수, 비 특수방어작용은 신체가 신체이하 부위에 침입되건 침입되자 않건 간에 이물질에 애해 인지할 수 있게 된다. 이런 인지능력은 자기인지(self), 바자기인지(nonself)로 인식될 수 있다. 왜냐하면, 생화학적으로 일정한 특성이 있기 때문이다. 비록 그들이 똑같이 종의 특성을 갖고 있다 해도 이 두 미생물은 화학적 특성이 다르기 때문이다. 사람이나 동물의 세포막은 미생물의 세포막처럼 단백질, 당지질 glycolipid, 당단백질 glycoprotein을 표면에 갖고 있기 때문에 이물질인지 자기 자신의 구성 물질인지 인지할 수 있게 된다. 즉 이것을 항원(antigen)으로 인지한다. 항원은 특수방어기전을 자극하여 항체(antibody)를 생성하게 한다. 적혈구와 같은 인체 세포들은 표면에 수십 종의 항원을 갖고 있고 세균은 수천종의 항원을 갖고 있다.

28_피부노화

1. 피부노화의 원인

피부는 표피층, 콜라겐이나 탄력섬유로 이루어진 진피층, 그리고 피하지방층으로 나뉜다. 피부가 노화되면 이 구성원이 제 기능을 다하지 못해 균형이 깨진다. 피부 표피층에서는 피부 보호막을 잘 만들지 못해 건조해지거나 피부 재생속도가 느려지는 것. 색소를 만드는 색소세포도 기능이 떨어지고 일부는 색소를 더 만들어내서 피부가 얼룩덜룩해지는 경우도 많다. 진피층에서는 콜라겐의 양이 감소하고 탄력섬유 성분에 변화가 일어나서 피부의 탄력성이 떨어져 처지고 주름진 피부가 되는 노화 현상이 일어난다.

1) 피부노화의 원인

피부노화는 대부분 30세 전후부터 눈에 띄기 시작해 나이가 들어감에 따라서 그 수나 깊이, 범위가 크게 증가해 간다. 주름의 발생에는 여러 가지 외적, 내적 요인이 있으며, 특히 자외선과 흡연의 영향이 크다.

(1) 자외선(광노화)

자외선을 많이 쏘이면 피부 진피층의 콜라겐 생산이 감소하여 진피가 얇아지고 탄력섬유의 변성으로 피부의 탄력이 줄어들어 주름이 생긴다. 이러한 변화는 자외선을 쏘인 양과 시간에 비례하기 때문에 썬텐을 하거나 자외선을 많이 쏘이면 피부노화가 빨라지게 된다.

(2) 유해산소

Free Radical(유해산소)이란 세포를 손상시키는 매우 불안정한 분자로 피하지방에서 생성된 이 물질이 세포 파괴하여 노화를 촉진시키게 된다.

(3) 피부건조

한선의 수분과 피지선의 피비분비가 감소하고 과도한 바람과 지나친 열(특히 사우나)에 노출되어 피부 건조현상이 주름이 형성을 촉진시킵니다.

(4) 흡연

새로운 피부가 만들어지려면 늙은 피부를 MMP라 불리는 효소로 분해해서 콜라겐을 형성하는 섬유를 파괴하는데 담배연기에 노출된 피부세포는 정상 피부세포보다 훨씬 많은 MMP를 만들어 새로운 콜라겐이 약 40%정도 적게 만들어져 피부에 많은 주름을 형성시키게 된다. 이러한 흡연 자체로도 주름의 원인이 되고 자외선에 의한 광노화도 2배 이상 촉진시키며 담배 피는 동작의 반복으로 입을 모아주는 동작이 반복되며 입주위의 저산소증을 유발하여 주름이 악화된다.

(5) 자연노화

나이가 들어감에 따라 세포의 정해진 유전자 시계에 의해 콜라겐 섬유의 노화가 일어나 진피층이 얇아지며 주름이 생긴다.

2. 피부노화현상

1) 내인성, 외인성, 피부노화 현상

(1) 내인성 노화(iIntrnsic Aging)

① 임상적 변화

- 피부 건조, 잔주름 발생한다.
- 표피와 진피 전체의 구조와 기능적 변화로 피부의 탄력감이 저하된다.

- 피부 색소침착의 증가나 감소로 피부색 변화가 발생한다.

② 원인

- 유전인 요인
- 연령의 고령화
- 혈액순환 저하
- 내장기능 및 소화기능 장애에 의한 요인
- 면역기능 이상, 저하
- 호르몬의 영향

(2) 외인성 노화(Extrinsic Aging)

광노화(Photoaging) → 외인성 노화 중 가장 대표적인 요인이 자외선이기 때문이다.

① 임상적 변화

- 피부 건조, 굵고 깊은 주름이 생긴다.
- 각질층이 두꺼워지고 탄력 저하된다.
- 색소 변화로 노인성 반점, 기미, 주근깨와 불규칙적 색소침착이 일어난다.
- 모세혈관 확장, 쉽게 멍이 발생한다.
- 광선을 많이 받는 부위인 팔, 얼굴, 목 뒤, 앞가슴 등에 생긴다.

② 원인

- 자외선 : 외인성 노화의 대표적인 요인이다.
- 스트레스
- 산화
- 피부건조
- 흡연, 음주
- 근육작용
- 일상적 생활습관

2) 피부노화 지연대책

(1) 주기적으로 피부에 불필요한 각질을 제거 한다.

클렌징이나 비누세안으로 제거하지 않는 오래된 각질은 피부 버석거림과 칙칙함의 원인이 되고 신진대사를 방해하며 새로운 세포형성이 이루어지지 않아 피부 노화를 빠르게 진행시킨다.

(2) 피부에 적정한 수분상태 유지

피부에 부족하기 쉬운 수분을 공급하여 유분과 수분의 밸런스를 유지시켜 주면 윤기 있고 촉촉한 피부로 가꿀 수 있다. 보통 피부의 유형을 나눌 때에는 피지분비량에 따라 구분하지만 피부의 수분상태는 피부 수분 함량에 의해 좌우되므로 수분결핍은 건성피부 뿐 아니라 지성피부에도 나타날 수 있다.

(3) 제품으로 피부에 꾸준한 탄력을 준다.

비타민 A, C, E성분이 함유된 링클리프팅 전문크림을 주름이 신경 쓰이는 눈가와 입가 또는 얼굴 전체에 사용하여 피부에 탄력 있게 가꾸어 준다.

(4) 꾸준한 마사지를 하여 노화방지를 한다.

마사지를 통한 신진대사, 혈액순환의 활동을 증가시켜 노화를 방지한다.

(5) 항산화제 공급 한다.

산소는 인체에 아무런 해가 되지 않으며 오히려 필요한 여러 가지를 공급하기도 하지만 자외선이나 스트레스 등 외적 환경에 의해 유해산소로 변하기도 한다. 유해한 산소는 세포를 손상시켜 피부의 탄력이 떨어지고 주름살, 기미, 주근깨 등을 유발해 피부 노화를 가속화 시킨다.

(6) 자외선 차단제 도포한다.

자외선에는 UVA와 UVB가 있는데 UVA는 침투력이 매우 강해 피부 깊숙이 스며들어

탄력섬유를 파괴해 주름을 만드는 광노화를 일으키며 UVB는 피부 표피까지만 도달하는 에너지가 강해 선번 현상을 일으켜 색소 침착과 심한 경우 피부암을 유발한다.

(7) 피부에 좋은 채소, 음식 섭취한다.

크렌베리, 블루베리, 건포도, 건자두 등 퍼플 컬러의 드라이 푸드 섭취하고 자극적인 음식 적게 먹기 맵거나 뜨거운 음식을 먹을 때는 피부 겉의 모세 혈관이 늘어난다. 혈관 확장이 너무 자주 반복되다보면 혈관이 원래대로 수축되지 못하고 영구히 늘어나 눈에 보이는 모세혈관 확장을 일으키니 삼가 한다.

(8) 인스턴트식품 섭취를 줄인다.

과도한 카페인의 섭취는 몸 안의 물을 끌고 나가는 이뇨 작용으로 만성탈수의 원인이 되기도 한다.

(9) 적적한 수면과 환경을 조성한다.

잠자리에 드는 시간은 11시를 넘지 않는 것이 좋다. 11시에서 2시 사이에 피부 신진대사가 활발하고 노폐물이 배출되며 세포가 재생된다. 또한 노화방지 호르몬이라고도 불리는 성장 호르몬은 콜라겐 밀도와 피부 두께 유지에도 중요하며 역시 밤에 많이 분비된다.

memo

PART 4

소독학

29_ 소독법

29 _ 소독법

1. 소독의 정의 및 분류

1) 소독관련 용어 정의

① 멸균(sterilization)

무생물의 표면에 있는 모든 미생물, 즉 바이러스, 세균, 진균의 아포를 완전히 제거하거나 파괴하는 것을 멸균이라고 한다. 고압증기, ethylene oxide(EO)gas, 화학물 등이 가장 흔히 쓰이는 멸균제이다.

② 소독(disinfection)

무생물의 표면에 있는 특정한 바이러스, 세균, 병원성 진균을 파괴하거나 비가역적으로 불활성화 시킬 수 있으나, 세균의 아포는 파괴하지 못한다. 즉 대부분의 소독제는 효과적인 멸균제는 아니다. 소독제의 예로는 alcohols, chlorides, glutaraldehydes, phenols등이 있다.

③ 소독제(disinfectants)

일종의 소독제로 무생물 표면(의료기구 등)에만 사용하며 피부나 인체에 써서는 안된다.

④ 피부소독제(antiseptics)

피부나 조직에 사용하도록 만들어진 소독제이다.

⑤ 오염제거(decontamination)

감염이 전파되지 않을 만큼 안전한 수준까지 미생물의 오염을 없애거나 줄이는 처치이다.

⑥ **세척(cleaning)**

모든 눈에 보이는 먼지, 얼룩, 이물질을 제거하는 것이다.

⑦ **정균성(Bacteriostatic)**

세균의 증식을 저지하는 성질로 그 물질을 제거하면 증식을 재개한다.

⑧ **살균성(Bactericidal)**

세균을 죽이는 성질, 비가역적반응이다.

⑨ **무균(Asepsis)**

미생물이 존재하지 않는 상태이다.

⑩ **잔존자(Survivor)**

살균제의 작용시간의 어느 시점에 있어서 아직 살아남아 있는 잔존상태의 미생물이다.

2) 소독기전

(1) 단백질의 변성과 응고작용

단백질용액을 80℃ 이상으로 가온하거나 산, 2가 또는 3가 양이온 용액 내에 넣으면 백색침전이 생긴다. 이때 고체로 되는 변성과정을 응고라 하는데 이는 단백질의 2차 및 3차 수소결합구조가 절단되어 단백질이 부분적으로 해리 변성되고 이어 분리된 단백질섬유가 용해성을 잃어 용액이 혼탁하게 변한 후 면상 또는 면상침전이 일어나 응고물이 생성되는 것이다. 한편 단백질 교질입자(colloidal protein particle)는 그 표면하전이 H^{+}, Cu^{++}, Zn^{++}, Fe^{3+} 등의 양이온에 의해 중화되어 침전이 일어나며 이와 같은 이유에서 어떤 중금속은 소독제로 사용되고 있다.

단백질 응고에 의한 살균기전은 물리적 또는 화학적 인자에 의하여 세균세포의 효소단백질이 응고되어 그 기능을 상실함에 기인한다.

(2) DNA의 손상

자외선은 핵산에 흡수되어 2개의 polynucleotide strand의 같은 쪽이나 반대쪽의 서로 이웃하는 pyrimidine의 교차결합을 초래하여 pyrimidine dimer를 형성하여 DNA 복제를 방해한다.

(3) 세포막의 파괴

각종 화학적 활성물질이 단백질과 비특이적으로 결합하여 작용하므로 효소단백을 불활화하거나 세포막 또는 세포벽을 파괴시켜 영양물질과 노폐산물의 선택적 투과기능을 상실케 하고 또는 원형질을 객출시켜 미생물을 사멸하는 것으로 염소, 옥도, cresol, carbonic acid(phenol), formaldehyde등이 있으며 강산 또는 강알칼리도 비특이적으로 유기물질을 파괴시키나 이들은 미생물의 세포질과 결합하는 외에도 체조직, casein, mucin, 혈액 등에 신속히 결합하여 이들을 파괴시키므로 실제 활용면에서 부적합하다.

(4) 화학적 길항작용

어떤 화학물질은 세균세포내로 침습하여 아주 낮은 농도에서는 조효소등 특이 활성분자들의 활성을 저해하거나 완전 정지시킨다. 이들 물질은 비교적 저분자물질로서 미생물 체내에 들어가 급속히 균을 사멸시키거나 또는 세포와 특이적으로 결합하여 정지 상태를 유도한다. 이와 같은 결합능을 이용한 치료에 응용되는 것으로는 설파제 및 항생물질 등이 있다.

3) 소독법의 분류

(1) 물리적 소독 멸균법

열, 압력, 증기 또는 전기적 에너지를 이용하여 모든 미생물을 파괴, 억제하는 방법으로, 일반적인 기구, 방포 및 물품 등을 소독, 멸균할 때 흔히 쓰인다.

건열멸균법과 습열멸균법

- **건열멸균법** : 화염멸균법, 건열멸균법, 소각법, 자외선소독법 등이 있다.
- **습열멸균법** : 자비소독법, 고압증기멸균법, 간헐멸균법, 저온살균법, 여과소독법, 유통증기멸균법 등이 있다.

① 여과법

공기 중이나 수용액 중에 있는 미생물을 열이나 화학약품을 사용하지 않고 여과기를 이용하여 세균을 제거하는 방법으로, 가열살균을 할 수 없는 의약품, 혈청, 백신, 또는 세균배양기 등에 이용하거나 수술실이나 백혈병환자를 위한 무균병실 등 무균공기를 만들고자 할 때도 이용된다.

② 소각법

불에 태워 병원체를 없애버리는 방법으로 소독법 중에서 가장 완전한 방법이라고 할 수 있다. 균에 오염된 의류, 목제품, 전염병사체 등 폐기물처리에 효과적이다.

③ 자비소독법

100℃에서 10~20분간 끓이면 아포 형성균과 간염바이러스를 제외한 모든 병원균이 파괴 된다. 소독할 물품은 깨끗이 씻은 후 완전히 물속에 잠기에 하여 소독하고, 유리제품을 제외한 모든 물품은 물이 끓기 시작할 때 넣는다. 가죽제품이나 고무제품은 변질의 우려가 있으므로 피하는 것이 좋고 가위, 클리퍼, 면도칼, 도자기, 주사기 등을 소독한다.

④ 자외선소독

소독용 자외선은 폴리에틸렌병, 실내공기 및 표면의 미생물을 파괴시킬 목적으로 주로 사용 된다. 소독효과를 얻기 위해서는 반드시 미생물이 자외선에 직접 노출되어야 하므로 포장된 물품 소독에는 비효과적이며 주로 수술실, 화상치료실 등 공간 내의 미생물 파괴, 음식, 열에 약한 물건 등의 소독에 이용된다. 소독용 자외선은 폴리에틸렌병, 실내공기 및 표면의 미생물을 멸균시킬 목적으로 주로 사용되며 230~280nm의 파장에서 최적의 살균효과를 나타낸다. 자외선 소독시간은 자외선 불빛의 강도와 자외선 방출지점으로부터의 거리에 따라서 다르고 또한 자외선은 일반적으로 불투명한 물질을 침투하지 못하므로 소독효과를 얻기 위해서는 자외선이 반드시 미생물에 직접 노출되어야 하며 포장된 물품이나 울퉁불퉁한 모양의 의료용품 소독에는 비효과적이다.

⑤ 건열멸균법

건열멸균기를 사용하여 160~170℃의 열에서 1~2시간 정도 멸균하는 방법이며, 증기나 습기가 있으면 안되는 물건에 이용된다. 유리, 시험관, 도자기 등을 살균하기에 적합하다.

⑥ 고압증기 멸균법

포화된 고압증기 형태의 습열로 아포를 포함한 모든 미생물을 파괴시키는 물리적인 방법이다. 습열을 가할 때 침투력이 강하고 미생물에 대한 멸균효과가 크며 가장 안전하고 실질적이며 경제적인 방법이며 외과적 위생재료 및 용액, 일반적인 기구 및 물품들을 소독할 때 많이 이용된다. 관리방법이 편리하고 독성이 없으며 경제적이다. 120~130℃, 15~17lb/inch^{3}의 압력에서 약 30~45분 동안 멸균하는 것이 효과적이다. 열에 약한 제품은 적합하지 않으며 유효기간은 1~2주로 본다.

⑦ 간헐멸균법

내열성의 아포를 발아시켜서 일정한 발아기간을 가지게 한 후에 다시 가열하여 멸균하는 방법이다. 100도 이상에서 파괴될 수 있는 미생물배양기 등을 멸균하는 방법이다. 한번에 30～40분 정도를 3회에 걸쳐 살균한다.

⑧ 저온살균법

프랑스의 면역학자 파스퇴르에 의해 발명되었다. 결핵균은 사멸되지만 대장균은 사멸되지 않는다. 우유는 60～65도에서 30분간 살균한다. 아이스크림의 원료는 80도에서 30분간 살균한다.

(2) 화학적 소독 멸균법

화학약품이나 가스를 사용하여 미생물을 파괴하거나 성장을 억제하는 방법으로 열소독을 할 수 없는 기구나 물품을 소독, 멸균할 때 이용된다.

① E.O(Ethlene oxide) 가스 멸균법

열에 약하고 습기에 예민한 기구들을 사용하는 기회가 점점 많아져 많이 이용된다. 아포를 포함한 모든 미생물을 파괴시키는데, 실온에서 색깔이 없고 ether와 비슷한 냄새를 가지고 있으며 액체 상태로서 보관하기 쉬우나 폭발성이 간하고 공기 중에서 인화성이 매우 높은 성질을 지니고 있다. E.O 가스멸균법은 40～60%의 습도, 50～60℃에서 3～7시간 멸균해야 한다. 고압 멸균 할 수 없는 열에 약한 기구들을 멸균할 때 사용한다. 고압증기 멸균법에 비해 경비가 많이 드는 것이 단점이다. 유효기간은 6개월～2년이다.

② Gultaraldehyde(Wydex)

E.O 가스 소독기를 이용할 수 없거나, 통기시간이 긴 E.O 가스 멸균이 불가능할 때, 열에 약한 물건을 멸균하기 위해 선택되는 방법이다. 활성 gultaraldehyde액은 장력이 낮으며 갈라진 틈으로 침투가 잘되고 쉽게 헹구어 진다. 소독전에 물기를 닦아 담가진 소독액의 희석을 방지하고, 소독 후에는 독성 때문에 멸균 증류수로 철저히 헹군 후에 사용해야 된다. 멸균에는 10시간이 소요된다.

③ Isoprophyl alcohol

수용성으로서 70%이상의 농도에서 에틸 알코올보다 강한 살균작용이 있고 다른 살균제의 첨가로 효과가 증대된다. 일반적인 세균과 결핵균, 곰팡이, 바이러스에 효과가 있으나 아포에는 효과가 없다. 농도는 70～75%가 적당하며 주로 피부소독, 체온계 및 기구소독에 사용한다. 단점은 피부를 지나치게 건조시키고 플라스틱 물품을 손상시킨다는 것이다.

(3) 소독제

① 알코올류

에탄올과 메탄올 100%는 아포를 소독하는데 효과가 없으나, 70~80%는 소독 효과가 강하다.

② 페놀류(석탄탄수)

석탄산은 소독제로 많이 활용되는데, 3%는 손 소독에 적당하며, 5%는 기구소독에 적당하다. 크레졸 1~2%는 손 소독에 적당하며, 5~10%는 병적 배설물 소독에 적당한 농도다. 손가락, 객담, 의료, 고무, 솔, 빗 등에 소독한다.

③ 역성비누(계면활성제)

세제, 세척제, 유화제, 양성계면활성제 등은 모두 계면활성제에 속한다.

염화벤잘코늄과 염화벤제토니움은 무색 · 무취제로 손 소독에는 0.1%가 적당하고, 기구소독에는 0.1~1.0%가 적당하다.

④ 할로겐 화합물

우수나 수돗물에 사용되는 소독제로 일반적으로 염소가스를 말한다. 수돗물은 0.1~0.2ppm의 함유를 규정하고 있다.

⑤ 알데하이드류

포르말린은 포름알데하이드와 개미산을 가한 것을 말하는데, 일반적으로 5%는 기구소독제로 활용되고, 글루타알데하이드는 2%는 간염바이러스 소독에 유효하다.

고온에서 살균이 강하고 세균, 아포, 바이러스 등 미생물에 유용하다. 저온에서 소독력이 저하되고 사용할 때마다 제조하여야 하며, 내부까지 소독이 불가능하다. 단백질을 응고 시키므로 배설물이나 토사물에 적당하지 않고 손, 금소, 의류, 도자기, 셀룰로이다, 목재 등에 사용한다.

⑥ 산화제

과산화수소나 과망간산칼륨이 대표적인데 이들의 적정 농도는 3%와 0.02~0.5%다. 무색투명하며, 오존과 같은 냄새가 나는 경우도 있으나 거의 냄새가 없다, 병원체를 산화시켜 살균하며, 자극성이 적어 피부, 구내염, 입안, 상처 등의 소독에 이용한다. 아포에 있는 균에는 효력이 없다.

⑦ 생석회(산화칼슘)

산화칼슘 98% 이상 함유하고 있는 견고하고 단단한 백색 또는 회백색의 덩어리이거나 가루이다. 생석회에 물을 섞으면 열이 발생되어 소석회가 되고 생석회의 수용액은 알칼리성이 된다. 이 알칼리성에 의해 단백질을 변성시켜 살균작용을 한다. 분뇨, 쓰레기, 물탱크 등의 소독에 사용한다.

4) 소독인자

(1) 물리적 인자

① **열** : 건열과 습열
② **수분** : 건열에 비해 습열이 살균효과 크다.
③ **자외선** : 무영조사, 부착물제거

(2) 화학적 인자

① 물
소독약은 먼저 물에 젖어있는 균체와 접촉하고 규막을 통하여 균체에 용해되어 들어가 단백질을 변성시킨다. 엄밀히 말해서 소독약은 물에 용해되는 성질(水溶性)만이 아니라 균체에 침입하는 성질, 즉 기름에 용해되는 성질(油溶性)도 필요하므로 이 두 가지를 다 갖추어야 한다.

② 온도
소독약의 살균작용이 화학반응이며, 일반적인 반응속도는 온도상승과 함께 빨라지며, 균체 내에 확산되어 침입하는 속도도 빨라진다. 따라서 살균력도 증가된다.

③ 농도
농도(濃度): 화학적 소독법의 경우에는 약물의 작용농도가 중요한 역할을 한다. 일반적으로 약물농도가 높으면 소독력이 강하게 되나, 동시에 부작용도 심하게 된다.

④ 시간
물리적 소독법과 화학적 소독법의 어느 경우에도 일정이상의 작용시간이 필요하며, 안정성으로도 되도록 긴 시간을 작용시키는 방법이 좋다.

2. 미생물 총론

1) 미생물의 정의

미생물은 너무 작아서 육안으로 관찰하기 어려운 0.1mm 이하의 크기인 미세한 생물 생명체를 말한다. 주로 단일세포 또는 균사로써 몸을 이루며, 생물로서 최소 생활단위를 영위한다. 조류(algae), 균류(bacteria), 원생동물류(protozoa), 사상균류(mold), 효모류(yeast)와 한계적 생물이라고 할 수 있는 바이러스(virus) 등이 이에 속한다. 지구상에서 가장 오랫동안 진화해온 그룹이다. 따라서 미생물의 유전체 연구는 생명의 기원, 생명현상의 원리, 생물의 다양성, 그리고 진화를 이해하는 기초가 된다. 미생물은 우리 생태계에서 없어서는 안 되는 존재이다. 미생물은 산소, 탄소, 질소, 황을 순환시킨다.

2) 미생물의 역사

우리가 살고 있는 지구는 약 46억 년 전에 탄생하였다고 한다. 바다에서 화학반응에 의해 아미노산과 핵산 등의 유기물이 조금씩 합성되어 유기물은 기름방울처럼 모이고 농축되기 시작하였다. 그 결과 드디어 이 기름방울 같은 유기물에서 최초의 생명이 탄생하였다. 약 40억 년 전의 일이다. 바다에 녹아있는 황 등의 무기물을 이용하여 에너지를 획득하고 이산화탄소의 탄소를 이용하여 유기물을 합성할 수 있는 세균의 출현이었다. 산소가 없는 혐기적 조건에서 활약한 이 세균의 자손은 지금도 깊은 바다 속의 마그마 분출구나 온천 열탕 가운데 남아 있다. 지구상에 최초로 탄생했던 이 혐기성세균은 계속 진화해 왔다.

35억 년 전이 되면서 광에너지를 이용하여 광합성을 하고, 이산화탄소에서 유기물을 합성하여 산소가스를 방출하는 세균이 출현 하였다. 이 종류의 세균의 하나가 남조류이다. 19억 년 전이 되어 해감 같은 미소조류, 아메바, 곰팡이 등의 진핵생물이 출현하였다. 그리고 10억 년 전에 대형조류가 출현하고 여기에서 더 복잡한 식물과 동물이 진화하게 되었다. 4억 년 전이 되어 지금까지 생명체가 전혀 없었던 육지로 드디어 생물들이 상륙하기 시작하였다.

① 1676엔 루벤후크가 소동물을 발견하였다.

② 1860년 이전까지는 살아 있는 생물체는 무생물체로부터 저절로 발생한다고 생각했다.

니이드함(needham, 1713~1781)이 육즙을 끓여서 미생물을 모두 죽인다음 며칠두면 다시 미생물이 발생해서 육즙이 썩게 되는 것을 보고 세운 가설이다.

이탈리아 라자라 스빨란짜니는 실험적으로 미생물에 의해 썩게 된다는 것을 증명하여 자연발생설을 과학적으로 부인하고 생물은 생물에서 생긴다는 생물속성설을 명확하게 입증하였다.

③ 1857년 파스퇴르는 젖산발료가 미생물에 의해 일어남을 증명했다.

④ 1876년 코흐(koch)가 탄저병이 탄저균 감염으로 발병함을 증명했다.

⑤ 1894년 기타사토(kitasato)와 예르신(yersin)이 페스트의 원인균인 yersinia pestis를 발견했다.

3) 미생물의 분류

① 균류

흔히 곰팡이류를 지칭하는 학술용어로 이들은 일반 식물처럼 광합성을 통하여 영양분을 만들어 내지도 못하고, 또 동물처럼 사냥을 하여 영양분을 섭취할 수도 없다. 따라서 동물이나 식물의 사체에 붙어서 번식하거나 경우에 따라서는 살아있는 동물과 식물에 침투하여 기생하면서 양분을 흡수하기도 한다. 대부분의 균류는 균사라고 하는 가는 실 모양의 세포로 이루어져 있고, 또 이러한 균사를 방처럼 나누어주는 것을 격벽이라고 하는데, 격벽이 있는가 없는가에 따라서 균류를 분류 할 수 있다. 빵을 부풀릴 때 사용되는 효모, 각종 빵 곰팡이류, 그리고, 버섯류 등이 이에 속한다.

② 박테리아

박테리아는 맨눈으로 보이지 않고 현미경을 통하여서 보이는 미생물이지만, 지구역사상 아주 오래 전부터 존재했던 생물로 35억 년 된 지층에서도 박테리아가 발견되고 있다.(인간의 선조는 250~300만년 전에 출현한 것으로 추정된다.)

대부분의 사람들은 박테리아를 해로운 것으로 생각하고 있지만 그것은 잘못된 생각이다. 이들 생물은 인간에게 여러 문제를 일으키기도 하지만 어떤 박테리아는 사람에게 도움을 주기도 한다. 예를 들어 김치가 적당히 익어 맛이 나는 것은 물론 담근지 오래 된 김치가 시어지는 것이 모두 박테리아에 의한 것이다.

③ 바이러스

바이러스의 가장 큰 특징은 생물과 무생물의 중간적 존재라는 것이다. 바이러스는 세포의 밖에서는 비리온이라는 덩어리로 존재하고, 살아있는 세포 안에서만 비로소 생명력을 가지게 된다. 이는 바이러스 스스로가 영양분을 만들어 내지도 못하고, 자손을 만들어 내는 장치도 가지지 못했으므로 살아있는 세포에 침범하여 그 세포의 유전물질을 이용하여 번식하고 생장하기 때문이다. 바이러스가 침범하는 대상에 따라 동물 바이러스, 식물 바이러스, 세균바이러스로 나누어진다.

㉠ **동물바이러스** : 동물세포를 감염시키는 바이러스로 모양이 매우 다양하다. 헤퍼스(herpes)바이러스, 폭스(pox)바이러스, 폴리오(polio)바이러스 등이 있고 후천성면역결핍증(AIDS)이나 백혈병을 일으키는 레트로(retro)바이러스도 동물 바이러스의 종류이다.

㉡ **식물바이러스** : 식물바이러스는 식물 세포를 감염시키는 바이러스를 말한다. 식물 바이러스에는 담배잎의 모자이크병을 일으키는 토바코 모자이크(tobacco mosaic)바이러스가 있고 꽃잎의 색깔을 변화시키거나 잎을 썩게 하는 것도 바이러스에 의한 경우가 많다.

㉢ **세균바이러스** : 세균 바이러스는 세균에 침입하는 바이러스이다. 이들을 박테리오 파아지라고 부르며 특히 세균을 연구하는 실험에 많이 이용된다. 일반적인 박테리오 파아지가 증식하는 과정을 보면, 먼저 파아지가 세균세포에 부착되고 세균 세포속으로 파아지의 유전물질이 들어간다. 그 후 파아지는 세균의 유전물질로 자신의 유전자를 만들고 완전한 파아지의 형태로 성장하게 된다. 완벽하게 파아지의 형태를 갖추게 되면 세균의 세포벽을 녹이고 세포를 터트려 세포 밖으로 나온다.

4) 미생물의 증식

(1) 영양분

미생물의 생존과 발육에는 물을 비롯하여 영양물질이 필요하며, 이러한 영양물질로서 무기 또는 유기화합물을 배양액에서 공급해주어야 한다. 독립영양, 종속영양 등 영양형태에 따라 필요로 하는 영양원은 여러 가지인데 보통 탄소원, 질소원, 무기염류, 발육인자 등으로 나누어서 생각한다.

(2) 배지의 물리적인 상태

미생물시험배지는 액체상태, 반고체상태, 고체상태가 있다. 액체배지는 배지를 이루고 있는 성분을 녹여 놓은 액체상태의 배지이며 여기에 한천 1.5%나 젤라틴 12%를 첨가하면 배지는 반고체상태가 되고 한천 15~20%를 첨가하게 되면 고체상태가 된다.

(3) 온도

미생물은 광범위한 온도에서 자란다. 냉온성균주(psychrophile, cryophile)는 4~15℃에서 자라고, 중온성균주(mesophile)는 15℃~45℃에서 자라며 대다수의 미생물은 이 그룹에 속한다. 내열성균주(thermophile)는 50~80℃에서 자라며, 몇몇 미생물은 90℃보다 높은 온도에서 자라는 경우도 있다.

냉온성균주는 대부분 효소활성이 저해되는 온도에서도 기능을 할 수 있는 효소체계를 가지고 있기 때문에 낮은 온도에서도 자랄 수 있다. 음식에 존재하는 저온성균은 냄새나 성상을 변하게 한다. 냉장고에 보관해 둔 햄버거가 며칠 후 오염 되거나 냉장고에 보관해 둔 과일에 곰팡이가 생기는 것 등은 저온성균주가 성장하여 나타나는 것이다. 중온성 균주는 10~30℃에서 자라는 것과 15~45℃에서 자라는 것의 두 개 그룹으로 나뉘는데, 특히 37℃의 생체내 온도에서 자라는 것이 있는데 이 균들은 인체서식균주이며 사람이나 따뜻한 피가 흐르는 동물들은 중온성균주의 숙주가 된다.

(4) 산소

미생물에 따라 미생물의 성장시 산소에 대한 요구도 다양하다. 산소가 있을 때만 자라는 균주는 편성호기성균이라고 하고 액체 배지표면에서 층을 형성하면서 자란다. 산소가 없을 때만 자라는 균주는 편성혐기성균이라고 하며, 산소의 유무와 무관하게 자라는 균주는 통성혐기성균이라고 한다. 또한 공기압보다 낮은 분압의 산소를 요구하는 균주는 미호기성균(microaeophile)이라고 하며, 이것은 산소를 감소시키기보다 오히려 이산화탄소의 비율을 증가시켜야 한다.

(5) 배지의 삼투압

세균의 세포는 osmotic machine으로 세포의 형태와 관계없이 여과기 형태를 가진 수많은 구멍을 가진 세포벽을 가지고 있다. 세포벽 안에는 반투과성 막이 있으며 그 막은 세포의 세포질(cytoplasm), 염색체(chromosome) 및 그 밖의 세포기관(organelle)으로 이루어져 있다. 영양브로스(Nutrient broth)에서 자란 세균을 15% 당이 함유된 용액에 넣으면, 당에 의해 삼투압의 차이가 나게 되어 세포안의 물이 세포막을 통해 빠져 나와 세포벽안의 압력을 낮추게 되므로 세포벽이 쭈그러들게 된다.

반대로, 당을 함유하는 용액에서 자란 세균을 증류수로 넣게 되면, 삼투압차에 의해 세포가 터지게 된다. 이러한 삼투압의 영향은 배지에 사용되는 영양소원들의 농도에 따른다. 보통 미생물은 염화나트륨 12%보다 높은 농도를 지탱할 수가 없으며, 잼이나 젤리가 잘 오염되지 않는 것은 바로 높은 당 농도 때문이다. 생화학적 분석을 위해 세포를 증류수에 넣으면 세포가 터져서 세포내의 물질이 방출된다.

(6) 배지의 액성(pH)

미생물 성장의 중요한 요소 중 하나는 수소이온(H^+)과 알칼리이온(OH^-) 농도이다. 정제수에는 수소이온과 알칼리이온이 매우 낮은 농도로 존재한다. 물에 산이 첨가되면 이온화가 이루어진다. 염산과 같은 강산에서는 실제로 대부분의 분자가 이온화되는 반면, 약산에서는 약 1% 만이 이온화한다. 실제적으로 이온화되는 정도는 온도와 농도에 따라 다르게 된다. pH 1~5에서 자라는 균을 호산성균(acidophile)이라고 하며, pH 5.5나 6~8에서 자라는 균주를 호중성균(neutrophile)이라고 하며, pH 7.5~10에서 자라는 균주를 호염기성균(basophile)이라고 한다. 일반적으로 대부분의 세균은 pH 6~8의 범위에서 자라며, 대부분의 곰팡이와 효소는 pH 2.5~5.5의 범위에서 자란다. 예를 들면 비브리오 콜레라균은 pH 9의 배지에서 분리되며, 이러한 성질을 이용하여 선택배지로 균을 분리하기도 한다.

(7) 완충제(buffers)

당을 발효시켜 산을 생성함으로서 배지가 산성을 띄게 되거나 아미노산의 탈아미노반응에 따라 배지에 알칼리를 방출함으로서 알칼리성을 띄게 되는 경우 세균의 성장은 멈추거나 자라지 못하게 된다. 이렇게 산이나 염기가 생성될 때 배지의 pH가 쉽게 변하는 것을 방지하기 위하여 완충제를 사용한다. 가장 일반적으로 이용되는 것에는 인산일수소칼륨과 인산이수소칼륨이 있으며 탄산칼슘과 그 이외의 물질을 이용하기도 한다. 펩톤은 영양공급원으로 첨가되지만 완충작용을 나타내기도 한다.

(8) 빛

미생물의 종류에 따라 빛에 의해 영향을 받는다.

3. 병원성 미생물

1) 병원성 미생물의 분류

(1) 세균(Bacteria)

일반적으로 세균류에는 견고한 세포벽(cell wall)과 세포막(cell membrane)으로 둘러싸여 있는 단세포로 되어 있고 세포기관의 발달 및 분화를 볼 수 없다. 핵막, 미토콘드리아 등이 없으며 이분법에 의한 증식을 하고 있다.

(2) 세균의 형태와 구조

대부분의 세균은 지름이 0.3～5.0이며, 기본적으로 둥근 모양의 구균(cocci), 막대 모양의 간균(bacilli), 나선균(spirilli)으로 나눌 수 있다.

① 구균(Cocci)

세균의 형태가 구형인 것으로 특정한 배열이 없이 구균이 흩어져 있는 단구균(monococcus), 2개가 쌍을 이루는 쌍구균(diplococcus)이 있다. 구균이 연쇄상으로 배열된 것은 연쇄상구균(streptococcus), 포도송이 모양으로 불규칙적으로 배열된 것은 포도상구균(staphylococcus)이다.

② 간균(Bacilli)

간균은 길고 가느다란 간사의 형태를 가진 세균으로 종류에 따라 다양한 형태와 배열을 가진다.

③ 나선균(Spirilli)

나선균은 외형이 가늘고 긴 것이 꼬인 모양을 하고 있는데 spirillum, borrelia, treponema 등이 있다.

(3) 세균의 종류

① 황색포도상구균(Staphylococcusaureus)

㉠ 형태 : 포도송이 모양의 배열을 하는 그람양성 구균으로 크기는 직경 1μm 내외이다.

㉡ 병원체 : 사람에게 감염되는 포도상구균의 50%가 식중독을 일으키는 열에 안정한 장독소(enterotoxin)를 생산한다.

S.aureus의 경우는 화농성(pyogenic)이라는 매우 광범위한 감염을 일으킬 수 있다.

② 용혈성 연쇄상구균(Group A)

㉠ 형태 : 연쇄상의 그람 양성 구균으로 완전 용혈과 Catalase 음성을 나타낸다.
β형 용혈(집락주위를 완전하고 투명한 용혈환으로 만드는 경우)이다.

㉡ 병원체 : 인두염, 봉와직염과 같은 화농성 질병, 류마티스열, 급성 신우신염과 같은 비화농성 질병을 일으킨다. S.pyogenes는 건강한 사람에게선 거의 발견되지 않는다. 주된 질병은 농가진, 연쇄상구균성 인두염으로, 연쇄상구균의 인두염은 종종 연쇄상구균성 사구체신염, 류마티스열과 같은 2차적 진행으로 인한 질병을 동반한다.

③ 용혈성 연쇄상구균(Group B)

㉠ 형태 : 쇄상의 그람 양성 구균으로 완전용혈과 Catalase음성을 나타낸다.
β형 용혈(집락주위를 완전하고 투명한 용혈환으로 만드는 경우)이며, 이중용혈환을 만든다.

㉡ 병원체 : B군연쇄상구균은 신생아에 발병하는 폐렴(pneumonia)과 뇌수막염(meningitis)의 주요 원인 병원균인 동시에 면역계(immune systems)기능이 약화된 성인에게도 심각한 감염증을 유발할 수 있다. 이 병원체는 건강한 사람의 소화관과 생식기에서 이 세균이 발견되는 경우도 있으며, 최근에는 이 세균에 의한 감염증의 발병이 증가하는 추세를 보이고 있고 일부 성인에서는 생명을 위협할 만큼 심각한 감염증이 발병하는 경우도 있었다.

④ 장구균(Group D)

㉠ 형태 : 연쇄상의 그람 양성 구균으로 Catalase음성을 나타낸다.

㉡ 병원체 : 정상균총으로서 독소와 독력인자는 발견되지 않는다.

⑤ **폐렴구균(Pneumococcus)**

㉠ **형태** : 연쇄상 또는 짧은 연쇄모양의 배열을 하는 그람 양성 세균이며, lancet 모양(쌍구균)의 구균이다. 부분용혈(α 용혈)이며, Catalase 음성이다.

㉡ **병원체** : 출생 며칠 후, 상부호흡기의 viral infection에 의해 질병이 유도되어 감염되며, 대부분의 어른들이 carrier이며, 효과적인 방어기전으로 인하여 질병의 발생은 드물다. 폐포의 염증성 손상에 의한 수종 (edema)을 유도하며, 폐혈증도 유도하는 폐렴 (pneumonia)과 아이들의 중이염과 같은 상부호흡기 감염증, pneumococcal meningitis과 같은 기타 감염증 발생시킨다.

⑥ **수막염균(Meningococcus)**

㉠ **형태** : 강낭콩 모양의 그람 음성 쌍구균으로 oxidase 양성이며 큰 다당체 협막을 가진다.

㉡ **병원체** : 수막염과 균혈증을 일으킨다. 상부 호흡기에 집락 형성 후 혈류를 통해 수막에 도달하고 세포벽에 있는 내독소는 패혈증과 shock을 일으킨다. 알려진 외독소는 없으며 lgA protease를 생산하고 협막은 항탐식작용을 한다.

⑦ **임균(Gonococcus)**

㉠ **형태** : 강낭콩 모양의 그람 음성 쌍구균으로 oxidase 양성이며 협막은 없다.

㉡ **병원체** : 세균은 점막으로 침투하여 염증을 일으키고, 내독소가 있으나 외독소는 발견되지 않았다.

lgA protease와 섬모는 독력인자로 작용하며 임질, 또는 신생아 결막염과 골반 염증을 일으킨다.

⑧ **탄저균**

㉠ **형태** : 아포를 형성하는 그람 양성 간균으로 협막을 형성한다.

㉡ **병원체** : 탄저열 독소는 크게 3가지 단백질 독소가 있다. 즉, adenylate cyclase인 부종인자, 세포에 다른 2개의 구성 요소의 통로를 열어주는 방어 항원, 활성 기전이 알려지지 않은 치명 인자이다. Polyglutamic acid로 구성된 협막은 중요한 독력 인자이다.

⑨ **디프테리아균**

㉠ **형태** : V자 또는 L자 모양의 배열을 하며 만곡된 그람 양성 간균으로, 호기성이며 아포를 형성하지 않는다. 과립은 이염소 염색법으로 염색된다.

㉡ **병원체** : 사람에게만 자연 감염된다. 편도, 인두 또는 기도 점막이 침해되어 괴사하고, 회백색 위막이 형성된다. 이 균은 혈중으로 들어가지 않고, 감염 국소에서

증식하여 이열성의 디프테리아 독소를 생산하며, 이것이 혈중으로 들어가면 전신적인 중독증상을 일으킨다. 말초신경에 작용하여 최후에는 심근이 침해되어 심장마비 또는 운동신경 마비에 의해 사망하는 경우가 있다. 회복 후 연구개, 안구근, 호흡근, 심근 등에 이완성 마비를 일으키는 디프테리아후 마비를 일으키는 예가 있다.

⑩ 결핵균

㉠ **형태** : 호기성이며 항산성 간균으로 성장은 매우 늦고 세포벽에 많은 양의 지질을 함유하고 있다. 지질에는 mycolic acid, wax D, 그리고 phosphate를 포함하고 있다.

㉡ **병원체** : 마이코박테리아는 역사상 가장 중요한 두 질병인 결핵(tuberculosis)과 나병(leprosy)을 일으킨다. 많은 항미생물성 약품에 대한 저항성을 지니고 있다. 질병의 초기단계에서는 마이코박테리아가 감염부위에서 증식하다가 먼저 림프구와 대식세포에 의해 둘러싸이고 결국은 결절(tubercle)이라는 단단한 구조를 형성하는 결합조직으로 쌓이게 된다. 이 질병은 주로 이 단계에서 정지되지만 마이코 박테리아는 결절속에 살아남고 식균작용에도 사멸되지 않는다. 결핵에 대한 면역성은 마이코박테리아 표면 항원에 대한 지연형 과민성이 생긴다.

⑪ 나균, 한센균

㉠ **형태** : 호기성이며 항산성 간균으로 인공배지에서 배양되지 않는다. 인체보다 낮은 온도에서 최적의 성장을 보인다.

㉡ **병원체** : 나병(Hansen씨 병), 병소는 일반적으로 피부와 말초신경 등 인체의 차가운 부위에 나타난다. 결핵성 나병(tuberculoid leprosy)에서 괴사성 병소는 세균에 대한 세포면역 반응 때문에 발생한 손가락이 손상되는 것은 신경 손상이 감각 상실을 일으키기 때문에 화상과 다른 외상에 의해 나타날 수 있다. 나종성 나병(lepromatous lep-rosy)에서 세포면역 반응은 나타나지 않고 병소와 혈액에서 많은 수의 세균이 발견된다. 독소나 독력 인자는 알려지지 않았다.

⑫ 대장균

㉠ **형태** : 통성혐기성 그람 음성 간균이며, lactose 발효성이다.

㉡ **병원체** : 모든 나라에서 음식과 물로 인한 식중독의 주요원인체이다. 가장 일반적인 균총은 E.coli, Salmonellatyphimurium이지만, Shigella 속이나 다른 Salmonella 속 세균 또한 중요한 원인이 된다. E. coli의 경우 1~4일 등 다양한 시간경과 후에 나타난다. 복통과 설사가 주된 증상이나 구토와 발열도 일반적이며 수일에서

수 주간 계속된다. 독력인자는 섬모가 점막 표면에 부착하는 것을 방해하며 협막은 탐식작용을 방해한다.

⑬ 장티푸스균

㉠ **형태** : 통성 혐기성이며 그람 음성 간균이다. lactose를 비발효 한다.

㉡ **병원체** : 세망내피계에 침투하며 세포벽에 있는 내독소는 발열을 일으킨다. 협막(Vi항원)은 독력인자이며 외독소는 알려지지 않았다. 위산 중화제의 섭취나 위절제술에 의해 초래된 위산의 감소는 Salmonella감염을 일으키기 쉽다. S.typhi는 소장에 서식하면서 장벽을 통과하여 림프결절, 비장이나 다른 림프조직 등에서 증식한다. 감염 후 6~14일 안에 두통과 고열이 일어난다. 열은 몇주간 계속되며 40℃까지 오른다. 대부분의 경우 S.typhi는 배설물 내에서 몇 주 동안 증식하나 3개월이 경과하면 증식을 멈춘다. 이들 중 3%가 후에 S.typhi로 회복되어 계속 증식하지만 질병의 증상을 나타내지 않는 보균자 상태가 된다.

⑭ 이질균

㉠ **형태** : 통성 혐기성이며 그람 음성 간균이다. lactose를 분해하지 않으며, Salmonella와는 달리 비운동성이다.

㉡ **병원체** : 회장과 결장의 점막에 침투하지만 그 이상 침투하지는 않기 때문에 패혈증은 드물다. 세포벽에 내독소가 있으며 감염을 일으킬 수 있는 균수는 Salmonella보다 훨씬 적다.

⑮ 폐렴간균

㉠ **형태** : 협막을 가지고 있는 통성혐기성 그람음성간균으로 비운동성이다. 서식처는 인체의 상부 호흡기계와 장관계이다.

㉡ **병원체** : 폐렴, 비뇨기계 감염 및 패혈증을 일으킨다. 내독소는 패혈증과 관련한 발열을 일으키며 외독소는 알려지지 않았다. 세균은 큰 협막을 가지고 있으며, 이것이 탐식작용을 방해한다. 만성 폐질환은 폐렴으로 전환되기 쉽고 카테터 삽입으로 인해 비뇨기계 감염을 일으키기 쉽다.

⑯ 콜레라균

㉠ **형태** : Comma 모양의 그람 음성 간균으로 oxidase 양성이며, 이것은 장내 세균과의 세균과 구분되는 점이다. 인체의 결장에 서식하며, 분변-구강경로를 통해 감염된다.

㉡ **병원체** : 콜레라는 인도와 동남아시아 지역의 중요한 풍토병이다. 이 질병은 운동성 그람 음성 간균인 Vi-brio cholerae가 원인이며, 배설물로 오염된 음식이나 물

을 섭취한 경우 발생한다. 감염되고 2~5일 후에 갑작스런 설사와 복통이 일어나고 가끔 구토가 일어나지만 발열은 드물다. 설사가 매우 심해 24시간 동안 15L를 넘으며, 수분과 이온(나트륨, 중탄산염, 칼륨 등)의 손실 때문에 적절한 조치를 취하지 않으면 치명적이다. 수분과 전해질을 정맥내로 투여한다.

(4) 바이러스(virus)

바이러스는 20~450nm의 아주 작고 간단한 구조를 가진 바이러스 입자(virus particle)로 감염능이 있는 상태의 바이러스 입자를 바리온(virion)으로 부른다. 바이러스는 전자현미경으로만 볼 수 있으며 숙주세포 내에서는 활성이 있으나 세포 밖에서는 활성이 없는 대분자이다. 바이러스는 세균과는 달리 항균물질에 대한 감수성이 없다. 바이러스 감염증 치료와 예방법으로는 사람세포에서 자연적으로 생산되는 인터페론(interferon)이나 핵산억제 물질 등이 있다. 그 외에도 바이러스로 인해 발생되는 질병은 일본뇌염, 유행성이하선염, 홍역, 폴리오, 두창, 풍진, 유행성간염, 광견병, 황열, b형간염, 유행성출혈열, AIDS 등이 있다.

① 전염성 간염

전염성 간염을 초래하는 바이러스는 입증되어진 유일한 수인성 바이러스 병원균이다. 많은 경우의 전염성 간염은 식수공급원이나 패류 양식장이 배설물에 오염되어서 발생하는 것으로 조사되었다. 이 바이러스에 대해 알려진 것은 별로 없다. 이 바이러스는 조직배양으로도 배양하기가 극히 어렵고, 병원균 동정은 대표적인 증상에 의하여 이루어진다. 피부가 황달이 되는 이 질병의 특징은 비대해진 간장, 구토, 복통이다. 이 병은 4주 동안 지속되며 사망률은 비교적 낮다. 전염성 간염은 수처리가 잘되지 않은 지역에서 폭발적으로 발생하는 것이 일반적이다.

② 장내 바이러스(Enterovirus)

이 바이러스는 피코르나 그룹에 포함된다. 이들은 지름이 25μm 미만으로 매우 적으며, 핵산은 리보핵산이다. 그래서 이들의 이름은 Pico와 RNA에서 유래한 Picorna로 명명되어졌다. 장내 바이러스는 장에서 사는 피로르나 바이러스의 하위그룹에 속한다. 소아마비 바이러스, 콕사키 바이러스와 에코우 바이러스도 장내 바이러스에 포함된다. 소아마비 바이러스가 물로 전달된다는 명백한 증거는 없다.

③ 원생동물 기생체

대부분의 원생동물 기생체는 나쁜 환경 조건하에서 숙주 밖에서도 생존할 수 있는 소낭을 생성한다. 소낭형성은 영양 물질 고갈, 독성대사물질의 축적, 숙주 면역 반응 등의 요인에 의해 촉발된다. 적절한 조건 하에 새로운 영양형이 소낭으로부터 방출되는데 이것을 탈낭이라 한다.

(5) 기생충(parasite)

기생이란 자연계에서 어떤 생물이 다른 생물의 체표면이나 체내에서 영양분을 섭취하고 있는 상태를 말한다. 이 기생생물이 동물에 기생하는 경우를 기생충(parasite)이라 하고, 기생된 동물을 숙주(host)라고 하며 이런 생활현상을 기생생활(parasitism)이라고 한다. 또 이런 생활현상에 의해 숙주에서 질병에 일어났을 때 이것을 기생충질환이라 한다.

기생충 중에서 특히 사람에게 기생하는 것을 인체 기생충(human parasite)이라 하며 크게 나누어 식물성 기생충(phytoparasite)은 미생물학영역에서 취급되는 되는 것으로 박테리아, 리케치아, 바이러스, 곰팡이, 스피로헤타 등이 있고 동물성 기생충(zooparasite)은 다시 단세포동물인 원생동물(protozoa)과 다세포동물인 후생동물(metazoa)로 분류되며, 후생동물은 선형동물(nematohelminthes), 편형동물(platyhelminthes), 절지동물(arthropoda)로 나누어지고 또 기생부위에 따라 내부기생충(endoparasite)과 외부기생충(ectoparasite)으로 나뉜다.

① 기생형태

기생형태로는 이소기생, 미입기생, 전이, 이행이 있다. 이소기생(heterotopic parasitism)은 정상기생 부위가 아닌 다른 조직이나 장기에 기생하는 것이고 미입기생(erratic parasitism)은 일시적으로 원래의 기생부위를 이탈하여 다른 장기에 침입하는 것이다. 전이(metastasis)는 혈류나 림프류를 따라 수동적으로 타부위에 이동하여 병변을 일으키는 것이고 이행(migration)은 성장이나 발육 없이 유충상태로 조직 장기를 배회하고 다니는 것을 말한다.

② 숙주 침입 경로

기생충이 숙주에 침입하기 위해서는 ① 흙, ② 물, ③ 야채와 과실 및 ④ 동물 등을 매개체로 하여 침입하는 간접 전파 방법과 매개체를 이용하지 않고 한 숙주에서 다른 숙주에게로 직접 전파하는 직접 전파 방법이 있는데 숙주 체내로의 감염 경로는 다음과 같다.

㉠ **입** : 인체 기생충의 대부분이 입을 통하여 감염되는데 인체 감염성이 있는 회충, 요충, 편충 등의 충란(자충 포장란)은 인체의 입을 통하여 감염된다.

㉡ **피부** : 십이지장충, 분선충의 유충이나 주혈흡충의 세르카리아(유미유충)등은 경피적으로 인체에 침입하거나, 말라리아, 사상충, 트리파노조마 등의 기생충은 모기나, 흡혈성 파리 등의 매개 곤충에 의하여 주입되어 성충으로 자란다.

㉢ **혈액** : 말라리아와 같은 기생충은 수혈을 통하여 감염될 수 있다.

㉣ 모체감염 : 말라리아나 톡소포자충 같은 기생충은 임신한 모체에 감염될 경우에는 태아에게 이행하여 감염되기도 한다.

㉤ 기타 : 그 밖의 호흡기나 비뇨생식기 그리고 결막 등을 통하여 인체에 감염될 수 있다.

(6) 진균(fungi)

진균은 진핵세포를 보유하고 있는 미생물의 일종으로 효모, 사상균 및 버섯 등이 포함되며 분열균류, 점균류와 함께 구성되어 있다. 진균은 뿌리, 줄기, 잎 등으로 분화되지 않는 간단한 영양구조를 하고 있는 원생생물로 엽록소가 결여되어 있으며 조류(algac), 지의류와 함께 엽상식물문(thallophyta)에 속한다. 대부분의 경우 사상으로 분지하는 균사체(mycelium)를 형성한다. 진균류의 성장온도는 25℃이지만 병원성 진균은 예외로 인체의 온도와 비슷한 37℃에서 잘 증식한다. 적정 pH는 5~6의 약산성으로 호기성이지만 산소의 유무와 관계없이 증식이 가능하다.

① 진균의 생식

진균의 생식은 크게 유성생식(sexual reproduction)과 무성생식(asexual reproduction)으로 구별된다. 유성생식은 감수분열, 즉 성이 다른 단상(n)의 핵을 가진 생식세포가 합체하여 복상(2n)의 핵을 가진 2배체를 생성하며 유성생식하는 진균을 완전진균이라고 한다. 무성생식은 핵의 분절없이 포자를 형성하거나 영양체를 생식하는 출아에 의한다. 병원성 진균의 대부분은 무성생식하며 진균(fungi imperfecti)에 속한다.

② 진균의 구분

진균은 체세포의 기본적 형태에 따라 균사형과 효모형의 두 종류로 구별한다. 영양분이 있는 음식이나 적절한 배지에서 배양하면 대부분의 진균은 긴 분지성 실모양의 사상(filaments)을 이루며 자라게 되는데 이들을 사상균(mold)이라 하며 각각의 filament를 균사(hyphac)라 부르고 이들의 집합체를 균사체라고 한다. 출아를 통해 낭세포를 형성하는 효모는 단세포이기 때문에 전체적인 구조는 균사체를 구성하는 균사에 비해 훨씬 단순하다.

(7) 리케치아(rickettsia)

리케치아(Rickettsia)라는 이름은 이 병원체를 연구하던 중에 이것에 감염되어 쓰러진 미국의 병리학자 H.T.리케츠(Howard Taylor Ricketts)의 이름에서 유래한 것이다. 리케치아는 그람음성구간균상으로 바이러스와 세균의 중간 크기이다. 일반 세균과 달리 살아있는 세포 내에서만 증식이 가능하고 인공배지에서는 증식하지 못한다는 점은 바이러스에 가깝다. 리케치아성 질병에는 발진티푸스, 발진열, 록키산홍반열, 양충병, Q열 등이 있다.

(6) 클라미디아(Chlamydia)

클라미디아는 숙주세포 내에서 절대 세포 내 기생세균으로 대사에너지 생성기전이 결핍되어 있고 ATP를 합성할 수 없다. 이 세균은 모양이 다양하며 크기가 작고 그람음성 염색상을 나타내는 리케치아와 매우 비슷하나 독특한 증식양상을 지닌다. 클라미디아속에 의한 감염증은 앵무새병(psittacosis), 서혜림프육아종증(lymphogranuloma venereum), 트라코마(trachoma), 비임균성 요도염이 있다. 클라미디아에 의한 감염증으로서 남성에서는 요도염이나 부고환염을, 여성은 자궁경관염을 일으켜 불임의 원인이 되며 성행위감염증이라고도 한다.

2) 병원성 미생물의 특성

병원미생물이란 생활환경에서 많은 미생물이 체내에 침입, 병적 반응을 일으키는 것이고 비병원 미생물이란 병원균이 침입하여도 반응이 없는 미생물을 말한다. 병원미생물은 미생물감염에 의해 여러 가지 전염성질환이 발생하기도 하고 건강한 사람에게도 감염될 수 있어 위험하다. 또한 유용 미생물에는 젖산균, 유산균, 효모균, 곰팡이균 등의 발효균이 있다.

4. 소독방법

1) 살균력 평가

(1) 자외선 소독

자외선 소독은 1cm^2 당 85μW 이상의 자외선을 20분 이상 조사 하는 방법이다.

(2) 건열멸균소독

건열멸균소독은 섭씨 100℃ 이상의 건조한 열에 20분 이상 쬐어주는 방법이다. 주로 실험기구나, 의료기구의 멸균에 쓰인다.

(3) 증기소독

증기소독은 섭씨 100℃ 이상의 습한 열에 20분 이상 쐬어주는 방법으로 고압증기멸균법은 가장 안전한 멸균법으로 알려져 있다.

(4) 열탕소독

열탕소독은 섭씨 100℃ 이상의 물속에 10분 이상 끓여주는 방법이다. 다른 말로 자비소독이라고도 한다. 식기류나 소형천 등의 소독에 사용한다.

(5) 석탄산수소독

석탄산수소독은 석탄산 3%, 물 97%의 수용액을 말한다. 이 용액에 10분 이상 담가두는 방식이다. 석탄산은 페놀을 의미한다. 일반적으로 1~5% 수용액으로 사용되며 5%의 석탄산수요액은 승홍수의 1000배의 살균력을 갖고 있다. 염산을 첨가하면 소독효과가 높아지며, 햇볕을 받으면 갈색으로 변하나 소독력에는 변화 없다.
손가락, 객담, 의료, 고무, 솔, 빗등 소독한다.

(6) 크레졸소독

크레졸수는 크레졸 3%, 물 97%의 수용액을 말한다. 이용액에 10분 이상 담가두는 방식이다. 의류, 주지, 브러쉬, 가죽, 환자의 배설물 등에 소독한다.

(7) 알코올(에탄올)소독

에탄올이 70%인 수용액을 말한다. 이용액에 10분 이상 담가두거나, 거즈나 분무기로 기구의 표면을 닦아 소독한다. 피부, 손, 가위, 브러쉬 등을 소독한다.

2) 소독장비

(1) 자비소독(Boiling)

- 100(212)로 물을 끓여서 소독하는 것이다.
- 소요시간 : 기계류 = 30분, 고무 제품류 = 20분

주의사항

① 모든 소독할 물품은 깨끗이 잘 씻는다.
② 비등점(100, 212)에 이른 후부터 시간을 잰다.
③ 소독할 물건이 충분히 물에 잠기도록 한다.
④ 날이 있는 기계는 무디게 되므로 조심하여야 한다.
⑤ 긴 관으로 된 제품은 내관에 공기가 차 있지 않도록 한다.
⑥ 모든 제품들은 서로 전면이 밀착되지 않도록 한다.

(2) 고압멸균법(Autoclaving)

- 밀폐된 소독기 내의 일정한 온도, 압력, 증기를 사용하여 멸균시키는 이상적인 방법이다.
- 소요시간 : 고압증기 멸균기의 종류에 따라 그 기계에 따른 지침서에 의하도록 한다.

주의사항

① 모든 포는 두 겹으로 하고 내용물을 허술하게 싸서 수증기가 충분히 닿을 수 있도록 한다.
② 꺼내기 전에 반드시 건조시킨다.
③ 멸균 후 7~14일 이내에 사용하지 않으면 다시 멸균한다.
④ 멸균 여부 표시 물질(indicator)을 사용하여 멸균 여부를 알 수 있게 하고, 멸균 날짜와 물품명을 표시한다.

(3) 건열법(Dry heat, Hot air)

- 소독기 내의 온도를 높혀줌으로서 멸균시키는 방법으로, 고압증기 멸균방법으로 할 수 없는 물품(예리한 칼날, 기계, 가루, 기름류, 유리제품)에 적당하다.

주의사항

① 물품은 깨끗이 씻는다.
② 모든 물품은 온도의 유통이 잘 되도록 뚜껑을 열거나 한다.
③ 물품을 싸는 보자기로 면제류는 부적당하며 흡수지(filter paper)를 사용하는 것이 이상적이다.

④ 가스멸균법 : 가스(carbon dioxide, formaldehyde, ethylen oxide)를 사용하여 멸균시키는 방법으로 전기제품, 고무제품, 내시경, 체온계 등을 멸균하는 데 이상적이다.

(4) 화학약품에 의한 소독(Disinfection by chemicals)

- 화학적 소독법은 화학약품을 이용하여 세균의 성장을 정지시키고 살균작용을 한다. 그러나 완전한 멸균은 기대할 수 없으므로 고압증기멸균이나 건열멸균이 불가능할 때만 사용한다. 소독용 화학약품으로는 zephiran chloride, ethylen alchole, hygiene, benzalkonium chloride 등이 있다.

주의사항

① 용액이 희석되는 것을 피한다.
② 증발성을 가진 약품은 특별 용기에 담아 둔다.
③ 녹을 방지하는 약을 넣는다(sodium nitrate).
④ 깨끗이 씻어서 물기를 없앤 후 넣는다.
⑤ 소독액에서 꺼낸 후에는 반드시 소독수에 헹구어서 사용한다.
⑥ 정확한 시간 동안 충분히 소독 액 속에 잠기도록 한다.

(5) 자외선살균기

미용실, 피부관리실에서 간단한 도구를 소독하기 위해 설치하여 사용한다.

3) 소독 시 고려요인 및 주의사항

(1) 효과적인 소독을 위한 조건

① 소독할 물건과 소독제 사이에 충분한 접촉면이 있도록 한다.
② 적절한 수분이 필요하다. 일반적으로 가열소독할 때는 건열보다 습열이 더 효과적이며, 무수 알코올보다는 70% 알코올 정도의 유수알코올이 살균력이 더 높다.
③ 소독제에 따라 정해진 농도와 시간을 지킨다. 온도가 일정한 경우 농도가 짙어 질수록 살균에 요하는 시간이 짧아진다.
④ 살균 작용은 온도에 영향을 받으므로 적절한 소독 온도를 유지한다.

㉠ 저온 살균법 : 63℃(또는 61～65℃)30분 동안

㉡ 고온 살균법 : 71℃에서 15초 동안

㉢ 초고온 살균법 : 120～150℃에서 2초간

⑤ 소독하고자 하는 목적에 맞는 소독제를 선정한다.

(2) 이상적인 소독제의 조건

① 살균, 소독효과가 뛰어나야 한다.
② 환경요인에 영향을 받지 않아야 한다.
③ 세척에 의해 쉽게 제거되어 잔류되지 않아야 한다.
④ 독성이 없어야 한다.
⑤ 악취가 없어야 한다.
⑥ 적당한 용해도를 가져야 한다.
⑦ 고농도 상태로도 안정되어 있어 희석해서 사용할 수 있어야 한다.
⑧ 인체에 무해해야 한다.
⑨ 광범위한 살균효과를 발휘해야 한다.
⑩ 피소독물의 미세한 간격으로 소독제가 침투되어야 하므로 표면 장력이 낮아야 한다.
⑪ 소독대상물을 손상하지 말아야 한다.
⑫ 값이 비싸지 말아야 한다.

5. 분야별 위생 · 소독

1) 실내 환경 위생 · 소독

(1) 이·미용실 실내 환경 위생

① 실내

실내에 약품이 냄새, 사람들의 호흡으로 인한 이산화탄소 배출 등으로 실내가 오염될 수 있기 때문에 외부의 깨끗한 공기를 유입하여 실내 환경이 정화 될 수 있도록 해야 한다. 조명이나 전구역시 먼지 등이 쌓이지 않도록 자주 청소해야 한다.

화장대, 시술도구 등을 자주 청소하여 항상 청결한 상태에서 고객을 맞이하고 사용하여야 한다. 시술 후 바닥에 떨어진 모발 등도 자주 청소하여 항상 청결에 유의해야 한다.

② **샴푸실**

염색, 퍼머제 등에 의해 샴푸대에 묻을 수 있고, 샴푸 시 물 등이 샴푸대 주위에 튈 수 있으니 자주 깨끗하게 청소한다.

③ **안내, 카운터 입구**

손님이 이·미용실을 방문할 시 처음 보이는 곳이 안내, 카운터이니 만큼 항상 청결한 상태여야 한다.

④ **대기실**

대기실은 고객이 시술을 기다리는 곳이므로 고객이 여기저기를 들러 볼 수도 있고 소파, 쿠션을 사용하여 잡지 등을 보는 곳이니 만큼 세탁을 자주하여 먼지 등이 없도록 해야 한다. 서적 등은 정리 정돈을 항시 한다.

⑤ **화장실, 세면대**

변기는 때가 끼지 않게 세제를 사용하여 닦으며 자주 소독 청소한다. 휴지는 항상 비취하고 쓰레기는 보이지 않도록 한다. 손을 씻기 위한 비누, 세정제 등을 비취한다.

2) 기구 및 도구 위생 · 소독

(1) 가위

금속제품을 소독할 때는 녹이 쓸거나 날이 손상되지 않도록 주의해야 한다.

자비소독의 경우 날이 상할 우려가 있으므로 알코올 소독을 하거나, 자외선소독기 등으로 소독한다. 고압증기 멸균기로 소독할 시에는 소독포에 감싸서 소독한다.

(2) 레이저

날은 자주 청소, 소독하여 사용한다. 일회용일 때는 손님에게 사용한 것을 다른 손님에게 사용하지 않도록 한다.

염소 계동의 소독제 경우 날의 부식을 야기 할 수 있으니 주의해야 하며, 자비소독의 경우도 날이 손상될 수 있으니 주의해야 한다.

(3) 클리퍼

클리퍼 사용 후에는 날과 몸체를 분리하여 날을 청소하고 소독을 해야 한다. 소독은 알코올로 닦으면 되고, 날의 보존을 위해 기름칠을 한다.

(4) 빗

빗은 여러 고객에 사용하는 만큼 혹 고객으로부터 나쁜 균이 전염될 수 있으니 미온수에 세제를 풀어 자주 세척하고, 소독은 크레졸수, 석탄산수, 역성비누, 알코올로 소독해도 되며, 자외선소독기로 소독해도 된다. 증기소독이나, 자비소독을 하지 않는다.

(5) 기타 미용도구

기타 미용도구는 염모제, 펌제 등이 묻어 있지 않도록 자주 청소하며, 전기 기구는 물 등이 닿지 않도록 주의해야 한다. 또한 모발이 묻어 있지 않게 자주 청소한다.

(6) 타월

타월은 손님이 사용 한 후에는 스팀타월과, 건조 타월로 나누어 소독을 한다. 이물질이 묻어 있지 않도록 하고 세탁이나 소독을 해야 한다.

색깔이 있는 경우 표백이 될 수 있으므로 주의하며 정리 정돈을 잘 해 놓는다.

증기소독이나 자비소독을 한 후 햇빛에 잘 말린다.

3) 이용업 종사자 및 고객의 위생관리

① 항상 복장을 청결히 해야 한다.

항시 고객을 맞이하여야 하는 직업으로 복장의 위생에 신경을 써야 한다.

② 이용사는 본인의 건강에 유의해야 한다.

이용사 본인이 피부질환, 전염병에 걸린 상태에서는 시술을 금해야 한다.

③ 과도한 장신구나, 악세사리는 시술에 방해가 될 수 있고, 고객의 기호에 맞지 않을 수 있으므로 주의해야 한다.

④ 항상 몸의 청결에 힘써야 한다.

항상 몸의 청결로 혹 몸에서 냄새가 나지 않도록 하며, 손톱 등의 청결에 힘쓴다. 본인의 손 소독에 힘쓴다. 손님과 대화 시 입냄새 등에도 주의한다.

⑤ 화학약품에 의한 피부 손상 예방한다.

염모제, 퍼머제는 화학약품으로 장시간 피부에 노출시키며 피부가 손상될 수 있으니 제품을 사용 할 시 될 수 있으면 장갑을 착용하고 시술하고, 장갑 착용을 못했을 시에는 시술 후 곧바로 손을 세척하고 보호크림을 바른다.

PART 5

공중위생법규

30_공중위생법규

1. 목적 및 정의

1) 공중위생관리법의 목적

제1조 (목적) 이 법은 공중이 이용하는 영업과 시설의 위생관리 등에 관한 사항을 규정함으로써 위생수준을 향상시켜 국민의 건강증진에 기여함을 목적으로 한다.

2) 공중위생관리법의 정의

제2조 (정의)

① 이 법에서 사용하는 용어의 정의는 다음과 같다.<개정 2005.3.31>

1. "공중위생영업"이라 함은 다수인을 대상으로 위생관리서비스를 제공하는 영업으로서 숙박업 · 목욕장업 · 이용업 · 미용업 · 세탁업 · 위생관리용역업을 말한다.
2. "숙박업"이라 함은 손님이 잠을 자고 머물 수 있도록 시설 및 설비 등의 서비스를 제공하는 영업을 말한다. 다만, 농어촌에 소재하는 민박 등 대통령령이 정하는 경우를 제외한다.
3. "목욕장업"이라 함은 다음 각목의 어느 하나에 해당하는 서비스를 손님에게 제공하는 영업을 말한다. 다만, 숙박업 영업소에 부설된 욕실 등 대통령령이 정하는 경우를 제외한다.
   가. 물로 목욕을 할 수 있는 시설 및 설비 등의 서비스
   나. 맥반석 · 황토 · 옥 등을 직접 또는 간접 가열하여 발생되는 열기 또는 원적외선 등을 이용하여 땀을 낼 수 있는 시설 및 설비 등의 서비스

4. “이용업”이라 함은 손님의 머리카락 또는 수염을 깎거나 다듬는 등의 방법으로 손님의 용모를 단정하게 하는 영업을 말한다.
5. “미용업”이라 함은 손님의 얼굴·머리·피부 등을 손질하여 손님의 외모를 아름답게 꾸미는 영업을 말한다.
6. “세탁업”이라 함은 의류 기타 섬유제품이나 피혁제품 등을 세탁하는 영업을 말한다.
7. “위생관리용역업”이라 함은 공중이 이용하는 건축물·시설물 등의 청결유지와 실내공기정화를 위한 청소 등을 대행하는 영업을 말한다.
8. “공중이용시설”이라 함은 다수인이 이용함으로써 이용자의 건강 및 공중위생에 영향을 미칠 수 있는 건축물 또는 시설로서 대통령령이 정하는 것을 말한다.

② 제1항제2호 내지 제7호의 영업은 대통령령이 정하는 바에 의하여 이를 세분할 수 있다. <개정 2005.3.31>

제3조(공중위생영업의 신고 및 폐업신고) ① 공중위생영업을 하고자 하는 자는 공중위생영업의 종류별로 보건복지부령이 정하는 시설 및 설비를 갖추고 시장·군수·구청장(자치구의 구청장에 한한다. 이하 같다)에게 신고하여야 한다. 보건복지부령이 정하는 중요사항을 변경하고자 하는 때에도 또한 같다. <개정 2008.2.29, 2010.1.18>

② 제1항의 규정에 의하여 공중위생영업의 신고를 한 자(이하 “공중위생영업자”라 한다)는 공중위생영업을 폐업한 날부터 20일 이내에 시장·군수·구청장에게 신고하여야 한다. <신설 2005.3.31>

③ 제1항 및 제2항의 규정에 의한 신고의 방법 및 절차 등에 관하여 필요한 사항은 보건복지부령으로 정한다. <개정 2005.3.31, 2008.2.29, 2010.1.18>
[전문개정 2002.8.26] [제목개정 2005.3.31]

2. 영업의 신고 및 폐업

1) 영업의 신고 및 폐업신고

제3조(공중위생영업의 신고 및 폐업신고)

① 공중위생영업을 하고자 하는 자는 공중위생영업의 종류별로 보건복지부령이 정하는 시설 및 설비를 갖추고 시장·군수·구청장(자치구의 구청장에 한한다. 이하 같다)에게 신고하여야 한다. 보건복지부령이 정하는 중요사항을 변경하고자 하는 때에도 또한 같다. <개정 2008.2.29, 2010.1.18>

② 제1항의 규정에 의하여 공중위생영업의 신고를 한 자(이하 “공중위생영업자”라 한다)는 공중위생영업을 폐업한 날부터 20일 이내에 시장 · 군수 · 구청장에게 신고하여야 한다. <신설 2005.3.31>

③ 제1항 및 제2항의 규정에 의한 신고의 방법 및 절차 등에 관하여 필요한 사항은 보건복지부령으로 정한다. <개정 2005.3.31, 2008.2.29, 2010.1.18>

2) 영업의 승계

제3조의2(공중위생영업의 승계)

① 공중위생영업자가 그 공중위생영업을 양도하거나 사망한 때 또는 법인의 합병이 있는 때에는 그 양수인 · 상속인 또는 합병 후 존속하는 법인이나 합병에 의하여 설립되는 법인은 그 공중위생영업자의 지위를 승계한다. <개정 2005.3.31>

② 민사집행법에 의한 경매, 「채무자 회생 및 파산에 관한 법률」에 의한 환가나 국세징수법 · 관세법 또는 「지방세기본법」에 의한 압류재산의 매각 그 밖에 이에 준하는 절차에 따라 공중위생영업 관련시설 및 설비의 전부를 인수한 자는 이 법에 의한 그 공중위생영업자의 지위를 승계한다. <개정 2005.3.31, 2010.3.31>

③ 제1항 또는 제2항의 규정에 불구하고 이용업 또는 미용업의 경우에는 제6조의 규정에 의한 면허를 소지한 자에 한하여 공중위생영업자의 지위를 승계할 수 있다.

④ 제1항 또는 제2항의 규정에 의하여 공중위생영업자의 지위를 승계한 자는 1월 이내에 보건복지부령이 정하는 바에 따라 시장 · 군수 또는 구청장에게 신고하여야 한다. <개정 2008.2.29, 2010.1.18>

3. 영업자의 준수사항

1) 위생관리

제4조(공중위생영업자의 위생관리의무 등)

① 공중위생영업자는 그 이용자에게 건강상 위해요인이 발생하지 아니하도록 영업관련 시설 및 설비를 위생적이고 안전하게 관리하여야 한다.

② 목욕장업을 하는 자는 다음 각 호의 사항을 지켜야 한다. 이 경우 세부기준은 보건복지부령으로 정한다. <개정 2005.3.31, 2008.2.29, 2010.1.18>

1. 제2조제1항제3호 가목의 서비스를 제공하는 경우 : 목욕장의 수질기준 및 수질검사방법 등 수질 관리에 관한 사항
2. 제2조제1항제3호 나목의 서비스를 제공하는 경우 : 위생기준 등에 관한 사항

③ 이용업을 하는 자는 다음 각호의 사항을 지켜야 한다. <개정 2008.2.29, 2008.3.28, 2010.1.18>

1. 이용기구는 소독을 한 기구와 소독을 하지 아니한 기구로 분리하여 보관하고, 면도기는 1회용 면도날만을 손님 1인에 한하여 사용할 것. 이 경우 이용기구의 소독기준 및 방법은 보건복지부령으로 정한다.
2. 이용사면허증을 영업소안에 게시할 것
3. 이용업소표시등을 영업소 외부에 설치할 것

④ 미용업을 하는 자는 다음 각호의 사항을 지켜야 한다. <개정 2008.2.29, 2010.1.18>

1. 의료기구와 의약품을 사용하지 아니하는 순수한 화장 또는 피부미용을 할 것
2. 미용기구는 소독을 한 기구와 소독을 하지 아니한 기구로 분리하여 보관하고, 면도기는 1회용 면도날만을 손님 1인에 한하여 사용할 것. 이 경우 미용기구의 소독기준 및 방법은 보건복지부령으로 정한다.
3. 미용사면허증을 영업소 안에 게시할 것

⑤ 세탁업을 하는 자는 세제를 사용함에 있어서 국민건강에 유해한 물질이 발생되지 아니하도록 기계 및 설비를 안전하게 관리하여야 한다. 이 경우 유해한 물질이 발생되는 세제의 종류와 기계 및 설비의 안전관리에 관하여 필요한 사항은 보건복지부령으로 정한다. <개정 2008.2.29, 2010.1.18>

⑥ 위생관리용역업을 하는 자는 사용 장비 또는 약제의 취급 시 인체의 건강에 해를 끼치지 아니하도록 위생적이고 안전하게 관리하여야 한다.

⑦ 제1항 내지 제6항의 규정에 의하여 공중위생영업자가 준수하여야 할 위생관리기준 기타 위생관리서비스의 제공에 관하여 필요한 사항으로서 그 각항에 규정된 사항외의 사항 및 감염병환자 기타 함께 출입시켜서는 아니되는 자의 범위와 목욕장내에 둘 수 있는 종사자의 범위 등 건전한 영업질서유지를 위하여 영업자가 준수하여야 할 사항은 보건복지부령으로 정한다. <개정 2005.3.31, 2008.2.29, 2009.12.29, 2010.1.18>

제5조(공중이용시설의 위생관리) 공중이용시설의 소유자·점유자 또는 관리자(이하 "소유자등"이라 한다)는 시설이용자의 건강에 해가 없도록 다음 각호의 사항을 지켜야 한다. 다만, 위생관리에 관하여 다른 법령의 규정이 있는 경우에는 그러하지 아니하다. <개정 2008.2.29, 2010.1.18>

1. 실내공기는 보건복지부령이 정하는 위생관리기준에 적합하도록 유지할 것
2. 영업소·화장실 기타 공중이용시설안에서 시설이용자의 건강을 해할 우려가 있는 오염물질이 발생되지 아니하도록 할 것. 이 경우 오염물질의 종류와 오염허용기준은 보건복지부령으로 정한다.

4. 이 · 미용사의 면허

1) 면허발급 및 취소

(1) 면허 발급

제6조(이용사 및 미용사의 면허 등)

① 이용사 또는 미용사가 되고자 하는 자는 다음 각호의 1에 해당하는 자로서 보건복지부령이 정하는 바에 의하여 시장 · 군수 · 구청장의 면허를 받아야 한다. <개정 2001.1.29, 2002.1.19, 2005.3.31, 2007.12.14, 2008.2.29, 2010.1.18>

1. 전문대학 또는 이와 동등 이상의 학력이 있다고 교육과학기술부장관이 인정하는 학교에서 이용 또는 미용에 관한 학과를 졸업한 자

1의2. 「학점인정 등에 관한 법률」 제8조에 따라 대학 또는 전문대학을 졸업한 자와 동등 이상의 학력이 있는 것으로 인정되어 같은 법 제9조에 따라 이용 또는 미용에 관한 학위를 취득한 자

2. 고등학교 또는 이와 동등의 학력이 있다고 교육과학기술부장관이 인정하는 학교에서 이용 또는 미용에 관한 학과를 졸업한 자

3. 교육과학기술부장관이 인정하는 고등기술학교에서 1년 이상 이용 또는 미용에 관한 소정의 과정을 이수한 자

4. 국가기술자격법에 의한 이용사 또는 미용사의 자격을 취득한 자

② 다음 각호의 1에 해당하는 자는 이용사 또는 미용사의 면허를 받을 수 없다. <개정 2007.12.14, 2008.2.29, 2009.12.29, 2010.1.18>

1. 금치산자

2. 「정신보건법」 제3조제1호에 따른 정신질환자. 다만, 전문의가 이용사 또는 미용사로서 적합하다고 인정하는 사람은 그러하지 아니하다.

3. 공중의 위생에 영향을 미칠 수 있는 감염병환자로서 보건복지부령이 정하는 자

4. 마약 기타 대통령령으로 정하는 약물 중독자

5. 제7조제1항제1호 또는 제3호의 사유로 면허가 취소된 후 1년이 경과되지 아니한 자

(2) 면허취소

제7조 (이용사 및 미용사의 면허취소등)

① 시장 · 군수 · 구청장은 이용사 또는 미용사가 다음 각호의 1에 해당하는 때에는 그 면허를 취소하거나 6월 이내의 기간을 정하여 그 면허의 정지를 명할 수 있다. 다만, 제2호에 해당하는 경우에는 그 면허를 취소하여야 한다. <개정 2005.3.31>

1. 이 법 또는 이 법의 규정에 의한 명령에 위반한 때
2. 제6조제2항제1호 내지 제4호에 해당하게 된 때
3. 면허증을 다른 사람에게 대여한 때

② 제1항의 규정에 의한 면허취소 · 정지처분의 세부적인 기준은 그 처분의 사유와 위반의 정도 등을 감안하여 보건복지부령으로 정한다. <개정 2008.2.29, 2010.1.18>

2) 면허수수료

제19조의2(수수료) 제6조의 규정에 의하여 이용사 또는 미용사 면허를 받고자 하는 자는 대통령령이 정하는 바에 따라 수수료를 납부하여야 한다.

5. 이 · 미용사의 업무

1) 이 · 미용사의 업무

제8조(이용사 및 미용사의 업무범위 등)

① 제6조제1항의 규정에 의한 이용사 또는 미용사의 면허를 받은 자가 아니면 이용업 또는 미용업을 개설하거나 그 업무에 종사할 수 없다. 다만, 이용사 또는 미용사의 감독을 받아 이용 또는 미용 업무의 보조를 행하는 경우에는 그러하지 아니하다.

② 이용 및 미용의 업무는 영업소외의 장소에서 행할 수 없다. 다만, 보건복지부령이 정하는 특별한 사유가 있는 경우에는 그러하지 아니하다. <개정 2008.2.29, 2010.1.18>

③ 제1항의 규정에 의한 이용사 및 미용사의 업무범위에 관하여 필요한 사항은 보건복지부령으로 정한다. <개정 2008.2.29, 2010.1.18>

6. 행정지도 감독

1) 영업소 출입검사

제9조(보고 및 출입 · 검사)

① 특별시장 · 광역시장 · 도지사(이하 "시 · 도지사"라 한다) 또는 시장 · 군수 · 구청장은 공중위생관리상 필요하다고 인정하는 때에는 공중위생영업자 및 공중이용시설의 소유자등에 대하여 필요한 보고를 하게 하거나 소속공무원으로 하여금 영업소 · 사무소 · 공중이용시설 등에 출입하여 공중위생영업자의 위생관리의무이행 및 공중이용시설의 위생관리실태 등에 대하여 검사하게 하거나 필요에 따라 공중위생영업장부나 서류를 열람하게 할 수 있다. <개정 2002.8.26, 2005.3.31>

② 제1항의 경우에 관계공무원은 그 권한을 표시하는 증표를 지녀야 하며, 관계인에게 이를 내보여야 한다.

③ 제1항의 규정을 적용함에 있어서 관광진흥법 제4조제2항의 규정에 의하여 등록한 관광숙박업(이하 "관광숙박업"이라 한다)의 경우에는 당해 관광숙박업의 관할행정기관의 장과 사전에 협의하여야 한다. 다만, 보건위생관리상 위해요인을 방지하기 위하여 긴급한 사유가 있는 경우에는 그러하지 아니하다.[본조신설 2004.1.29]

2) 영업제한

제9조의2(영업의 제한) 시 · 도지사는 공익상 또는 선량한 풍속을 유지하기 위하여 필요하다고 인정하는 때에는 공중위생영업자 및 종사원에 대하여 영업시간 및 영업행위에 관한 필요한 제한을 할 수 있다.[본조신설 2004.1.29]

3) 영업소 폐쇄

제11조(공중위생영업소의 폐쇄 등)

① 시장 · 군수 · 구청장은 공중위생영업자가 이 법 또는 이 법에 의한 명령에 위반하거나 또는 「성매매알선 등 행위의 처벌에 관한 법률」 · 「풍속영업의 규제에 관한 법률」 · 「청소년 보호법」 · 「의료법」에 위반하여 관계행정기관의 장의 요청이 있는 때에는 6월 이내의 기간을 정하여 영업의 정지 또는 일부 시설의 사용중지를 명하거나 영업소폐

쇄 등을 명할 수 있다. 다만, 관광숙박업의 경우에는 당해 관광숙박업의 관할행정기관의 장과 미리 협의하여야 한다. <개정 2002.8.26, 2007.5.25, 2011.9.15>

② 제1항의 규정에 의한 영업의 정지, 일부 시설의 사용중지와 영업소폐쇄명령 등의 세부적인 기준은 보건복지부령으로 정한다. <개정 2008.2.29, 2010.1.18>

③ 시장・군수・구청장은 공중위생영업자가 제1항의 규정에 의한 영업소폐쇄명령을 받고도 계속하여 영업을 하는 때에는 관계공무원으로 하여금 당해 영업소를 폐쇄하기 위하여 다음 각호의 조치를 하게 할 수 있다.

1. 당해 영업소의 간판 기타 영업표지물의 제거
2. 당해 영업소가 위법한 영업소임을 알리는 게시물 등의 부착
3. 영업을 위하여 필수불가결한 기구 또는 시설물을 사용할 수 없게 하는 봉인

④ 시장・군수・구청장은 제3항제3호의 규정에 의한 봉인을 한 후 봉인을 계속할 필요가 없다고 인정되는 때와 영업자등이나 그 대리인이 당해 영업소를 폐쇄할 것을 약속하는 때 및 정당한 사유를 들어 봉인의 해제를 요청하는 때에는 그 봉인을 해제할 수 있다. 제3항제2호의 규정에 의한 게시물 등의 제거를 요청하는 경우에도 또한 같다.

4) 공중위생감시원

제15조 (공중위생감시원)

① 제3조 내지 제5조 또는 제8조 내지 제11조의 규정에 의한 관계공무원의 업무를 행하게 하기 위하여 특별시・광역시・도 및 시・군・구(자치구에 한한다)에 공중위생감시원을 둔다. <개정 2005.3.31>

② 제1항의 규정에 의한 공중위생감시원의 자격・임명・업무범위 기타 필요한 사항은 대통령령으로 정한다.

제15조의2 (명예공중위생감시원) ① 시・도지사는 공중위생의 관리를 위한 지도・계몽 등을 행하게 하기 위하여 명예공중위생감시원을 둘 수 있다. <개정 2005.3.31>

② 제1항의 규정에 의한 명예공중위생감시원의 자격 및 위촉방법, 업무범위 등에 관하여 필요한 사항은 대통령령으로 정한다.

7. 업소 위생등급

1) 위생평가

제13조 (위생서비스수준의 평가)

① 시 · 도지사는 공중위생영업소(관광숙박업의 경우를 제외한다. 이하 이 조에서 같다)의 위생관리수준을 향상시키기 위하여 위생서비스평가계획(이하 "평가계획"이라 한다)을 수립하여 시장 · 군수 · 구청장에게 통보하여야 한다. <개정 2005.3.31>

② 시장 · 군수 · 구청장은 평가계획에 따라 관할지역별 세부평가계획을 수립한 후 공중위생영업소의 위생서비스수준을 평가(이하 "위생서비스평가"라 한다)하여야 한다. <개정 2005.3.31>

③ 시장 · 군수 · 구청장은 위생서비스평가의 전문성을 높이기 위하여 필요하다고 인정하는 경우에는 관련 전문기관 및 단체로 하여금 위생서비스평가를 실시하게 할 수 있다. <개정 2005.3.31>

④ 제1항 내지 제3항의 규정에 의한 위생서비스평가의 주기 · 방법, 위생관리등급의 기준 기타 평가에 관하여 필요한 사항은 보건복지부령으로 정한다. <개정 2008.2.29, 2010.1.18>

- 평가주기는 2년마다 실시한다.

2) 위생등급

제14조(위생관리등급 공표 등)

① 시장 · 군수 · 구청장은 보건복지부령이 정하는 바에 의하여 위생서비스평가의 결과에 따른 위생관리등급을 해당공중위생영업자에게 통보하고 이를 공표하여야 한다. <개정 2005.3.31, 2008.2.29, 2010.1.18>

② 공중위생영업자는 제1항의 규정에 의하여 시장 · 군수 · 구청장으로부터 통보받은 위생관리등급의 표지를 영업소의 명칭과 함께 영업소의 출입구에 부착할 수 있다. <개정 2005.3.31>

③ 시 · 도지사 또는 시장 · 군수 · 구청장은 위생서비스평가의 결과 위생서비스의 수준이 우수하다고 인정되는 영업소에 대하여 포상을 실시할 수 있다. <개정 2005.3.31>

④ 시 · 도지사 또는 시장 · 군수 · 구청장은 위생서비스평가의 결과에 따른 위생관리등급별로 영업소에 대한 위생감시를 실시하여야 한다. 이 경우 영업소에 대한 출입 · 검사

와 위생감시의 실시주기 및 횟수 등 위생관리등급별 위생감시기준은 보건복지부령으로 정한다. <개정 2005.3.31, 2008.2.29, 2010.1.18>

* 관리등급
- 최우수업소 : 녹색등급
- 우수업소 : 황색등급
- 일반관리대상 업소 : 백색등급

8. 보수교육

1) 영업자 위생교육

제17조(위생교육)

① 공중위생영업자는 매년 위생교육을 받아야 한다. <개정 2002.8.26, 2004.1.29>

② 제3조제1항 전단의 규정에 의하여 신고를 하고자 하는 자는 미리 위생교육을 받아야 한다. 다만, 부득이한 사유로 미리 교육을 받을 수 없는 경우에는 영업개시 후 보건복지부령이 정하는 기간 안에 위생교육을 받을 수 있다. <개정 2002.8.26, 2008.2.29, 2010.1.18>

③ 제1항 및 제2항의 규정에 따른 위생교육을 받아야 하는 자 중 영업에 직접 종사하지 아니하거나 2 이상의 장소에서 영업을 하는 자는 종업원 중 영업장별로 공중위생에 관한 책임자를 지정하고 그 책임자로 하여금 위생교육을 받게 하여야 한다. <신설 2006.9.27, 2008.3.28>

④ 제1항부터 제3항까지의 규정에 따른 위생교육은 보건복지부장관이 허가한 단체 또는 제16조에 따른 단체가 실시할 수 있다. <개정 2008.3.28, 2010.1.18>

⑤ 제1항부터 제4항까지의 규정에 따른 위생교육의 방법·절차 등에 관하여 필요한 사항은 보건복지부령으로 정한다. <신설 2008.3.28, 2010.1.18>

제18조 (위임 및 위탁) ① 보건복지부장관은 이 법에 의한 권한의 일부를 대통령령이 정하는 바에 의하여 시·도지사 또는 시장·군수·구청장에게 위임할 수 있다. <개정 2008.2.29, 2010.1.18>

② 보건복지부장관은 대통령령이 정하는 바에 의하여 관계전문기관 등에 그 업무의 일부를 위탁할 수 있다. <신설 2000.1.12, 2008.2.29, 2010.1.18>

2) 위생교육기관

9. 벌칙

1) 위반자에 대한 벌칙, 과징금

제20조(벌칙)

① 다음 각호의 1에 해당하는 자는 1년 이하의 징역 또는 1천만원 이하의 벌금에 처한다. <개정 2002.8.26>

1. 제3조제1항 전단의 규정에 의한 신고를 하지 아니한 자
2. 제11조제1항의 규정에 의한 영업정지명령 또는 일부 시설의 사용중지명령을 받고도 그 기간중에 영업을 하거나 그 시설을 사용한 자 또는 영업소 폐쇄명령을 받고도 계속하여 영업을 한 자

② 다음 각호의 1에 해당하는 자는 6월 이하의 징역 또는 500만원 이하의 벌금에 처한다. <개정 2002.8.26>

1. 제3조제1항 후단의 규정에 의한 변경신고를 하지 아니한 자
2. 제3조의2제1항의 규정에 의하여 공중위생영업자의 지위를 승계한 자로서 동조제4항의 규정에 의한 신고를 하지 아니한 자
3. 제4조제7항의 규정에 위반하여 건전한 영업질서를 위하여 공중위생영업자가 준수하여야 할 사항을 준수하지 아니한 자

③ 다음 각호의 1에 해당하는 자는 300만원 이하의 벌금에 처한다.

1. 제5조의 규정에 위반하여 위생관리기준 또는 오염허용기준을 지키지 아니한 자로서 제10조의 규정에 의한 개선명령에 따르지 아니한 자
2. 제7조제1항의 규정에 의하여 면허가 취소된 후 계속하여 업무를 행한 자 또는 동조동항의 규정에 의한 면허정지기간 중에 업무를 행한 자, 제8조제1항의 규정에 위반하여 이용 또는 미용의 업무를 행한 자

제11조의2(과징금처분) ① 시장·군수·구청장은 제11조제1항의 규정에 의한 영업정지가 이용자에게 심한 불편을 주거나 그 밖에 공익을 해할 우려가 있는 경우에는 영업정지처분에 갈음하여 3천만원 이하의 과징금을 부과할 수 있다. 다만, 풍속영업의규제에관한법률 제3조 각호의 1 또는 이에 상응하는 위반행위로 인하여 처분을 받게 되는 경우를 제외한다.

② 제1항의 규정에 의한 과징금을 부과하는 위반행위의 종별·정도 등에 따른 과징금의 금액 등에 관하여 필요한 사항은 대통령령으로 정한다.

③ 시장 · 군수 · 구청장은 제1항의 규정에 의한 과징금을 납부하여야 할 자가 납부기한까지 이를 납부하지 아니한 경우에는 지방세체납처분의 예에 의하여 이를 징수한다.

④ 제1항 및 제3항의 규정에 의하여 시장 · 군수 · 구청장이 부과 · 징수한 과징금은 당해 시 · 군 · 구에 귀속된다.[본조신설 2002.8.26]

2) 과태료, 양벌규정

(1) 과태료

제22조(과태료) ① 다음 각호의 1에 해당하는 자는 300만원 이하의 과태료에 처한다. <개정 2002.8.26, 2005.3.31, 2008.3.28>

1. 제3조제2항의 규정을 위반하여 폐업신고를 하지 아니한 자

1의2. 제4조제2항의 규정을 위반하여 목욕장의 수질기준 또는 위생기준을 준수하지 아니한 자로서 제10조의 규정에 의한 개선명령에 따르지 아니한 자

2. 제4조제7항의 규정에 위반하여 숙박업소의 시설 및 설비를 위생적이고 안전하게 관리하지 아니한 자
3. 제4조제7항의 규정에 위반하여 목욕장업소의 시설 및 설비를 위생적이고 안전하게 관리하지 아니한 자
4. 제9조의 규정에 의한 보고를 하지 아니하거나 관계공무원의 출입 · 검사 기타 조치를 거부 · 방해 또는 기피한 자
5. 제10조의 규정에 의한 개선명령에 위반한 자
6. 제11조의5를 위반하여 이용업소표시 등을 설치한 자

② 다음 각호의 1에 해당하는 자는 200만원이하의 과태료에 처한다. <개정 2002.8.26>

1. 제4조제3항 각호 및 제7항의 규정에 위반하여 이용업소의 위생관리 의무를 지키지 아니한 자
2. 제4조제4항 각호 및 제7항의 규정에 위반하여 미용업소의 위생관리 의무를 지키지 아니한 자
3. 제4조제5항 및 제7항의 규정에 위반하여 세탁업소의 위생관리 의무를 지키지 아니한 자
4. 제4조제6항 및 제7항의 규정에 위반하여 위생관리용역업소의 위생관리 의무를 지키지 아니한 자
5. 제8조제2항의 규정에 위반하여 영업소외의 장소에서 이용 또는 미용업무를 행한 자

6. 제17조제1항의 규정에 위반하여 위생교육을 받지 아니한 자

제23조(과태료의 부과 · 징수절차)

① 제22조의 규정에 의한 과태료는 대통령령이 정하는 바에 의하여 시장 · 군수 · 구청장(이하 "처분권자"라 한다)이 부과 · 징수한다.

② 제1항의 규정에 의한 과태료처분에 불복이 있는 자는 그 처분의 고지를 받은 날부터 30일 이내에 처분권자에게 이의를 제기할 수 있다.

③ 제1항의 규정에 의한 과태료처분을 받은 자가 제2항의 규정에 의하여 이의를 제기한 때에는 처분권자는 지체없이 관할법원에 그 사실을 통보하여야 하며, 그 통보를 받은 관할법원은 비송사건절차법에 의한 과태료의 재판을 한다.

④ 제2항의 규정에 의한 기간내에 이의를 제기하지 아니하고 과태료를 납부하지 아니한 때에는 지방세체납처분의 예에 의하여 이를 징수한다.

(2) 양벌규정

제21조(양벌규정) 법인의 대표자나 법인 또는 개인의 대리인, 사용인, 그 밖의 종업원이 그 법인 또는 개인의 업무에 관하여 제20조의 위반행위를 하면 그 행위자를 벌하는 외에 그 법인 또는 개인에게도 해당 조문의 벌금형을 과(科)한다. 다만, 법인 또는 개인이 그 위반행위를 방지하기 위하여 해당 업무에 관하여 상당한 주의와 감독을 게을리하지 아니한 경우에는 그러하지 아니하다.[전문개정 2011.3.30]

3) 행정처분

제11조의3(행정제재처분효과의 승계) ① 공중위생영업자가 그 영업을 양도하거나 사망한 때 또는 법인의 합병이 있는 때에는 종전의 영업자에 대하여 제11조제1항의 위반을 사유로 행한 행정제재처분의 효과는 그 처분기간이 만료된 날부터 1년간 양수인 · 상속인 또는 합병 후 존속하는 법인에 승계된다.

② 공중위생영업자가 그 영업을 양도하거나 사망한 때 또는 법인의 합병이 있는 때에는 제11조제1항의 위반을 사유로 하여 종전의 영업자에 대하여 진행중인 행정제재처분 절차를 양수인 · 상속인 또는 합병 후 존속하는 법인에 대하여 속행할 수 있다. [본조 신설 2002.8.26]

10. 기타 법규사항

1) 기타 법규사항

부칙 <법률 제5839호, 1999.2.8>

제1조 (시행일) 이 법은 공포후 6월이 경과한 날부터 시행한다.
제2조 (다른 법률의 폐지) 공중위생법은 이를 폐지한다.
제3조 (유기장업·위생처리업 및 위생용품제조업에 관한 경과조치) 이 법 시행이후의 유기장업·위생처리업 및 위생용품제조업에 관하여는 관련 법률의 제정 또는 개정시까지 종전의 공중위생법을 적용한다.
제4조 (이용사·미용사 면허에 관한 경과조치) 이 법 시행당시 종전의 공중위생법에 의한 이용사·미용사 면허는 이 법에 의한 면허로 본다.
제5조 (영업자단체에 관한 경과조치) 이 법 시행당시 종전의 공중위생법에 의하여 설립된 영업자단체는 이 법에 의하여 설립된 공중위생영업자단체로 본다.
제6조 (종전의 행위 등에 대한 경과조치)
① 이 법 시행전의 공중위생법 위반행위에 대한 처분에 관하여는 종전의 공중위생법에 의한다.
② 이 법 시행당시 종전의 공중위생법에 의하여 행정기관이 행한 처분은 이 법에 의하여 행한 처분으로 본다.
③ 이 법 시행당시 종전의 공중위생법에 의하여 행한 청문은 이 법에 의하여 행한 청문으로 본다.
제7조(벌칙 등에 관한 경과조치) 이 법 시행전의 공중위생법 위반행위에 대한 벌칙 또는 과태료의 적용에 있어서는 종전의 공중위생법에 의한다.
제8조(다른 법률과의 관계) 이 법 시행당시 다른 법령에서 종전의 공중위생법을 인용하고 있는 경우 이 법중 그에 해당하는 규정이 있는 때에는 종전의 규정에 갈음하여 이 법 또는 이 법의 해당규정을 인용한 것으로 본다.

부칙 <법률 제6155호, 2000.1.12>

이 법은 공포후 6월이 경과한 날부터 시행한다.

부칙 <법률 제6400호, 2001.1.29> (정부조직법)

제1조 (시행일) 이 법은 공포한 날부터 시행한다. <단서 생략>
제2조 생략
제3조 (다른 법률의 개정) ① 내지 <63>생략
<64> 공중위생관리법 중 다음과 같이 개정한다.
제6조제1항제1호 및 제2호중 "교육부장관"을 각각 "교육인적자원부장관"으로 한다.
<65> 내지 <79>생략
제4조 생략

부칙 <법률 제6616호, 2002.1.19>

이 법은 공포한 날부터 시행한다.

부칙 <법률 제6726호, 2002.8.26>

① (시행일) 이 법은 공포후 6월이 경과한 날부터 시행한다.
② (행정제재처분의 승계에 관한 적용례) 제11조의3의 개정규정은 이 법 시행 후 최초로 위반행위가 행하여진 분부터 적용한다.
③ (공중위생영업의 신고에 관한 경과조치) 이 법 시행 당시 종전의 규정에 의하여 시장·군수·구청장에게 공중위생영업소의 개설 통보를 한 자는 제3조제1항 전단의 개정규정에 의하여 시장·군수·구청장에게 신고한 것으로 본다. 다만, 이 법 시행후 1년 이내에 제3조제1항 전단의 개정규정에 의한 시설 및 설비를 갖추어야 한다.
④ (개선명령에 관한 경과조치) 이 법 시행 당시 종전의 제10조의 규정에 따라 종전의 제3조제1항에 관한 개선명령을 받은 자는 그 개선명령 기간에 불구하고 이 법 시행 후 1년 이내에 개선명령에 따른 시설 및 설비(개선명령 받은 사항이 제3조제1항 전단의 개정규정에 의한 시설기준에 미달하는 때에는 제3조제1항 전단의 개정규정에 의한 시설 및 설비기준을 말한다)를 갖추어야 한다.

부칙 <법률 제7147호, 2004.1.29>

이 법은 공포후 6월이 경과한 날부터 시행한다.

부칙 <법률 제7428호, 2005.3.31> (채무자 회생 및 파산에 관한 법률)

제1조 (시행일) 이 법은 공포 후 1년이 경과한 날부터 시행한다.
제2조 내지 제4조 생략
제5조 (다른 법률의 개정) ① 내지 ⑩생략
⑪ 공중위생관리법 일부를 다음과 같이 개정한다.
제3조의2제2항중 "파산법"을 "「채무자 회생 및 파산에 관한 법률」"로 한다.
⑫ 내지 <145>생략
제6조 생략

부칙 <법률 제7455호, 2005.3.31>

① (시행일) 이 법은 공포 후 6월이 경과한 날부터 시행한다. 다만, 제6조제1항 · 제7조제1항 · 제9조제1항 · 제10조 · 제12조제1항 · 제13조제1항 내지 제3항 · 제14조 및 제15조제1항의 개정규정은 공포 후 3월이 경과한 날부터 시행한다.
② (폐업신고에 관한 적용례) 제3조제2항의 개정규정은 이 법 시행 후 최초로 폐업을 하는 자부터 적용한다.
③ (수수료에 관한 적용례) 제19조의2의 개정규정은 이 법 시행 후 최초로 이용사 또는 미용사의 면허를 신청하는 자부터 적용한다.
④ (이미 영업 중인 새로운 목욕장업에 관한 경과조치) 이 법 시행당시 이미 제2조제1항제3호 나목의 개정규정에 의한 목욕장업의 영업을 하고 있는 자는 이 법 시행 후 6월 이내에 제3조제1항의 규정에 의한 시설 및 설비를 갖추어 시장 · 군수 · 구청장에게 신고하여야 한다.
⑤ (행정처분 등에 관한 일반적 경과조치) 이 법 시행당시 종전의 제6조제1항 · 제7조제1항 · 제9조제1항 · 제10조 · 제12조제1항 · 제13조제1항 내지 제3항 · 제14조 · 제15조제1항 및 제15조의2의 규정에 의한 행정기관이 행한 처분은 이 법의 개정규정에 의한 행정기관이 행한 처분으로 본다.

부칙 <법률 제8003호, 2006.9.27>

이 법은 공포한 날부터 시행한다.

부칙 <법률 제8488호, 2007.5.25>

① (시행일) 이 법은 공포 후 3개월이 경과한 날부터 시행한다.
② (영업소폐쇄명령을 받은 영업장소에서의 영업신고 제한에 관한 경과조치) 이 법 시행 전에 종전의 규정에 따라 영업소폐쇄명령을 받은 사람 또는 영업장소에서의 영업신고의 제한은 종전의 규정에 따른다.

부칙 <법률 제8689호, 2007.12.14>

이 법은 공포 후 6개월이 경과한 날부터 시행한다.

부칙 <법률 제8852호, 2008.2.29> (정부조직법)

제1조(시행일) 이 법은 공포한 날부터 시행한다. 다만, …<생략>…, 부칙 제6조에 따라 개정되는 법률 중 이 법의 시행 전에 공포되었으나 시행일이 도래하지 아니한 법률을 개정한 부분은 각각 해당 법률의 시행일부터 시행한다.
제2조부터 제5조까지 생략
제6조(다른 법률의 개정) ①부터 <444>까지 생략
<445> 공중위생관리법 일부를 다음과 같이 개정한다.
제3조제1항 전단·후단 및 제3항, 제3조의2제4항, 제4조제2항 각 호 외의 부분 후단, 제3항제1호 후단, 제4항제2호 후단, 제5항 후단 및 제7항, 제5조제1호 및 제2호 후단, 제6조제1항 각 호 외의 부분 및 제2항제3호, 제7조제2항, 제8조제2항 단서 및 제3항, 제11조제2항, 제13조제4항, 제14조제1항 및 제4항, 제17조제2항 단서 및 제4항 중 "보건복지부령"을 각각 "보건복지가족부령"으로 한다.
제6조제1항제1호, 제2호 및 제3호 중 "교육인적자원부장관"을 각각 "교육과학기술부장관"으로 한다.
제18조제1항 및 제2항 중 "보건복지부장관"을 각각 "보건복지가족부장관"으로 한다.
<446>부터 <760>까지 생략
제7조 생략

부칙 <법률 제9026호, 2008.3.28>

이 법은 2008년 7월 1일부터 시행한다.

부칙 <법률 제9847호, 2009.12.29> (감염병의 예방 및 관리에 관한 법률)

제1조(시행일) 이 법은 공포 후 1년이 경과한 날부터 시행한다.
제2조부터 제20조까지 생략
제21조(다른 법률의 개정) ① 생략
② 공중위생관리법 일부를 다음과 같이 개정한다.
제4조제7항 중 "전염병환자"를 "감염병환자"로 한다.
제6조제2항제3호 중 "전염병환자"를 "감염병환자"로 한다.
③부터 <30>까지 생략
제22조 생략

부칙 <법률 제9932호, 2010.1.18> (정부조직법)

제1조(시행일) 이 법은 공포 후 2개월이 경과한 날부터 시행한다. <단서 생략>
제2조 및 제3조 생략
제4조(다른 법률의 개정) ①부터 <19>까지 생략
<20> 공중위생관리법 일부를 다음과 같이 개정한다.
제3조제1항 전단 및 후단 · 제3항, 제3조의2제4항, 제4조제2항 각 호 외의 부분 후단 · 제3항제1호 후단 · 제4항제2호 후단 · 제5항 후단 · 제7항, 제5조제1호 · 제2호 후단, 제6조제1항 각 호 외의 부분 · 제2항제3호, 제7조제2항, 제8조제2항 단서 · 제3항, 제11조제2항, 제13조제4항, 제14조제1항 · 제4항 후단 및 제17조제2항 단서 · 제5항 중 "보건복지가족부령"을 각각 "보건복지부령"으로 한다.
제17조제4항 및 제18조제1항 · 제2항 중 "보건복지가족부장관"을 각각 "보건복지부장관"으로 한다.
<21>부터 <137>까지 생략
제5조 생략

부칙 <법률 제10219호, 2010.3.31> (지방세기본법)

제1조(시행일) 이 법은 2011년 1월 1일부터 시행한다.
제2조부터 제10조까지 생략
제11조(다른 법률의 개정) ①부터 ⑤까지 생략
⑥ 공중위생관리법 일부를 다음과 같이 개정한다.
제3조의2제2항 중 "지방세법"을 "「지방세기본법」"으로 한다.
⑦부터 <61>까지 생략
제12조 생략

부칙 <법률 제10506호, 2011.3.30>

이 법은 공포한 날부터 시행한다.
* 공중위생관리법 자료 출처 : 대한민국 국회 법률지식정보시스템

참고문헌

1. 모발과학 / 김주섭 외 3인 / 훈민사 / 2010
2. 헤어컬러링메이트 / 김주섭 외 2인 / 리그라인 / 2006
3. 베이직커트 / 김주섭 / 구민사 / 2011
4. 모발화장품학 / 김주섭 외 4인 / 구민사 / 2010
5. 미학개론 패션에 관한 보고서
6. http://www.cyberbeauty.co.kr/html/hair/hair9.htm
7. 미용미학과 미용문화사 / 전선정외 3인 / 청구문화사 / 2004
8. 이용학개론 / 박수기 / 청구문화사 / 2006
9. 이용사 시험문제 / 김성철 / 크라운출판사 / 2006
10. 한국남성헤어스타일 변천에 관한연구 / 이영미 / 동덕여자대학교석사학위논문
11. 이 · 미용연감대전 / 박상근 / 한국미용예술문화원 / 1999.
12. 미용미학과 미용문화사 / 청구문화사 / 전선정 외 / 2001.
13. 이론상세특강이용사 / 전연자 / 교학사 / 2003
14. 종합이용이론 / 이용교재연구회 / 1998
15. 이용기술 / 김국도 / 강경문화사 / 1962
16. 역사신문 / 역사편찬위원회 / 사계절출판 / 1996
17. 조선일보 / 1999.4.6
18. 새경범죄 처벌법 내일발효 / 동아일보 / 1973.3.9
19. 서울신문, 1960.10.22
20. 역사의 키워드아리알과 알바벳 / 오광길 / 한국순환학회 / 씨와 알 / 2002
21. 개화기 이후의 남성 머리양식의 변천과 재현에 관한연구 / 한성대학교석사학위 / 김민정 / 2003
22. 남성헤어스타일의 변화에 과한 연구 / 조선대학교석사학위 / 박성현 / 2006
23. blow dry / 김주섭 외 / 청구문화사 / 2006
24. 자외선 [紫外線, ultraviolet rays] / 네이버 백과사전
25. 화장품학 / 김기연 외 / 현문사 / 2010
26. 미용학총론 / 한국미용장협회 / 청구문화사 / 2009
27. 소독 및 전염병학 / 전연숙 외 / 훈민사 / 2004
28. 미용인을 위한 공중보건학 / 김기연 외 / 현문사 / 2010
29. 미용관계법규 / 김문주 외 / 청구문화사 / 2005

30. 공중보건학 / 김양호 / 현문사 / 2003
31. 미용학개론 / 김주섭 외 / 구민사 / 2010
32. 공중보건학 / 남철현 외 / 청구문화사 / 2002
33. 서은정 / 고객의 헤어스타일 선호도와 변형에 따른 만족도 / 대구한의대학교 보건대학원 석사학위 논문 / 2005
34. 박진숙 / 헤어스타일 선호도 결정요인 분석 – 인구학적 특성과 라이프스타일 중심으로 / 용인대학교 경영대학원 석사학위 논문 / 2004
35. 김은영 / 신체적 특성에 따른 헤어스타일 / 한남대학교 사회문화대학원 석사학위 논문 / 2005
36. 김은영 / 신체적 특성에 따른 헤어스타일 / 한남대 사회문화대학원 / 2005
37. 최혜정 / 얼굴형에 따른 헤어스타일 연구 / 한남대 사회문화과학원 / 2005
38. 공중위생관리법 / 보건복지부 / 법령자료
39. 피부관리학 / 김기연 외 / 수문사 / 1999
40. 블로우 드라이 & 업스타일 / 김혜경 외 / 광문각 / 2007
41. 블로우 드라이 & 헤어세팅 & 아이론 / 조미영 외 / 훈민사 / 2006
42. 블로우 드라이 & 아이론 / 청구문화사 / 정년구 외 / 2003
43. 가발관리학 / 장수만 저 / 현문사 / 2007
44. 공중보건학 / 구성회 등 / 고문사 / 2004
45. 학교보건론 / 김영준 / 세종출판사 / 1997
46. 직업병과 산업재해(예방에서 보상까지) / 노동과 건강 연구회 / 돌베게
47. 산재와 직업병, 그 현실과 대안 / 황연희 / 민족민주운동연구회
48. 노동환경건강연구소논문 / 임상혁 산업의학과장 / 강태선
49. 화학물질 및 물리적 인자의 노출기준 / 노동부 / 근로자 건강진단 / 2007
50. 운동영양학 운동과 지방대사 / 김은경 / 학문사
51. 건강을 위한 운동영양학 / 이수현 외 5명 공저 / 경북대학교출판부
52. 스포츠영양학 / 이민천와 5명 공저 / 라이프사이언스
53. 신화장품학 / 김주덕, 김상진 외 4명 / 도서출판 동화기술 / 2004
54. 현대화장품학 / 조완구, 랑문정 외 1명 / 한국학술정보(주) / 2007
55 일반생물학 / 김길웅 외 8명 / 일반생물학 / 형설출판사 / 1994
56. 생화학 / 김윤수 / 의학문화사 / 1993
57. 효소영양학개론 / 김기태 외 6명 / 한림원 / 2003
58. 식품효소공학 / 노봉수 / 신광출판사 / 2005
59. 효소학개론 / 정동효 / 대광서림 / 1982
60. 분자생물학 / 한국분자생물학회 / 아카데미서적 / 1997
61. 미생물학 / 김영민 외 8 / 라이프사이언스 / 2004
62. 미용법원론 / 이한웅 / 도서출판 BNL / 2010

63. 성인간호학 / 서문자 외 / 수문사(2001)
64. 수술실환자간호 / 윤혜상 저 / 청구문화사 / 1997
65. 최신 수술실환자간호 / 김문실 변영순 저 / 수문사 / 1994
66. 소독 및 전염병학 / 김근수 외 4인 공저 / 도서출판 성화 / 2001
67. 미용인을 위한 공중보건학 / 박상진외 10인 공저 / 훈민사 / 2003
68. 대한민국 국회 법률지식정보시스템
http://likms.assembly.go.kr/law/jsp/law/Main.jsp

저자 약력
김주섭
상지영서대학교 피부미용과 교수

최은영
영동대학교 화장품과학과 외래교수

이용인을 위한
이용학개론

초 판 인쇄 | 2012년 4월 15일
초 판 발행 | 2012년 4월 20일

지은이 | 김주섭·최은영
발행인 | 조규백
발행처 | **도서출판 구민사**
(121-718) 서울특별시 마포구 공덕동 404번지
풍림빌딩 1308호
전화 (02) 701-7421(~2)
팩스 (02) 3273-9642
홈페이지 www.kuhminsa.co.kr

등 록 | 등록 제14-29호 (1980년 2월 4일)
ISBN | 978-89-7074-604-3 93150

값 18,000원